线性代数与概率论

Xianxing Daishu yu Gailülun

主　编　张现强　　王国政

副主编　张艳粉　　张媛媛　　程远顺

西南财经大学出版社

中国·成都

图书在版编目(CIP)数据

线性代数与概率论/张现强,王国政主编;张艳粉,张媛媛,程远顺副主编.
—成都:西南财经大学出版社,2022.1
ISBN 978-7-5504-5246-6

Ⅰ.①线… Ⅱ.①张…②王…③张…④张…⑤程… Ⅲ.①线性代数—高
等学校—教材②概率论—高等学校—教材 Ⅳ.①O151.2②O211

中国版本图书馆 CIP 数据核字(2022)第 012496 号

线性代数与概率论

主　编　张现强　王国政
副主编　张艳粉　张媛媛　程远顺

策划编辑:邓克虎
责任编辑:邓克虎
责任校对:乔雷
封面设计:张姗姗
责任印制:朱曼丽

出版发行	西南财经大学出版社(四川省成都市光华村街55号)
网　　址	http://cbs.swufe.edu.cn
电子邮件	bookcj@ swufe.edu.cn
邮政编码	610074
电　　话	028-87353785
照　　排	四川胜翔数码印务设计有限公司
印　　刷	郫县犀浦印刷厂
成品尺寸	185mm×260mm
印　　张	14
字　　数	307 千字
版　　次	2022 年 1 月第 1 版
印　　次	2022 年 1 月第 1 次印刷
印　　数	1— 3000 册
书　　号	ISBN 978-7-5504-5246-6
定　　价	36.00 元

前　言

　　21 世纪是一个知识经济的时代，是一个信息化的时代，数学的重要性已更显突出。线性代数与概率论均是高等院校本、专科各门类、各专业普遍开设的公共必修基础课，对理工类、经管类学生都非常重要。

　　数学思想是数学的灵魂，因此在介绍基本概念、基本理论、基本方法时，除了结合它们的产生背景、几何应用、经济应用给学生直观的理解之外，我们还注意从数学理论的发现、发展直至应用等多角度来讲，让数学思想贯穿始终，使学生从总体上把握对数学思维、数学语言、数学方法的宏观认识，让学生体会到数学的美妙与严谨。

　　本书在编写过程中，从教学实际出发，始终注意把握财经类专业对数学的需求和财经类学生的特点。

　　教材内容上结合中外相关论著，文字叙述简明扼要、深入浅出，力求做到难度适中、结构合理、条理清晰、循序渐进。有些内容作为选学放在每章后补充知识部分，供教师根据情况处理，不影响整体内容安排。本书内容注意理论联系实际，增加了大量数学在经济等方面应用的例题、习题，以便更好地培养学生解决实际问题的能力。

　　根据专科生特点，为增强学生学习兴趣，同时也为拓展学生知识面，本教材中增加了一些阅读材料（每章后相关背景部分）可以使学生体会到所学知识的实用性。在处理传统教学与现代技术方面，我们增加了与教材紧密结合的数学实验的内容，通过实验培养学生数值处理的能力。同时，应用计算机展示了数学中抽象性、严谨性的一面，培养了学生的应用能力和创新精神。

　　本书由张现强、王国政负责全书的策划、撰写和审稿工作，张艳粉、张媛媛、程远顺参与编写。编者均为西南财经大学天府学院专职教师，长期工作在教学一线，具有丰富的教学经验。

　　本书编写上浅显适中、适用性强，适合普通高等院校经济与管理类高职、高专学生使用，亦可供有志学习本课程的读者选用。由于编者学识有限，加上时间仓促，书中难免有疏漏与错误之处，恳请广大读者给以宝贵意见。

编者

2021 年 10 月于西南财经大学天府学院

目 录

第一章　线性方程组与矩阵

　　线性方程组解的理论和求解方法,是线性代数的核心内容. 现实世界中的许多问题,其数学模型均可归结为对线性方程组的讨论. 矩阵既是线性代数的一个重要基本概念,也是研究线性方程组的一个非常有效的工具,同时在其他自然科学、工程技术以及经济领域中也都是一个十分重要的工具. 本章我们介绍一种求解线性方程组的非常实用的方法 —— 高斯消元法以及矩阵的概念.

第一节　　线性方程组

　　引例:已知甲、乙、丙三家不同行业的上市公司,为了规避市场风险,它们决定交叉控股,甲公司掌握乙公司 25% 的股份,掌握丙公司 20% 的股份;乙公司掌握甲公司 30% 的股份,掌握丙公司 10% 的股份;丙公司掌握甲公司 20% 的股份,掌握乙公司 30% 的股份. 现设甲、乙、丙三家公司各自的营业收入分别为 12 亿元、10 亿元、8 亿元,每家公司的联合收入是其净收入加上在其他公司的股份按比例的提成收入,试确定各家公司的联合收入及实际收入.

　　这个问题可以运用中学学习过的方程组知识来解决:

　　设甲、乙、丙三家公司的联合收入分别为 x, y, z,则得到方程组

$$\begin{cases} x = 12 + 0.25y + 0.2z \\ y = 10 + 0.3x + 0.1z \\ z = 8 + 0.2x + 0.3y \end{cases} ,整理得 \begin{cases} x - 0.25y - 0.2z = 12 \\ -0.3x + y - 0.1z = 10 \\ -0.2x - 0.3y + z = 8 \end{cases}$$

显然可解得 x, y, z,又因为三家公司实际对本公司控股分别为 50%、45%、70%,进而得到实际收入分别为 $0.5x, 0.45y, 0.7z$. 但我们会发现,该方程组解起来很麻烦.

　　其实,像上面的方程组叫线性方程组,我们解决它们有系统的办法,引入矩阵,运用矩阵变换来解决,有很强的有序性、高效性,这就是线性代数的基本内容之一. 本节我们先来介绍线性方程组的一些基本知识.

　　在平面几何中,形如 $ax + by = c$(其中 a、b 不全为零) 的二元一次方程表示一条直线,因此称它为关于变量 x, y 的线性方程. 在三维空间中,关于三个变量 x, y, z 的线性方程 $ax + by + cz = d$(其中 a、b、c 不全为零) 对应一个平面. 一般地,关于 n 个变量 $x_1, x_2, \cdots, x_n$ 的线性方程称为 n 元线性方程,记作 $a_1x_1 + a_2x_2 + \cdots + a_nx_n = b$.

　　设 $x_1, x_2, \cdots, x_n$ 为 n 个未知数,由 m 个 n 元线性方程构成的方程组

$$\begin{cases} a_{11}x_1 + a_{12}x_2 + \cdots + a_{1n}x_n = b_1 \\ a_{21}x_1 + a_{22}x_2 + \cdots + a_{2n}x_n = b_2 \\ \qquad\vdots \\ a_{m1}x_1 + a_{m2}x_2 + \cdots + a_{mn}x_n = b_m \end{cases} \tag{1.1}$$

称为一个 n 元线性方程组. 方程组中, 未知量的个数 n 与方程的个数 m 不一定相等. $a_{ij}(i = 1,2,\cdots,m; j = 1,2,\cdots,n)$ 称为方程组的系数, $b_i(i = 1,2,\cdots,m)$ 称为常数项. 系数 a_{ij} 的第一个下标 i 称为行下标, 表示它在第 i 个方程, 第二个下标 j 称为列下标, 表示它是第 j 个未知数 x_j 的系数.

所谓方程组(1.1)式的一个解就是指由 n 个数 $k_1,k_2,\cdots,k_n$ 组成的有序数组 $(k_1,k_2,\cdots,k_n)$, 当 $x_1,x_2\cdots,x_n$ 分别用 $k_1,k_2,\cdots,k_n$ 代入后, (1.1)式中每个等式都变成恒等式. 方程组(1.1)式全部的解称为它的解集合, 简称解集. 解方程组就是找出它全部的解, 或者说求出它的解集合, 这是线性代数的核心内容之一.

定义 1.1　如果一个线性方程组有解, 则称其为相容的方程组, 否则称为不相容的方程组.

例如, 考虑下列线性方程组及其图像(如图 1-1、图 1-2、图 1-3 所示).

1. $\begin{cases} x_1 + x_2 = 1 \\ x_1 - x_2 = 0 \end{cases}$

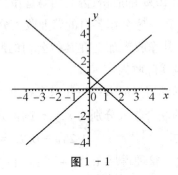

图 1-1

2. $x_1 + x_2 + x_3 = 0$

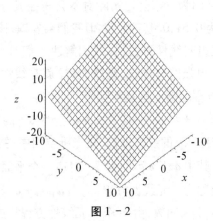

图 1-2

3. $\begin{cases} x_1 - 2x_2 + 3x_3 = 1 \\ 2x_1 + x_3 = 0 \end{cases}$

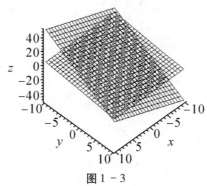

图 1 - 3

以上三个线性方程组都是相容的. 从其所对应的几何图形上来看,第一个方程组对应平面上两条相交直线,交点坐标就是此方程组的解;第二个方程组对应空间中一张平面 $x_1 + x_2 + x_3 = 0$,此平面上每个点对应方程组的一个解;第三个方程组的解是空间中两个平面 $x_1 - 2x_2 + 3x_3 = 1$ 与 $2x_1 + x_3 = 0$ 交线上的点. 显然,后面两个方程组都含有无穷多个解.

而线性方程组

$$\begin{cases} x_1 + x_2 = 1 \\ 4x_2 = 1 \\ x_1 + 4x_2 = 1 \end{cases}$$

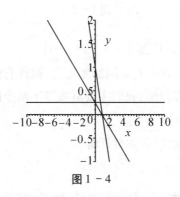

图 1 - 4

对应平面上三条直线(见图 1 - 4),且没有公共点,从而此方程组无解.

更进一步,因为任何两条平行直线或两张平行平面均没有交点,所以形如

$$\begin{cases} x_1 + x_2 = 1 \\ 2x_1 + 2x_2 = 1 \end{cases}$$

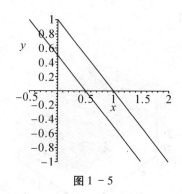

图 1 - 5

和

$$\begin{cases} x_1 + x_2 + x_3 = 1 \\ 2x_1 + 2x_2 + 2x_3 = 35 \end{cases}$$

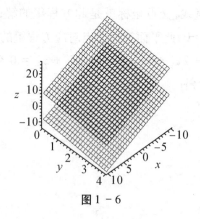

图 1 - 6

的线性方程组都是不相容的(见图 1 - 5、图 1 - 6).

定义 1.2　如果两个方程组有相同的解集合,则称它们为同解的方程组.

对于一般的 n 元线性方程组,我们主要解决以下两个问题:

(1) 判定方程组是否有解;

(2) 在有解的情况下,给出它的全部解.

第二节　初等变换与高斯消元法

在中学代数中,我们学过求解二元线性方程组和三元线性方程组的高斯(Gauss)消元法,这种方法也适用于求解一般的 n 元线性方程组. 利用高斯消元法,我们可对方程组进行化简,使得每个方程中第一个非零系数项位于上一个方程第一个非零系数项的右边,并尽量使每个方程第一个非零系数为 1. 这样化简后的方程组称为阶梯形方程组,且它跟原方程组是同解的. 显然,方程组化为阶梯形之后,它的解就可以非常容易地写出了.

如下是三个阶梯形方程组的例子：

1. $\begin{cases} x_1 - x_2 + 3x_3 = 1 \\ \qquad 3x_2 + 2x_3 = -1 \\ \qquad\qquad 4x_3 = 3 \end{cases}$

2. $\begin{cases} x_1 + 4x_2 - 3x_3 + 5x_4 = 7 \\ \qquad\qquad 2x_3 - x_4 = 3 \\ \qquad\qquad\qquad 3x_4 = 1 \end{cases}$

3. $\begin{cases} 3x_1 + 7x_2 - 5x_3 + 0x_4 - 2x_5 = -1 \\ \qquad 4x_2 - x_3 + 3x_4 + x_5 = 3 \\ \qquad\qquad\qquad x_4 + 2x_5 = 2 \\ \qquad\qquad\qquad\qquad 3x_5 = -2 \end{cases}$

而方程组

$$\begin{cases} -x_2 + 3x_3 = 1 \\ 2x_1 + 3x_2 + 2x_3 = -1 \\ 5x_2 + 4x_3 = 3 \end{cases}$$

与

$$\begin{cases} 3x_1 + 7x_2 - 5x_3 \qquad - 2x_5 = -1 \\ 4x_2 - x_3 + 3x_4 - x_5 = 3 \\ \qquad\qquad x_4 + 2x_5 = 2 \\ x_3 + x_4 - 3x_5 = 0 \end{cases}$$

均不是阶梯形方程组.

下面就来介绍如何用高斯消元法求解一般的线性方程组.

例如,解方程组

$$\begin{cases} 2x_1 - x_2 + 3x_3 = 1 \\ 4x_1 + 2x_2 + 5x_3 = 4 \\ 2x_1 \qquad + 2x_3 = 6 \end{cases}$$

第二个方程减去第一个方程的 2 倍、第三个方程减去第一个方程,原方程组就变成

$$\begin{cases} 2x_1 - x_2 + 3x_3 = 1 \\ \qquad 4x_2 - x_3 = 2 \\ \qquad x_2 - x_3 = 5 \end{cases}$$

再在上面的方程组中,用第二个方程减去第三个方程的 4 倍,把第二、第三两个

方程的次序互换,即得

$$\begin{cases} 2x_1 - x_2 + 3x_3 = 1 \\ x_2 - x_3 = 5 \\ 3x_3 = -18 \end{cases}$$

此时,方程组已化为阶梯形,容易求出方程组的解为$(9, -1, -6)$.

分析一下以上的消元过程,不难看出,它实际上是反复地对方程组进行变换,而所作的变换也只是由以下三种变化所构成:

(1)互换两个方程的位置.例如互换第i个方程与第j个方程,记作$R_i \leftrightarrow R_j$.

(2)用一个非零的常数乘某一方程.例如第i个方程乘以非零常数k,记作kR_i.

(3)把一个方程的倍数加到另一个方程.例如第i个方程的k倍加到第j个方程,记作$R_j + kR_i$(第i个方程保持不变).

定义1.3 上述变换(1)、(2)、(3)称为线性方程组的初等变换.

对方程组消元的过程就是反复施行初等变换的过程,而且不难验证,初等变换总是把方程组变成同解方程组.

下面我们介绍,如何利用初等变换,将一般的线性方程组化为阶梯形方程组.

设$x_1, x_2, \cdots, x_n$为n元线性方程组(1.1)式的未知数.

第一步:检查x_1的系数,如果x_1的系数$a_{11}, a_{21}, \cdots, a_{m1}$全为零,那么方程组(1.1)式对$x_1$没有任何限制,$x_1$可以取任意值,而方程组(1.1)式可以看作关于$x_2, x_3, \cdots, x_n$的方程组来求解.如果$x_1$的系数不全为零,比如说是第$i$个方程,若$i = 1$不作任何变换;否则,利用变换$R_1 \leftrightarrow R_i$,交换第一个方程与第$i$个方程的位置.

第二步:利用变换kR_1使得第1个方程中x_1的系数等于1.

第三步:利用变换$R_i + kR_1, i > 1$,消去其余方程中的未知数x_1.

第四步:保持第一个方程不变,对其余方程重复上面的变换,直至得到一个阶梯形方程组.

第五步:从最后一个方程开始依次解出所有的未知数,得到方程组的解.

例1 求解线性方程组

$$\begin{cases} 3x + y + z = 4 \\ -x + y - 2z = -15 \\ -2x + 2y + z = -5 \end{cases}$$

分析:此方程组中的三个方程,第一个未知数x的系数均不为0,为使第一个方程中x的系数变为1,我们有几种方法,可使用变换$\frac{1}{3}R_1$或者$R_1 + R_3$,为了避免出现分数,我们采用后者.

解 对原方程组使用变换$R_1 + R_3$,得

$$\begin{cases} x + 3y + 2z = -1 \\ -x + y - 2z = -15 \\ -2x + 2y + z = -5 \end{cases}$$

对此方程组再使用变换 $R_2 + R_1$ 及 $R_3 + 2R_1$，得

$$\begin{cases} x + 3y + 2z = -1 \\ 4y = -16 \\ 8y + 5z = -7 \end{cases}$$

再由变换 $R_3 + (-2)R_2$，得

$$\begin{cases} x + 3y + 2z = -1 \\ 4y = -16 \\ 5z = 25 \end{cases}$$

从而得到方程组的唯一解为 $\begin{cases} x = 1 \\ y = -4 \\ z = 5 \end{cases}$，即 $(1, -4, 5)$

例 2　求解线性方程组

$$\begin{cases} 2x_1 + 4x_2 - 6x_3 + x_4 = 2 \\ x_1 - x_2 + 4x_3 + x_4 = 1 \\ -x_1 + x_2 - x_3 + x_4 = 0 \end{cases}$$

解　交换前两个方程的位置，即由变换 $R_1 \leftrightarrow R_2$，得

$$\begin{cases} x_1 - x_2 + 4x_3 + x_4 = 1 \\ 2x_1 + 4x_2 - 6x_3 + x_4 = 2 \\ -x_1 + x_2 - x_3 + x_4 = 0 \end{cases}$$

再由变换 $R_2 + (-2)R_1$ 及 $R_3 + R_1$，得

$$\begin{cases} x_1 - x_2 + 4x_3 + x_4 = 1 \\ 6x_2 - 14x_3 - x_4 = 0 \\ 3x_3 + 2x_4 = 1 \end{cases}$$

现在可由上述方程组中最后一个方程开始求解此方程组，因为最后一个方程中有两个未知数，可以让其中某一个未知数任意取值. 不妨设 $x_4 = t$，则 $3x_3 + 2t = 1$，从而 $x_3 = \frac{1}{3}(1 - 2t)$，代入上述方程组第二个方程可得 $x_2 = \frac{1}{18}(14 - 25t)$，再代回第一个方程可得 $x_1 = \frac{4}{9} - \frac{5}{18}t$.

从而此方程组的解为 $\begin{cases} x_1 = \frac{4}{9} - \frac{5}{18}t \\ x_2 = \frac{1}{18}(14 - 25t) \\ x_3 = \frac{1}{3}(1 - 2t) \\ x_4 = t \end{cases}$

因为 t 可取任意值,所以此方程组有无穷多个解. 上述方程组的解($x_1,x_2,x_3,$ x_4) 中,x_1,x_2,x_3 最终都由 x_4 表示了出来. 任给 t(也就是 x_4)一个值就得到 x_1,x_2,x_3 的值,也就确定了方程组的一个解. 一般地,如 $x_1,x_2,\cdots,x_r$ 可通过 $x_{r+1},\cdots,x_n$ 表示出来,这样一组表达式就称为方程组(1.1)式的一般解,而 $x_{r+1},\cdots,x_n$ 称为一组自由未知量. 从而上述方程组的一般解也可以写成

$$\begin{cases} x_1 = \dfrac{4}{9} - \dfrac{5}{18}x_4 \\ x_2 = \dfrac{1}{18}(14 - 25x_4) ,x_4 \text{ 为自由未知量,} \\ x_3 = \dfrac{1}{3}(1 - 2x_4) \end{cases} \text{或写成} \begin{cases} x_1 = \dfrac{4}{9} - \dfrac{5}{18}x_4 \\ x_2 = \dfrac{1}{18}(14 - 25x_4) \\ x_3 = \dfrac{1}{3}(1 - 2x_4) \\ x_4 = x_4 \end{cases}$$

例3　求解线性方程组

$$\begin{cases} x_1 - 2x_2 + 3x_3 = 4 \\ 5x_1 - 4x_2 - x_3 = 5 \\ 4x_1 - 2x_2 - 4x_3 = 9 \end{cases}$$

解　由变换 $R_2 + (-5)R_1$ 及 $R_3 + (-4)R_1$,得

$$\begin{cases} x_1 - 2x_2 + 3x_3 = 4 \\ 6x_2 - 16x_3 = -15 \\ 6x_2 - 16x_3 = -7 \end{cases}$$

再由 $R_3 + (-1)R_2$,得

$$\begin{cases} x_1 - 2x_2 + 3x_3 = 4 \\ 6x_2 - 16x_3 = -15 \\ 0 = 8 \end{cases}$$

显然,上面第三个方程是矛盾的,故原方程组无解.

例4　求解线性方程组

$$\begin{cases} x_1 + 2x_2 + x_3 - 2x_4 + x_5 = 3 \\ 2x_1 + 4x_2 - x_3 + 2x_4 - 2x_5 = 5 \\ -x - 2x_2 + 2x_3 - 4x_4 + x_5 = 4 \\ x_1 + 2x_2 + 4x_3 - 8x_4 + 4x_5 = 7 \end{cases}$$

解　由变换 $R_2 + (-2)R_1$、$R_3 + R_1$ 及 $R_4 - R_1$,得

$$\begin{cases} x_1 + 2x_2 + x_3 - 2x_4 + x_5 = 3 \\ -3x_3 + 6x_4 - 4x_5 = -1 \\ 3x_3 - 6x_4 + 2x_5 = 7 \\ 3x_3 - 6x_4 + 3x_5 = 4 \end{cases}$$

再由变换 $R_3 + R_2$ 及 $R_4 + R_2$,得

$$\begin{cases} x_1 + 2x_2 + x_3 - 2x_4 + x_5 = 3 \\ \qquad\qquad -3x_3 + 6x_4 - 4x_5 = -1 \\ \qquad\qquad\qquad\qquad\quad -2x_5 = 6 \\ \qquad\qquad\qquad\qquad\qquad -x_5 = 3 \end{cases}$$

再化简为

$$\begin{cases} x_1 + 2x_2 + x_3 - 2x_4 + x_5 = 3 \\ \qquad\qquad -3x_3 + 6x_4 - 4x_5 = -1 \\ \qquad\qquad\qquad\qquad\qquad x_5 = -3 \\ \qquad\qquad\qquad\qquad\qquad\quad 0 = 0 \end{cases}$$

去掉最后一个方程 $0 = 0$,把 x_2,x_4 移到等式右边,得

$$\begin{cases} x_1 + x_3 + x_5 = 3 \quad -2x_2 + 2x_4 \\ \quad 3x_3 + 4x_5 = 1 \qquad\qquad + 6x_4 \\ \qquad\qquad x_5 = -3 \end{cases}$$

求得一般解为

$$\begin{cases} x_1 = \dfrac{5}{3} - 2x_2 \\ x_3 = \dfrac{13}{3} + 2x_4 \\ x_5 = -3 \end{cases} ,\text{其中 } x_2,x_4 \text{ 为自由未知量.}$$

下面我们来总结一下阶梯形方程组解的情况.

把阶梯形方程组中后面"$0 = 0$"的方程(如果有的话)去掉,剩余的方程可能有以下两种情况:

(1) 最后一个方程是 $0 = c$(非零常数),此时方程组无解. 如例3.

(2) 最后一个方程左边不等于0,那么方程组有解,此时又可分成两种情形. 设阶梯形方程组有 r 个系数不全等于 0 的方程.

① 如果 $r = n$,则方程组有唯一解. 如例1.

② 如果 $r < n$,则方程组有无穷多解. 如例2、例4.

第三节　齐次线性方程组

定义 1.4　如果线性方程组(1.1)式中的常数项 $b_i(i = 1,2,\cdots,m)$ 均为零,则此方程组称为齐次线性方程组.

n 元齐次线性方程组的一般形式为

$$\begin{cases} a_{11}x_1 + a_{12}x_2 + \cdots + a_{1n}x_n = 0 \\ a_{21}x_1 + a_{22}x_2 + \cdots + a_{2n}x_n = 0 \\ \quad\vdots \\ a_{m1}x_1 + a_{m2}x_2 + \cdots + a_{mn}x_n = 0 \end{cases}$$

显然,任何 n 元齐次线性方程组必有解 $(0,0,\cdots,0)$,称为该方程组的零解,即未知数全取零值的解. 相应地,未知数 $x_i(i=1,2,\cdots,n)$ 不全为零的解,称为非零解. 因此,对齐次线性方程组而言,需要讨论的问题不是有没有解,而是有没有非零解. 这个问题与齐次线性方程组解的个数也是密切相关的. 如果一个齐次线性方程组只有零解,那么这个方程组就有唯一解;反之,如果某个齐次方程组有唯一解,由于零解是一个解,那么这个方程组不可能有非零解. 因此,齐次线性方程组有非零解的充分必要条件是这个方程组有无穷多解. 特别地,在平面或空间几何中,齐次线性方程组表示的就是通过原点的一组直线或一组平面.

例 1　求解二元齐次线性方程组

$$\begin{cases} x_1 + x_2 = 0 \\ x_1 - x_2 = 0 \end{cases}$$

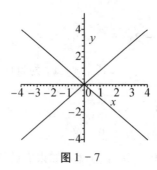

图 1 - 7

解　由变换 $R_2 + (-1)R_1$,得

$$\begin{cases} x_1 + x_2 = 0 \\ 2x_2 = 0 \end{cases}$$

因而,此方程组的解为 $(0,0)$.

此方程组只有零解没有非零解,从图 1 - 7 上也可看出来.

例 2　求解三元齐次线性方程组

$$\begin{cases} x_1 + x_2 - x_3 = 0 \\ x_1 - x_2 - x_3 = 0 \end{cases}$$

解　由变换 $R_2 + (-1)R_1$,得

$$\begin{cases} x_1 + x_2 - x_3 = 0 \\ 2x_2 = 0 \end{cases}$$

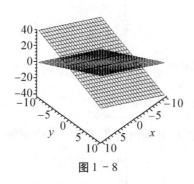

图 1 - 8

显然,此方程组有无穷多个解. 令 $x_1 = t$,, 则此方程组的解可表示为 $(t, 0, t)$, 其中 t 为任意实数. 从图 1 - 8 上看, 此方程组的解对应两平面的交线.

上述齐次线性方程组有无穷多个解, 那么这些解之间有什么关系呢?我们以下列方程组为例来看一下:

$$\begin{cases} a_{11}x_1 + a_{12}x_2 = 0 \\ a_{21}x_1 + a_{22}x_2 = 0 \\ a_{31}x_1 + a_{32}x_2 = 0 \end{cases}$$

设 $x_1 = c_1, x_2 = c_2$ 与 $x_1 = d_1, x_2 = d_2$ 为此方程组的两个解, 则不难验证以下性质:

(1) 两个解的和, 即 $x_1 = c_1 + d_1, x_2 = c_2 + d_2$ 仍为此方程组的解;

(2) 任一个解的倍数也是方程组的解, 即 $x_1 = kc_1, x_2 = kc_2$(其中 k 为任意实数) 也是方程组的解.

从几何上看, 这两个性质是清楚的. 在 $n = 3$ 时, 每个三元齐次线性方程表示一个过原点的平面. 于是, 方程组的解也就是这些平面的交点, 如果不只是原点的话, 就是一条过原点的直线或一个过原点的平面. 以原点为起点, 而终点在这样的直线或平面上的向量显然具有上述性质.

例 3 当 c 取何值时, 齐次线性方程组 $\begin{cases} 2x_1 + 3x_2 = 0 \\ cx_1 + x_2 = 0 \end{cases}$ 有非零解?

从几何角度来讲, 此题也就是问当 c 取何值时, 方程所表示的直线有除原点之外的其他交点. 考虑到如果两条直线有两个公共点, 那么它们一定重合, 此题便可迎刃而解.

解 首先由第一个方程得

$$x_2 = -\frac{2}{3}x_1$$

第二个方程也可写成

$$x_2 = -cx_1$$

从而

$$-\frac{2}{3}x_1 = -cx_1$$

所以，$x_1 = 0$ 或 $c = \frac{2}{3}$，且 $c \neq \frac{2}{3}$ 时，$x_1 = 0$.

因此，要使原方程组有非零解，只有 $c = \frac{2}{3}$.

下面我们再给出齐次线性方程组有非零解的一个条件.

定理1.1   对于齐次线性方程组 $\begin{cases} a_{11}x_1 + a_{12}x_2 + \cdots + a_{1n}x_n = 0 \\ a_{21}x_1 + a_{22}x_2 + \cdots + a_{2n}x_n = 0 \\ \vdots \\ a_{m1}x_1 + a_{m2}x_2 + \cdots + a_{mn}x_n = 0 \end{cases}$，如果 $m < n$，

那么它必有非零解.

证明   显然，此方程组在化成阶梯形方程组之后，未知数系数不全为 0 的方程的个数 r 不会超过原方程组中方程的个数，即 $r \leqslant m < n$.

由 $r < n$ 得知，它的解不是唯一的，因而必有非零解.

此定理并没有给出 $m \geqslant n$ 时有非零解的条件. 一般来说，当 $m \geqslant n$ 时，以上的齐次线性方程组的非零解可能存在，也可能不存在.

第四节   矩阵的概念

在第二节介绍了利用初等变换进行消元，从而求解线性方程组. 在这整个过程中，实际上只是对方程组的系数和常数项进行了运算. 因此，为了书写方便，对于一个线性方程组我们可以只写出它的系数和常数项，并把它们按原来的次序排成一张数表，这张数表称为线性方程组的增广矩阵，只列出方程组中未知量系数的数表称为方程组的系数矩阵.

例如，线性方程组

$$\begin{cases} 7x_1 - 2x_2 + 3x_3 = 2 \\ x_1 + \frac{3}{2}x_2 = -1 \\ -x_1 + 3x_2 - \frac{4}{3}x_3 = 0 \\ -3x_2 + 4x_3 = -2 \end{cases}$$

的增广矩阵和系数矩阵分别为

$$\begin{pmatrix} 7 & -2 & 3 & 2 \\ 1 & \dfrac{3}{2} & 0 & -1 \\ -1 & 3 & -\dfrac{4}{3} & 0 \\ 0 & -3 & 4 & -2 \end{pmatrix}, \begin{pmatrix} 7 & -2 & 3 \\ 1 & \dfrac{3}{2} & 0 \\ -1 & 3 & -\dfrac{4}{3} \\ 0 & -3 & 4 \end{pmatrix}$$

下面我们给出矩阵的定义,在后面的章节中,将对矩阵的性质和运算进行更深入的研究.

定义 1.5   由 $m \times n$ 个数 $a_{ij}(i = 1, 2, \cdots, m; j = 1, 2, \cdots, n)$ 排成的一个 m 行 n 列数表

$$\begin{pmatrix} a_{11} & a_{12} & \cdots & a_{1n} \\ a_{21} & a_{22} & \cdots & a_{2n} \\ \vdots & \vdots & & \vdots \\ a_{m1} & a_{m2} & \cdots & a_{mn} \end{pmatrix}$$

称为一个 m 行 n 列矩阵.

其中, a_{ij} 称为矩阵的第 i 行第 j 列元素 $(i = 1, 2, \cdots, m; j = 1, 2, \cdots, n)$,而 i 称为行标, j 称为列标,第 i 行与第 j 列的交叉位置记为 (i, j).

通常用大写字母 A, B, C 等表示矩阵. 有时为了表明矩阵的行数 m 和列数 n,也可记为

$$A = (a_{ij})_{m \times n} \text{ 或 } A_{m \times n}$$

当 $m = n$ 时,称 $A = (a_{ij})_{m \times n}$ 为 n 阶矩阵或 n 阶方阵. n 阶矩阵是由 n^2 个数排成的一个正方形数表,它不是一个数,只有一阶矩阵才是这个数本身. n 阶方阵 A 中,从左上角到右下角的这条对角线称为 A 的主对角线,主对角线上的元素 $a_{11}, a_{22}, \cdots, a_{nn}$ 称为 A 的对角元.

在矩阵 A 中去掉若干行或列,剩下的元素按原排列次序而成的矩阵称为 A 的子矩阵.

元素全为零的矩阵称为零矩阵,用 $O_{m \times n}$ 或 O 表示.

定义 1.6   设 $A = (a_{ij})_{m \times n}, B = (b_{ij})_{k \times l}$,若

$$m = k, n = l, \text{且 } a_{ij} = b_{ij}(i = 1, 2, \cdots, m; j = 1, 2, \cdots, n)$$

则称矩阵 A 与矩阵 B 相等,记为 $A = B$.

由定义 1.6 知,两个矩阵相等即要求它们的行数相同列数也相同,而且两个矩阵位于相同位置 (i, j) 上的一对数都必须对应相等. 特别地,

$$A = (a_{ij})_{m \times n} = 0 \Leftrightarrow \forall a_{ij} = 0, i = 1, 2, \cdots, m; j = 1, 2, \cdots, n$$

矩阵是从许多实际问题中抽象出来的一个数学概念,除了我们熟悉的线性方程组的系数和常数项可用矩阵表示外,在一些经济活动中也常用到矩阵.

例如,去超市购物是许多人生活中的一件常事. 我们知道同样的商品在不同超

市里的销售价格往往是不相同的. 这样,在一次需要购买多种商品时,就产生了到哪一家超市购买可花费最少的问题(为了减少麻烦,一般人当然未必愿意进一家超市只买其售价最低的商品,而其他的商品到别的超市去买). 这就可以采用价格数表. 如矩阵

$$\begin{pmatrix} 17 & 8 & 11 & 20 \\ 16 & 9 & 15 & 20 \\ 18 & 7 & 13 & 21 \end{pmatrix}$$

就可用来表示 3 家超市中 4 种商品的"价目表". 其中行对应不同的超市,列对应不同的商品,如第一行四个元素依次表示第一家超市里 4 种商品的售价. 通过适当规定矩阵的运算,就可以通过矩阵的计算,得出应到哪家超市去买较为省钱.

再如,某航空公司在 A、B、C、D 四城市之间开辟了若干航线,4 个城市之间的单向航线如图 1-9 所示,若令

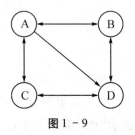

图 1-9

$$a_{ij} = \begin{cases} 1, & \text{从第 } i \text{ 市到第 } j \text{ 市有一条航线} \\ 0, & \text{从第 } i \text{ 市到第 } j \text{ 市没有航线} \end{cases}$$

则 4 个城市间的单向航线的通航情况可用表格表示如下(见图 1-10):

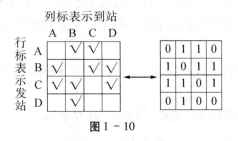

图 1-10

表中有 √ 处表示从该行标城市到列标城市有航班. 也可用 1 表示有航班(或用 n 表示有 n 个航班),0 表示无航班,所得数表如上,此数表就是矩阵,它不但反映该公司在这 4 个城市间的航班总体情况,而且还可用来解决中转等其他相关问题.

下面我们给出几种常用的特殊方阵.

（1）n 阶对角矩阵.

形如 $A = \begin{pmatrix} a_{11} & 0 & \cdots & 0 \\ 0 & a_{22} & \cdots & 0 \\ \vdots & \vdots & & \vdots \\ 0 & 0 & \cdots & a_{nn} \end{pmatrix}$ 或简写为 $A = \begin{pmatrix} a_{11} & & & \\ & a_{22} & & \\ & & \ddots & \\ & & & a_{nn} \end{pmatrix}$

的矩阵,称为对角矩阵,对角矩阵必须是方阵.

例如,$\begin{pmatrix} 2 & 0 & 0 \\ 0 & 3 & 0 \\ 0 & 0 & -1 \end{pmatrix}$ 是一个三阶对角阵,也可简写为 $\begin{pmatrix} 2 & & \\ & 3 & \\ & & -1 \end{pmatrix}$.

（2）数量矩阵.

当对角矩阵的主对角线上的元素都相同时,称它为数量矩阵. n 阶数量矩阵有如下形式:

$$\begin{pmatrix} a & 0 & \cdots & 0 \\ 0 & a & \cdots & 0 \\ \vdots & \vdots & & \vdots \\ 0 & 0 & \cdots & a \end{pmatrix}_{n \times n} \quad 或 \quad \begin{pmatrix} a & & & \\ & a & & \\ & & \ddots & \\ & & & a \end{pmatrix}_{n}$$

特别地,当 $a = 1$ 时,称它为 n 阶单位矩阵,记为 E_n 或 I_n,即

$$E_n = \begin{pmatrix} 1 & 0 & \cdots & 0 \\ 0 & 1 & \cdots & 0 \\ \vdots & \vdots & & \vdots \\ 0 & 0 & \cdots & 1 \end{pmatrix} \quad 或 \quad E_n = \begin{pmatrix} 1 & & & \\ & 1 & & \\ & & \ddots & \\ & & & 1 \end{pmatrix}$$

在不致引起混淆时,也可用 E 或 I 表示单位矩阵.

（3）上三角矩阵与下三角矩阵.

形如 $\begin{pmatrix} a_{11} & a_{12} & \cdots & a_{1n} \\ 0 & a_{22} & \cdots & a_{2n} \\ \vdots & \vdots & & \vdots \\ 0 & 0 & \cdots & a_{nn} \end{pmatrix}$, $\begin{pmatrix} a_{11} & 0 & \cdots & 0 \\ a_{21} & a_{22} & \cdots & 0 \\ \vdots & \vdots & & \vdots \\ a_{n1} & a_{n2} & \cdots & a_{nn} \end{pmatrix}$

的矩阵分别称为 n 阶上三角矩阵和 n 阶下三角矩阵.

对角矩阵和三角矩阵必须是方阵,一个方阵是对角矩阵当且仅当它既是上三角矩阵又是下三角矩阵.

第五节　矩阵的初等变换

初等变换是矩阵的基本运算,也是解线性方程组、求逆矩阵及矩阵秩的一种非常有效的手段.

在本章第二节中,用高斯消元法求解线性方程组实际上就是对方程组实施初等变换,通过对方程组施行初等变换,把它化成易于求解的同解方程组.对方程组施行的每一种初等变换都相当于对它的增广矩阵(或系数矩阵)施行了同一类型的变换.由此我们可以把解线性方程组的过程归结为对矩阵作初等变换的过程.与线性方程组的初等变换相对应,对其增广矩阵(或系数矩阵)的变换归结起来有以下三种类型:

(1)交换矩阵中两行的位置;

(2)用一个非零常数乘某一行;

(3)用一个数乘某一行后再加到另一行上(或一行加上另一行的倍数).

对于解线性方程组来说,只需对其增广矩阵实施初等行变换就够了,但在矩阵理论中,有时也要用到矩阵的初等列变换.下面我们给出它们的定义:

定义 1.7 下面三种变换称为矩阵 A 的初等行(列)变换:

(1)交换矩阵 A 的某两行(列).如交换 i,j 两行(列)的初等行(列)变换记作 $R_i \leftrightarrow R_j(C_i \leftrightarrow C_j)$.

(2)用非零常数 k 乘矩阵 A 的某一行(列).如以 $k \neq 0$ 乘矩阵的第 i 行(列)的初等行(列)变换记作 $kR_i(kC_i)$.

(3)将矩阵 A 的某一行(列)乘以常数 k 再加到另一行(列)上去.如矩阵 A 的第 j 行(列)乘以常数 k 再加到第 i 行(列)的初等行(列)变换记作 $R_i + kR_j(C_i + kC_j)$.

矩阵的初等行变换与初等列变换统称为矩阵的初等变换.

矩阵经若干次初等行变换后可化为一些特殊的矩阵,如行阶梯形矩阵、行最简形矩阵及矩阵的标准形.

例如,设矩阵

$$A = \begin{pmatrix} 1 & 2 & 1 & -2 \\ 2 & 2 & 0 & -2 \\ 1 & 4 & 3 & -4 \end{pmatrix}$$

对矩阵 A 施行初等行变换,有

$$A = \begin{pmatrix} 1 & 2 & 1 & -2 \\ 2 & 2 & 0 & -2 \\ 1 & 4 & 3 & -4 \end{pmatrix} \xrightarrow[R_1 \leftrightarrow R_2]{\frac{1}{2}R_2} \begin{pmatrix} 1 & 1 & 0 & -1 \\ 1 & 2 & 1 & -2 \\ 1 & 4 & 3 & -4 \end{pmatrix}$$

$$\xrightarrow[R_3 - R_1]{R_2 - R_1} \begin{pmatrix} 1 & 1 & 0 & -1 \\ 0 & 1 & 1 & -1 \\ 0 & 3 & 3 & -3 \end{pmatrix} \xrightarrow{R_3 - 3R_2} \begin{pmatrix} 1 & 1 & 0 & -1 \\ 0 & 1 & 1 & -1 \\ 0 & 0 & 0 & 0 \end{pmatrix} = A_1$$

定义 1.8 若矩阵的任一行从第一个元素起至该行的第一个非零元素所在列的下方全为 0(若该行全为 0,则它下面的行也全为 0),则称此矩阵为行阶梯形矩阵.

上面得到的矩阵 A_1 就是一个行阶梯形矩阵.行阶梯形矩阵的特点是:可画出一条阶梯线,线的下方全为 0;每个台阶只有一行,台阶数即是非零的行数;阶梯线的竖线(每段竖线的高度为一行)后面的第一个元素为非零元,也就是非零行的第一个非零元.

例如,下列矩阵均为行阶梯形矩阵:

$$\begin{pmatrix} 1 & 0 & -1 \\ 0 & 5 & 2 \\ 0 & 0 & 8 \end{pmatrix}, \begin{pmatrix} 0 & 1 & -3 & -1 \\ 0 & 0 & 0 & 7 \\ 0 & 0 & 0 & 0 \end{pmatrix}, \begin{pmatrix} 2 & 1 & 0 & 2 \\ 0 & -1 & 1 & 1 \\ 0 & 0 & 3 & 5 \end{pmatrix}$$

定义 1.9　满足下列条件的行阶梯形矩阵称为行最简形矩阵:

(1) 各非零行的第一个非零元素都是 1;

(2) 首非零元素所在列的其余元素都是 0.

例如,下列矩阵均为行最简形矩阵:

$$\begin{pmatrix} 1 & 0 & -1 \\ 0 & 1 & 2 \\ 0 & 0 & 1 \end{pmatrix}, \begin{pmatrix} 1 & 0 & 0 & -1 \\ 0 & 1 & 0 & 7 \\ 0 & 0 & 1 & 2 \end{pmatrix}, \begin{pmatrix} 1 & 0 & 0 & 0 \\ 0 & 1 & 0 & 0 \\ 0 & 0 & 1 & 0 \\ 0 & 0 & 0 & 0 \end{pmatrix}$$

对上述矩阵 A_1 再施行初等行变换,得

$$A_1 \xrightarrow{R_2 - R_2} \begin{pmatrix} 1 & 0 & -1 & 0 \\ 0 & 1 & 1 & -1 \\ 0 & 0 & 0 & 0 \end{pmatrix} = A_2$$

A_2 即为矩阵 A 的行最简形矩阵.

定理 1.2　对于任意矩阵 A,总可以经过有限次初等行变换化为行阶梯形矩阵,并进而化为行最简形矩阵.

(此定理用归纳法不难证明,这里省略不证)

对行最简形矩阵再进行初等列变换,可化为一种更简单的矩阵 —— 标准形. 例如对矩阵 A_2 再施行初等列变换,得

$$A_2 \xrightarrow[\substack{C_3 - C_2 \\ C_4 + C_2}]{C_1 + C_3} \begin{pmatrix} 1 & 0 & 0 & 0 \\ 0 & 1 & 0 & 0 \\ 0 & 0 & 0 & 0 \end{pmatrix} = A_3$$

A_3 即为矩阵 A 的标准形.

又如

$$A = \begin{pmatrix} 1 & 0 & -1 & 0 & 4 \\ 0 & 1 & -1 & 0 & 3 \\ 0 & 0 & 0 & 1 & -3 \\ 0 & 0 & 0 & 0 & 0 \end{pmatrix} \xrightarrow[\substack{C_4 + C_1 + C_2 \\ C_5 - 4C_1 - 3C_2 + 3C_3}]{C_3 \leftrightarrow C_4} \begin{pmatrix} 1 & 0 & 0 & 0 & 0 \\ 0 & 1 & 0 & 0 & 0 \\ 0 & 0 & 1 & 0 & 0 \\ 0 & 0 & 0 & 0 & 0 \end{pmatrix} = B$$

矩阵 B 称为矩阵 A 的标准形,它具有如下特点:B 的左上角是一个单位矩阵,其余元素全为 0.

定理 1.3　任何矩阵 $A_{m \times n}$,总可以经过有限次初等变换化为标准形

$$B = \begin{pmatrix} 1 & & & & & \\ & \ddots & & & & \\ & & 1 & & & \\ & & & 0 & & \\ & & & & \ddots & \\ & & & & & 0 \end{pmatrix} = \begin{pmatrix} E_r & 0 \\ 0 & 0_{(m-r)\times(m-r)} \end{pmatrix}$$

这个标准形由 m,n,r 三个数完全确定,其中 r 是 A 的行阶梯形矩阵中非零行的行数($r \leqslant \min(m,n)$).

例1 求解线性方程组 $\begin{cases} 2x_1 - x_2 + 3x_3 = 1 \\ 4x_1 + 2x_2 + 5x_3 = 4. \\ 2x_1 + 2x_3 = 6 \end{cases}$

本题中,我们把方程组的高斯消元法与其增广矩阵初等变换的过程对比来看.

解 方程组 $\begin{cases} 2x_1 - x_2 + 3x_3 = 1 \\ 4x_1 + 2x_2 + 5x_3 = 4 \\ 2x_1 + 2x_3 = 6 \end{cases}$ 的增广矩阵表示为 $\begin{pmatrix} 2 & -1 & 3 & 1 \\ 4 & 2 & 5 & 4 \\ 2 & 0 & 2 & 6 \end{pmatrix}$

第二个方程减去第一个方程的 2 倍、

第三个方程减去第一个方程,原方
程组就变成

$$\xrightarrow{-2R_1 + R_2,\ -R_1 + R_3}$$

$\begin{cases} 2x_1 - x_2 + 3x_3 = 1 \\ 4x_2 - x_3 = 2 \\ x_2 - x_3 = 5 \end{cases}$ $\begin{pmatrix} 2 & -1 & 3 & 1 \\ 0 & 4 & -1 & 2 \\ 0 & 1 & -1 & 5 \end{pmatrix}$

再在上面方程组中,用第二个方程

减去第三个方程的 4 倍,把第二、
第三两个方程的次序互换,即得

$$\xrightarrow{-4R_3 + R_2,\ R_3 \leftrightarrow R_2}$$

$\begin{cases} 2x_1 - x_2 + 3x_3 = 1 \\ x_2 - x_3 = 5 \\ 3x_3 = -18 \end{cases}$ $\begin{pmatrix} 2 & -1 & 3 & 1 \\ 0 & 1 & -1 & 5 \\ 0 & 0 & 3 & -18 \end{pmatrix}$

此时,原方程组化为阶梯形方程组,对应的矩阵化简成了行阶梯形矩阵. 解得方程组的解为

$\begin{cases} x_1 = 9 \\ x_2 = -1 \\ x_3 = -6 \end{cases}$ 此时对应的矩阵为行最简形矩阵 $\begin{pmatrix} 1 & 0 & 0 & 9 \\ 0 & 1 & 0 & -1 \\ 0 & 0 & 1 & -6 \end{pmatrix}$.

以下我们用对增广矩阵的初等变换来求线性方程组的解.

例 2 求解线性方程组

$$\begin{cases} x_1 + x_2 + x_3 + x_4 = 1 \\ 3x_1 + 2x_2 + x_3 + x_4 = -3 \\ x_2 + 3x_3 + 2x_4 = 5 \\ 5x_1 + 4x_2 + 3x_3 + 3x_4 = -1 \end{cases}$$

解 对该方程组的增广矩阵进行初等行变换

$$\bar{A} = \begin{pmatrix} 1 & 1 & 1 & 1 & 1 \\ 3 & 2 & 1 & 1 & -3 \\ 0 & 1 & 3 & 2 & 5 \\ 5 & 4 & 3 & 3 & -1 \end{pmatrix} \rightarrow \begin{pmatrix} 1 & 1 & 1 & 1 & 1 \\ 0 & -1 & -2 & -2 & -6 \\ 0 & 0 & 1 & 0 & -1 \\ 0 & 0 & 0 & 0 & 0 \end{pmatrix}$$

$$\rightarrow \begin{pmatrix} 1 & 1 & 0 & 1 & 2 \\ 0 & -1 & 0 & -2 & -8 \\ 0 & 0 & 1 & 0 & -1 \\ 0 & 0 & 0 & 0 & 0 \end{pmatrix} \rightarrow \begin{pmatrix} 1 & 0 & 0 & -1 & -6 \\ 0 & 1 & 0 & 2 & 8 \\ 0 & 0 & 1 & 0 & -1 \\ 0 & 0 & 0 & 0 & 0 \end{pmatrix}$$

最后所得最简阶梯形说明,原方程组等价于方程组

$$\begin{cases} x_1 = -6 + x_4 \\ x_2 = 8 - 2x_4 \\ x_3 = -1 \\ x_4 = x_4 \end{cases}$$

可取 $x_4 = c$ 为任意常数,得通解为 $\begin{cases} x_1 = -6 + c \\ x_2 = 8 - 2c \\ x_3 = -1 \\ x_4 = c \end{cases}$.

【补充知识】

一、行列式的概念

1. 二阶行列式与三阶行列式

行列式的概念起源于解线性方程组,它是从二元线性方程组与三元线性方程组的求解公式引出来的,因此我们首先讨论线性方程组的问题.

设有二元线性方程组

$$\begin{cases} a_{11}x_1 + a_{12}x_2 = b_1 \\ a_{21}x_1 + a_{22}x_2 = b_2 \end{cases} \tag{1.2}$$

用加减消元法容易求出未知量 x_1, x_2 的值,当 $a_{11}a_{22} - a_{12}a_{21} \neq 0$ 时,有

$$\begin{cases} x_1 = \dfrac{b_1 a_{22} - a_{12} b_2}{a_{11} a_{22} - a_{12} a_{21}} \\[4mm] x_2 = \dfrac{a_{11} b_2 - b_1 a_{21}}{a_{11} a_{22} - a_{12} a_{21}} \end{cases} \tag{1.3}$$

(1.3)式就是一般二元线性方程组的公式解. 但这个公式很不好记忆,应用时不方便,因此,我们引入新的符号来表示(1.3)式这个结果,这就是行列式的起源. 我们称 4 个数组成的符号

$$\begin{vmatrix} a_{11} & a_{12} \\ a_{21} & a_{22} \end{vmatrix} = a_{11} a_{22} - a_{12} a_{21}$$

为二阶行列式. 它含有两行两列,横的称为行,纵的称为列. 行列式中的数称为行列式的元素. 从上式可知,二阶行列式是这样两项的代数和:一项是从左上角到右下角的对角线(又称为主对角线)上两个元素的乘积,取正号;另一项是从右上角到左下角的对角线(又叫称为对角线)上两个元素的乘积,取负号. 二阶行列式的计算可以归结为如图 1 - 11 所示的对角线法则:主对角线元素的乘积减去次对角线元素的乘积.

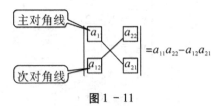

图 1 - 11

根据定义,容易得知,(1.3)式中的两个式子可分别写成

$$b_1 a_{22} - a_{12} b_2 = \begin{vmatrix} b_1 & a_{12} \\ b_2 & a_{22} \end{vmatrix}, \quad a_{11} b_2 - b_1 a_{21} = \begin{vmatrix} a_{11} & b_1 \\ a_{21} & b_2 \end{vmatrix}.$$

如果记

$$D = \begin{vmatrix} a_{11} & a_{12} \\ a_{21} & a_{22} \end{vmatrix}, \quad D_1 = \begin{vmatrix} b_1 & a_{12} \\ b_2 & a_{22} \end{vmatrix}, \quad D_2 = \begin{vmatrix} a_{11} & b_1 \\ a_{12} & b_2 \end{vmatrix}$$

则当 $D \neq 0$ 时,方程组(1.2)式的解(1.3)式可以表示成

$$x_1 = \frac{D_1}{D} = \frac{\begin{vmatrix} b_1 & a_{12} \\ b_2 & a_{22} \end{vmatrix}}{\begin{vmatrix} a_{11} & a_{12} \\ a_{21} & a_{22} \end{vmatrix}}, \quad x_2 = \frac{D_2}{D} = \frac{\begin{vmatrix} a_{11} & b_1 \\ a_{12} & b_2 \end{vmatrix}}{\begin{vmatrix} a_{11} & a_{12} \\ a_{21} & a_{22} \end{vmatrix}} \tag{1.4}$$

像这样用行列式来表示的解,形式简便整齐,便于记忆.

首先,(1.4)式中分母的行列式是(1.2)式中的未知数的系数按其原有的相对位置而排成的,称为系数行列式,x_1 的分子是把系数行列式中的第 1 列换成(1.2)式的

常数列得到的,而 x_2 的分子则是把系数行列式的第 2 列换成常数列得到的.

例 1 用二阶行列式解线性方程组 $\begin{cases} 2x_1 + 4x_2 = 1 \\ x_1 + 3x_2 = 2 \end{cases}$.

解

$$D = \begin{vmatrix} 2 & 4 \\ 1 & 3 \end{vmatrix} = 2 \times 3 - 4 \times 1 = 2 \neq 0,$$

$$D_1 = \begin{vmatrix} 1 & 4 \\ 2 & 3 \end{vmatrix} = 1 \times 3 - 4 \times 2 = -5,$$

$$D_2 = \begin{vmatrix} 2 & 1 \\ 1 & 2 \end{vmatrix} = 2 \times 2 - 1 \times 1 = 3.$$

因此,方程组的解是 $x_1 = \dfrac{D_1}{D} = -\dfrac{5}{2}, x_2 = \dfrac{D_2}{D} = \dfrac{3}{2}$.

对于三元一次线性方程组

$$\begin{cases} a_{11}x_1 + a_{12}x_2 + a_{13}x_3 = b_1 \\ a_{21}x_1 + a_{22}x_2 + a_{23}x_3 = b_2 \\ a_{31}x_1 + a_{32}x_2 + a_{33}x_3 = b_3 \end{cases} \tag{1.5}$$

作类似的讨论,我们引入三阶行列式的概念,称符号

$$\begin{vmatrix} a_{11} & a_{12} & a_{13} \\ a_{21} & a_{22} & a_{23} \\ a_{31} & a_{32} & a_{33} \end{vmatrix} = a_{11}a_{22}a_{33} + a_{12}a_{23}a_{31} + a_{13}a_{21}a_{32}$$

$$- a_{13}a_{22}a_{31} - a_{11}a_{23}a_{32} - a_{12}a_{21}a_{33} \tag{1.6}$$

为三阶行列式,它有 3 行 3 列,是 6 项的代数和,这 6 项的和也可用如图 1 - 12 所示的对角线法则来记忆.

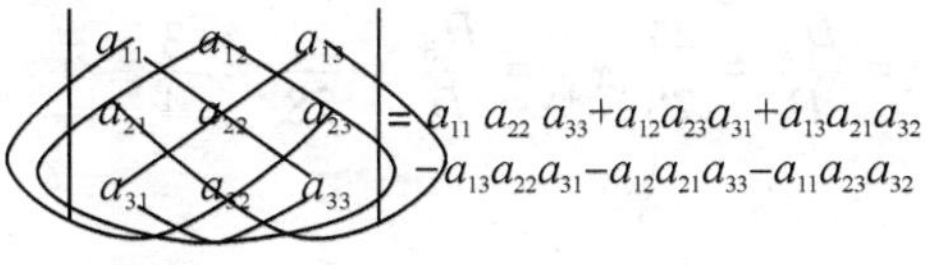

$$\begin{vmatrix} a_{11} & a_{12} & a_{13} \\ a_{21} & a_{22} & a_{23} \\ a_{31} & a_{32} & a_{33} \end{vmatrix} = a_{11}a_{22}a_{33} + a_{12}a_{23}a_{31} + a_{13}a_{21}a_{32}$$
$$- a_{13}a_{22}a_{31} - a_{12}a_{21}a_{33} - a_{11}a_{23}a_{32}$$

图 1 - 12

例 2 计算 $\begin{vmatrix} 2 & 1 & 2 \\ -4 & 3 & 1 \\ 2 & 3 & 5 \end{vmatrix}$.

解

$$\begin{vmatrix} 2 & 1 & 2 \\ -4 & 3 & 1 \\ 2 & 3 & 5 \end{vmatrix} = 2 \times 3 \times 5 + 1 \times 1 \times 2 + (-4) \times 3 \times 2 - 2 \times 3 \times 2 - 2 \times 3 \times 1 - 1 \times (-4) \times 5$$

$$= 30 + 2 - 24 - 12 - 6 + 20 = 10.$$

令

$$D = \begin{vmatrix} a_{11} & a_{12} & a_{13} \\ a_{21} & a_{22} & a_{23} \\ a_{31} & a_{32} & a_{33} \end{vmatrix},$$

$$D_1 = \begin{vmatrix} b_1 & a_{12} & a_{13} \\ b_2 & a_{22} & a_{23} \\ b_3 & a_{32} & a_{33} \end{vmatrix}, D_2 = \begin{vmatrix} a_{11} & b_1 & a_{31} \\ a_{21} & b_2 & a_{32} \\ a_{31} & b_3 & a_{33} \end{vmatrix}, D_3 = \begin{vmatrix} a_{11} & a_{12} & b_1 \\ a_{21} & a_{22} & b_2 \\ a_{31} & a_{32} & b_3 \end{vmatrix}.$$

当 $D \neq 0$ 时,(1.4) 式的解可简单地表示成

$$x_1 = \frac{D_1}{D}, \quad x_2 = \frac{D_2}{D}, \quad x_3 = \frac{D_3}{D}. \tag{1.6}$$

它的结构与前面二元一次方程组的解类似.

例 3　解线性方程组 $\begin{cases} 2x_1 - x_2 + x_3 = 0 \\ 3x_1 + 2x_2 - 5x_3 = 1. \\ x_1 + 3x_2 - 2x_3 = 4 \end{cases}$

解

$$D = \begin{vmatrix} 2 & -1 & 1 \\ 3 & 2 & -5 \\ 1 & 3 & -2 \end{vmatrix} = 28, D_1 = \begin{vmatrix} 0 & -1 & 1 \\ 1 & 2 & -5 \\ 4 & 3 & -2 \end{vmatrix} = 13,$$

$$D_2 = \begin{vmatrix} 2 & 0 & 1 \\ 3 & 1 & -5 \\ 1 & 4 & -2 \end{vmatrix}, D_3 = \begin{vmatrix} 2 & -1 & 0 \\ 3 & 2 & 1 \\ 1 & 3 & 4 \end{vmatrix} = 21.$$

所以

$$x_1 = \frac{D_1}{D} = \frac{13}{28}, x_2 = \frac{D_2}{D} = \frac{47}{28}, x_3 = \frac{D_3}{D} = \frac{21}{28} = \frac{3}{4}.$$

2. n 阶行列式

定义 1.10　由 n^2 个元素 $a_{ij}(i,j = 1,2,\cdots,n)$ 组成的记号

$$\begin{vmatrix} a_{11} & a_{12} & \cdots & a_{1n} \\ a_{21} & a_{22} & \cdots & a_{2n} \\ \vdots & \vdots & & \vdots \\ a_{n1} & a_{n2} & \cdots & a_{nn} \end{vmatrix}$$

称为 n 阶行列式. 其中,横排称为行,竖排称为列. 它表示所有取自不同行不同列的 n 个元素 $a_{1j_1}a_{2j_2}\cdots a_{nj_n}$ 乘积的代数和.

注意:n 阶行列式是 $n!$ 项的代数和,是根据求解方程个数与未知量个数相等的一次方程组的需要定义的,本质上是一个特殊定义的数.

对于 n 阶行列式,可按下面的方法来定义.

$$D = \begin{vmatrix} a_{11} & a_{12} & \cdots & a_{1n} \\ a_{21} & a_{22} & \cdots & a_{2n} \\ \vdots & \vdots & & \vdots \\ a_{n1} & a_{n2} & \cdots & a_{nn} \end{vmatrix} = a_{i1}A_{i1} + a_{i2}A_{i2} + \cdots + a_{in}A_{in}$$

或者

$$D = a_{1j}A_{1j} + a_{2j}A_{2j} + \cdots + a_{nj}A_{nj}$$
$$(i,j = 1,2,\cdots,n)$$

其中,A_{ij} 是在行列式 D 中划去 a_{ij} 所在的第 i 行和第 j 列后所得到的 $n-1$ 阶行列式 M_{ij}(称为 a_{ij} 的余子式)与 $(-1)^{i+j}$ 之积,称为 a_{ij} 的代数余子式,即 $A_{ij} = (-1)^{i+j}M_{ij}$.

3. 行列式的性质

当行列式的阶数较高时,直接根据定义来计算 n 阶行列式是困难的,这里将介绍行列式的性质,从而使用这些性质来计算一般的行列式.

将行列式 D 的行列互换后得到的行列式称为 D 的转置行列式,记作 D^T,即若

$$D = \begin{vmatrix} a_{11} & a_{12} & \cdots & a_{1n} \\ a_{21} & a_{22} & \cdots & a_{2n} \\ \vdots & \vdots & & \vdots \\ a_{n1} & a_{n2} & \cdots & a_{nn} \end{vmatrix}$$

则

$$D^T = \begin{vmatrix} a_{11} & a_{21} & \cdots & a_{n1} \\ a_{12} & a_{22} & \cdots & a_{n2} \\ \vdots & \vdots & & \vdots \\ a_{1n} & a_{2n} & \cdots & a_{nn} \end{vmatrix}$$

性质 1 行列式 D 与它的转置行列式 D^T 相等.

性质 2 交换行列式的两行(列),行列式变号.

推论 若行列式有两行(列)相同,则此行列式的值等于 0.

性质 3 行列式某一行(列)所有元素的公因子可以提到行列式符号的外面,即

$$\begin{vmatrix} a_{11} & a_{12} & \cdots & a_{1n} \\ \vdots & \vdots & & \vdots \\ ka_{i1} & ka_{i2} & \cdots & ka_{in} \\ \vdots & \vdots & & \vdots \\ a_{n1} & a_{n2} & \cdots & a_{nn} \end{vmatrix} = k \begin{vmatrix} a_{11} & a_{12} & \cdots & a_{1n} \\ \vdots & \vdots & & \vdots \\ a_{i1} & a_{i2} & \cdots & a_{in} \\ \vdots & \vdots & & \vdots \\ a_{n1} & a_{n2} & \cdots & a_{nn} \end{vmatrix}.$$

此性质也可表述为:用数 k 乘行列式的某一行(列)的所有元素,等于用数 k 乘此行列式.

推论 如果行列式中有两行(列)的对应元素成比例,则此行列式的值等于 0.

性质 4 如果行列式的某一行(列)的各元素都是两个数的和,则此行列式等于两个相应的行列式的和,即

$$\begin{vmatrix} a_{11} & a_{12} & \cdots & a_{1n} \\ \vdots & \vdots & & \vdots \\ b_{i1}+c_{i1} & b_{i2}+c_{i2} & \cdots & b_{in}+c_{in} \\ \vdots & \vdots & & \vdots \\ a_{n1} & a_{n2} & \cdots & a_{nn} \end{vmatrix}$$

$$= \begin{vmatrix} a_{11} & a_{12} & \cdots & a_{1n} \\ \vdots & \vdots & & \vdots \\ b_{i1} & b_{i2} & \cdots & b_{in} \\ \vdots & \vdots & & \vdots \\ a_{n1} & a_{n2} & \cdots & a_{nn} \end{vmatrix} + \begin{vmatrix} a_{11} & a_{12} & \cdots & a_{1n} \\ \vdots & \vdots & & \vdots \\ c_{i1} & c_{i2} & \cdots & c_{in} \\ \vdots & \vdots & & \vdots \\ a_{n1} & a_{n2} & \cdots & a_{nn} \end{vmatrix}.$$

性质 5　把行列式的某一行(列)的所有元素乘以数 k 加到另一行(列)的相应元素上,行列式的值不变,即

$$D = \begin{vmatrix} a_{11} & a_{12} & \cdots & a_{1n} \\ \vdots & \vdots & & \vdots \\ a_{i1} & a_{i2} & \cdots & a_{in} \\ \vdots & \vdots & & \vdots \\ a_{s1} & a_{s2} & \cdots & a_{sn} \\ \vdots & \vdots & & \vdots \\ a_{n1} & a_{n2} & \cdots & a_{nn} \end{vmatrix} \underset{\substack{i行\times k 加\\ 到第s行}}{=\!=\!=} \begin{vmatrix} a_{11} & a_{12} & \cdots & a_{1n} \\ \vdots & \vdots & & \vdots \\ a_{i1} & a_{i2} & \cdots & a_{in} \\ \vdots & \vdots & & \vdots \\ ka_{i1}+a_{s1} & ka_{i2}+a_{s2} & \cdots & ka_{in}+a_{sn} \\ \vdots & \vdots & & \vdots \\ a_{n1} & a_{n2} & \cdots & a_{nn} \end{vmatrix}.$$

以上性质及推论,读者都可自行证明,下面通过几个例题,体会一下上面的性质.

例 4　计算行列式　$D = \begin{vmatrix} 4 & 2 & 9 & -3 & 0 \\ 6 & 4 & -5 & 7 & 1 \\ 5 & 0 & 0 & 0 & 0 \\ 8 & 0 & 0 & 4 & 0 \\ 7 & 0 & 3 & 5 & 0 \end{vmatrix}.$

解　将第 1、第 2 行互换,第 3、第 5 行互换,得

$$D = (-1)^2 \begin{vmatrix} 6 & 4 & -5 & 7 & 1 \\ 4 & 2 & 9 & -3 & 0 \\ 7 & 0 & 3 & 5 & 0 \\ 8 & 0 & 0 & 4 & 0 \\ 5 & 0 & 0 & 0 & 0 \end{vmatrix}$$

将第 1、第 5 列互换,得

$$D = (-1)^3 \begin{vmatrix} 1 & 4 & -5 & 7 & 6 \\ 0 & 2 & 9 & -3 & 4 \\ 0 & 0 & 3 & 5 & 7 \\ 0 & 0 & 0 & 4 & 8 \\ 0 & 0 & 0 & 0 & 5 \end{vmatrix} = -1 \times 2 \times 3 \times 4 \times 5 = -5! = -120.$$

例 5　计算行列式 $D = \begin{vmatrix} -2 & 3 & 2 & 4 \\ 1 & -2 & 3 & 2 \\ 3 & 2 & 3 & 4 \\ 0 & 4 & -2 & 5 \end{vmatrix}$.

解　利用性质,将 D 化为上三角形行列式:

$$D \xrightarrow{R_1 \leftrightarrow R_2} - \begin{vmatrix} 1 & -2 & 3 & 2 \\ -2 & 3 & 2 & 4 \\ 3 & 2 & 3 & 4 \\ 0 & 4 & -2 & 5 \end{vmatrix} \xrightarrow[R_3 - 3R_1]{R_2 + 2R_1} - \begin{vmatrix} 1 & -2 & 3 & 2 \\ 0 & -1 & 8 & 8 \\ 0 & 8 & -6 & -2 \\ 0 & 4 & -2 & 5 \end{vmatrix}$$

$$\xrightarrow[R_4 + 4R_2]{R_3 + 8R_2} - \begin{vmatrix} 1 & -2 & 3 & 2 \\ 0 & -1 & 8 & 8 \\ 0 & 0 & 58 & 62 \\ 0 & 0 & 30 & 37 \end{vmatrix} \xrightarrow{R_4 - \frac{30}{58}R_3} - \begin{vmatrix} 1 & -2 & 3 & 2 \\ 0 & -1 & 8 & 8 \\ 0 & 0 & 58 & 62 \\ 0 & 0 & 0 & \frac{143}{29} \end{vmatrix}$$

$$= -\left[1 \times (-1) \times 58 \times \frac{143}{29} \right] = 286$$

二、克莱姆(Cramer)法则

定理 1.4(克莱姆法则)　如果 n 元线性方程组的系数行列式 $D \neq 0$,则此方程组有唯一解

$$x_1 = \frac{D_1}{D}, \ x_2 = \frac{D_2}{D}, \ \cdots, \ x_n = \frac{D_n}{D}$$

其中, $D_j(j = 1, 2, \cdots, n)$ 是 D 中第 j 列换成常数列 $\begin{pmatrix} b_1 \\ b_2 \\ \vdots \\ b_n \end{pmatrix}$, 其余各列不变而得到的

行列式.

定理 1.5　如果 n 元齐次线性方程组的系数行列式 $D \neq 0$,则它只有零解.

推论　如果 n 元齐次线性方程组有非零解,那么它的系数行列式 $D = 0$.

【相关背景】

一、线性代数课程介绍

线性代数($Linear\ Algebra$)是数学的一个分支,也是代数的一个重要学科. 代数的英文是$Algebra$,源于阿拉伯语,其本意是"结合在一起". 也就是说,代数的功能是把许多看似不相关的事物"结合在一起",即进行抽象. 抽象的目的是为了解决问题的方便,为了提高效率. 通过线性代数可以把一些看似不相关的问题归为一类问题. 线性代数的研究内容包括行列式、矩阵和向量等,其主要处理的是线性关系的问题,随着数学的发展,线性代数的含义也不断扩大. 它的理论不仅渗透到了数学的许多分支中,而且在理论物理、理论化学、工程技术、国民经济、生物技术、航天、航海等领域中都有着广泛的应用.

为什么线性代数得到广泛运用,即为什么在实际的科学研究中解线性方程组是经常的事,而并非解非线性方程组是经常的事呢?原因有以下三点:

第一,大自然的许多现象恰好是线性变化的. 以物理学为例,整个物理世界可以分为机械运动、电运动以及量子力学运动. 而机械运动的基本方程是牛顿第二定律,即物体的加速度同它所受到的力成正比,这是一个基本的线性微分方程. 电运动的基本方程是麦克思韦方程组,这个方程组表明电场强度与磁场的变化率成正比,而磁场的强度又与电场强度的变化率成正比,因此麦克思韦方程组也正好是线性方程组. 而量子力学中描绘物质的波粒二象性的薛定谔方程,也是线性方程组.

第二,随着科学的发展,我们不仅要研究单个变量之间的关系,还要进一步研究多个变量之间的关系,因为各种实际问题在大多数情况下可以线性化,而科学研究中的非线性模型通常也可以被近似为线性模型. 另外,随着计算机的发展,线性化了的问题又可以计算出来,所以,线性代数成了解决这些问题的有力工具而被广泛应用. 如量子化学(量子力学)是建立在线性$Hilbert$空间的理论基础上的,没有线性代数的基础,不可能掌握量子化学. 而量子化学的计算在今天的化学和新药的研发中是不可缺少的.

第三,线性代数所体现的几何观念与代数方法之间的联系,从具体概念抽象出来的公理化方法以及严谨的逻辑论证、巧妙的归纳综合等,对于强化人们的数学训练,增益科学智能是非常有用的.

下面从几个领域简要介绍一下线性代数在实际生活中的应用.

1. 在运筹学中的应用

运筹学的一个重要议题是线性规划,许多重要的管理决策是在线性规划模型的基础上做出的. 而线性规划则要用到大量的线性代数知识进行处理. 如果你掌握了线性代数及线性规划的相关知识,那么你就可以将生活中的大量问题抽象为线性规划问题,从而得到最优解. 比如,航空运输业就使用线性规划来调度航班,监视飞行及机场的维护运作等. 又如,你作为一个大商场的老板,线性规划可以帮助你合理地安排各种商品的进货,以达到最大利润. 即使你是一家小商店的老板,你也可以运用线性代数知识来合理地安排各种商品的进货,以达到最大利润;或者你仅仅是一个大家庭中的一员,同样可以用规划的办法来使你们的家庭预算达到最小. 这些都是实际的应用.

2. 在电子、软件工程中的应用

由于线性代数是研究线性网络的主要工具,因此,电路分析、线性信号系统分析、数字滤波器分析设计等需要线性代数;在进行 IC 集成电路设计时,对于数百万个集成管的仿真软件也需要依赖线性方程组的方法;对于光电及射频工程,电磁场、光波导分析都是向量场的分析,比如光调制器分析研制需要矩阵运算,手机信号处理等也离不开矩阵运算. 此外,3D 游戏的制作也是以图形的矩阵运算为基础的,游戏里的大量图像数据处理更离不开矩阵这个强大的工具,比如电影《阿凡达》中大量的后期电脑制作,如果没有线性代数的数学工具简直难以想象.

3. 在工业生产和经济管理中的应用

在工业生产和经济管理方面应用最广的应该是行列式了,人们可以利用行列式解决部分工程中的现实问题. 例如:日常会计工作中有时会遇到的一些单位成本问题,虽然成本会计可以算出单位成本,如用约当产量法、定额法或原材料成本法,但只能求得近似值,不能求得精确值. 许多工程施工中,经常遇到计算断面面积、开挖或回填方量的工作. 根据行列式的几何意义,将其与实际纵断图结合分析,可以直接计算出结果,并具有精确、简便的优点.

4. 在机械工程领域中的应用

在机械工程领域中,复杂线性方程组的数值求解是经常遇见的问题,而且机械工程中的一些多解问题,例如机器人机构树状解和设计方案的多解问题等,常常需要用到线性代数中线性方程的一些理论求解,并且线性代数中的公式通用于能淬火硬化的各种碳素钢及合金钢. 实际上,这些方程可以当作是一种定量尺度,广泛用于设计或选择钢种、制定或修订标准、控制熔炼成分等方面. 此外,这也有助于建立关于成分、组织和性能的完整的计算体系. 这为机械工程领域做出了巨大的贡献.

5. 其他领域中的应用

对于其他领域,也有很多地方需要用线性代数的知识. 如建筑工程,奥运场馆鸟巢的受力分析需要线代的工具;石油勘探,勘探设备获得的大量数据所满足的几千个方程组需要线性代数知识来解决;做餐饮业,对于构造一份有营养的减肥食谱也需要解线性方程组;气象方面,为了做天气和气象预报,有时往往根据诸多因素最后归结为解一个线性方程组. 当然,这种线性方程组在求解时不能手算,而要在电子计算机上进行. 又比如线性方程组在国民经济中的应用. 为了预测经济形势,利用投入产出经济数学模型,也往往归结为求解一个线性方程组.

知道有限元方法吗?工程分析中十分有效的有限元方法,其基础就是求解线性方程组.知道马尔科夫链吗?这个"链子"神通广大,在许多学科如生物学、化学、工程学及物理学等领域中被用来做数学模型,实际上马尔科夫链是由一个随机变量矩阵所决定的一个概率向量序列.另外,矩阵的特征值和特征向量可以用在研究物理、化学领域的微分方程、连续的或离散的动力系统中,甚至数学生态学家用在预测原始森林遭到何种程度的砍伐会造成猫头鹰的种群灭亡.最小二乘算法广泛应用在各个工程领域里,如用来把实验中得到的大量测量数据拟合到一个理想的直线或曲线上,最小二乘拟合算法实质就是超定线性方程组的求解.

再比如现代飞行器外形设计,这个需要先研究飞行器表面的气流过程,把飞行器的外形分成若干大的部件,每个部件沿着其表面又用三维的细网格划分出许多立方体,这些立方体包括了飞行器表面以及此表面内外的空气.对每个立方体列写出空气动力学方程,其中包括了与它相邻的立方体的共同边界变量,这些方程通常都已经简化为线性方程.

卫星遥感图像处理中,卫星上用三种可见光和四种红外光进行摄像,对每一个区域,可以获得七张遥感图像.利用多通道的遥感图像可以获取尽可能多的地面信息,因为各种地貌、作物和气象特征可能对不同波段的光敏感.而在实用上应该寻找每一个地方的主因素,成为一张实用的图像.每一个像素上有七个数据,形成一个多元的变量数组,在其中合成并求取主因素的问题,就与线性代数中要讨论的特征值问题有关.

线性代数的应用领域几乎可以涵盖所有的工程技术领域.

二、线性方程组的发展背景

在西方,线性方程组的研究是在 17 世纪后期由莱布尼茨(Leibniz)开创的,他曾研究含两个未知量的三个线性方程组组成的方程组.麦克劳林(Maclaurin)在 18 世纪上半叶研究了具有二、三、四个未知量的线性方程组,得到了现在称为克莱姆(Cramer)法则的结果.克莱姆不久也发表了这个法则.18 世纪下半叶,法国数学家贝祖(Bezout)对线性方程组理论进行了一系列研究,证明了 n 元齐次线性方程组有非零解的条件是系数行列式等于零.

19 世纪,英国数学家史密斯(H. Smith)和道奇森(C - L. Dodgson)继续研究线性方程组理论,前者引进了方程组的增广矩阵和非增广矩阵的概念,后者证明了 n 个未知数 n 个方程的方程组相容的充要条件是系数矩阵和增广矩阵的秩相同.这正是现代方程组理论中的重要结果之一.

对线性方程组的研究,中国比欧洲至少早 1 500 年.中国古代数学是以创造算法特别是各种解方程的算法为主线.从线性方程组到高次多项式方程,乃至不定方程,中国古代数学家创造了一系列先进的算法(中国数学家称之为"术"),他们用这些算法去求解相应类型的代数方程,从而解决导致这些方程的各种各样的科学和实际问题.特别是几何问题也归结为代数方程,然后用程式化的算法来求解.因此,中国古代数学具有明显的算法化、机械化的特征.

绝不是所有的问题都可以归结为线性方程组或一个未知量的多项式方程来求解.实际上,可以说更大量的实际问题如果能化为代数方程求解的话,出现的将是含有多个未知量的高次方程组.

多元高次方程组的求解即使在今天也绝非易事.历史上最早对多元高次方程组作出系统处理的是中国元代数学家朱世杰.朱世杰的《四元玉鉴》(1303年)一书中涉及的高次方程达到了4个未知数.朱世杰用"四元术"来解这些方程."四元术"首先是以"天""地""人""物"来表示不同的未知数,同时建立起方程式;其次用顺序消元的一般方法解出方程.朱世杰在《四元玉鉴》中创造了多种消元程序.

我们通过《四元玉鉴》中的具体例子可以清晰地了解朱世杰"四元术"的特征.值得注意的是,这些例子中相当一部分是由几何问题导出的.这种将几何问题转化为代数方程并用某种统一的算法求解的例子,在宋元数学著作中比比皆是,充分反映了中国古代几何代数化和机械化的倾向.

三、古代两个方程组的例子

1.《九章算术》

《九章算术》第八卷(方程)之中的第一个题记载:今有上禾三秉,中禾二秉,下禾一秉,实三十九斗;上禾二秉,中禾三秉,下禾一秉,实三十四斗;上禾一秉,中禾二秉,下禾三秉,实二十六斗.问上、中、下禾实一秉各几何?

答曰:上禾一秉,九斗、四分斗之一,中禾一秉,四斗、四分斗之一,下禾一秉,二斗、四分斗之三.

此题用今天的数学语言描述,就是我们假设上、中、下禾每秉各有 x,y,z 斗,则根据题意有一次方程组

$$\begin{cases} 3x + 2y + z = 39 \\ 2x + 3y + z = 34 \\ x + 2y + 3z = 26 \end{cases}$$

方程组的解为 $x = 9\frac{1}{4}, y = 4\frac{1}{4}, z = 2\frac{3}{4}$.

那么,中国的古人是如何求出这些解的呢?事实上,在《九章算术》之中已经提出了解一般线性方程组的方法,即原文:方程术曰,置上禾三秉,中禾二秉,下禾一秉,实三十九斗,于右方.中、左禾列如右方.以右行上禾遍乘中行而以直除.又乘其次,亦以直除.然以中行中禾不尽者遍乘左行而以直除.左方下禾不尽者,上为法,下为实.实即下禾之实.求中禾,以法乘中行下实,而除下禾之实.馀如中禾秉数而一,即中禾之实.求上禾亦以法乘右行下实,而除下禾、中禾之实.馀如上禾秉数而一,即上禾之实.实皆如法,各得一斗.

"方程术"的关键算法叫"遍乘直除",在本例中演算程序如下:用右行(x)的系数(3)"遍乘"中行和左行各数,然后从所得结果按行分别"直除"右行,即连续减去右行对应各数,就将中行与左行的系数化为0.反复执行这种"遍乘直除"算法,就可以解出方程.很清楚,《九章算术》方程术的"遍乘直除"算法,实质上就是我们今天所使用的解线性方程组的消元法,以往西方文献中称之为"高斯消去法",但近年开始改变称谓,如法国科学院院士、原苏黎世大学数学系主任 P. Gabriel 教授在他撰写的教科书中就称解线性方程组的消元法为"张苍法",张苍相传是《九章算术》的作者之一.《九章算术》第八卷共有 18 个这类问题,其所得到的答案全部正确.

2. 百鸡问题

原文:今有鸡翁一,值钱伍;鸡母一,值钱三;鸡鶵(雏)三,值钱一.凡百钱买鸡百只,问鸡翁、母、鶵(雏)各几何?答曰:鸡翁四,值钱二十;鸡母十八,值钱五四;鸡鶵(雏)七十八,值钱二十六.又答:鸡翁八,值钱四十;鸡母十一,值钱三十三,鸡鶵(雏)八十一,值钱二十七.又答:鸡翁十二,值钱六十;鸡母四、值钱十二;鸡鶵(雏)八十四,值钱二十八.

翻译成今天的数学语言,就是我们假设买公鸡、母鸡、小鸡的数量分别为 x,y,z,则要解决的问题就是求解方程组

$$\begin{cases} x + y + z = 100 \\ 5x + 3y + \frac{1}{3}z = 100 \end{cases}$$

的正整数解.

原书没有给出解法,只说如果少买7只母鸡,就可多买4只公鸡和3只小鸡.所以只要得出一组答案,就可以推出其余两组答案.

百鸡问题记载于中国古代 5 ~ 6 世纪成书的《张邱建算经》中,是原书卷下第38题,也是全书的最后一题,该问题导致三元不定方程组,其重要之处在于开创"一问多答"的先例,这是过去中国古算书中所没有的.

中国古算书的著名校勘者甄鸾和李淳风注释该书时都没给出解法,只有约 6 世纪的数学家谢察微记述过一种不甚正确的解法.到了清代,研究百鸡术的人渐多,1815 年骆腾风使用大衍求一术解决了百鸡问题.1874 年丁取忠创用一个简易的算术解法.在此前后,时曰醇(约 1870 年)推广了百鸡问作 ——《百鸡术衍》,从此百鸡问题和百鸡术才广为人知.百鸡问题还有多种表达形式,如百僧吃百馒、百钱买百禽等.中古时近东各国也有相仿问题流传,例如印度算书和阿拉伯学者艾布·卡米勒的著作内都有百钱买百禽的问题,且与《张邱建算经》的题目几乎全同.

习题一

A 组习题

1. 判断题(正确的请在括号里打"√",错误请打"×").

(1) 行列式 $\begin{vmatrix} a-1 & 1 \\ 1 & a-1 \end{vmatrix} \neq 0$ 的充要条件是 $a \neq 2$ 且 $a \neq 0$. （ ）

(2) 3 阶行列式 $\begin{vmatrix} 1 & 2 & 3 \\ 6 & 7 & 5 \\ 3 & 4 & 8 \end{vmatrix}$ 的值等于行列式 $\begin{vmatrix} 1 & 6 & 3 \\ 2 & 7 & 4 \\ 3 & 5 & 8 \end{vmatrix}$ 的值. （ ）

(3) 交换行列式的两列,行列式的值变号. （ ）

(4) 行列式 $D = \begin{vmatrix} a_1 & a_2 & a_3 \\ b_1 & b_2 & b_3 \\ c_1 & c_2 & c_3 \end{vmatrix} = \begin{vmatrix} a_1 & a_2 & a_3 \\ b_1+3a_1 & b_2+3a_2 & b_3+3a_3 \\ c_1 & c_2 & c_3 \end{vmatrix}$ 成立.

（ ）

(5) 行列式 $D = \begin{vmatrix} a_1+b_1 & c_1+d_1 \\ a_2+b_2 & c_2+d_2 \end{vmatrix} = \begin{vmatrix} a_1 & c_1 \\ a_2 & c_2 \end{vmatrix} + \begin{vmatrix} b_1 & d_1 \\ b_2 & d_2 \end{vmatrix}$ 成立. （ ）

(6) 行列式 $D = \begin{vmatrix} 2 & 4 & 6 \\ 4 & 8 & 6 \\ 8 & 10 & 4 \end{vmatrix} = 2 \times \begin{vmatrix} 1 & 2 & 3 \\ 2 & 4 & 3 \\ 4 & 5 & 2 \end{vmatrix}$ 成立. （ ）

(7) 行列式 $\begin{vmatrix} 1 & 1 & 1 \\ 2 & 3 & 4 \\ 4 & 9 & 16 \end{vmatrix}$ 中第三行第二列元素的代数余子式的值为 -2. （ ）

(8) 设行列式 $D = \begin{vmatrix} a_{11} & a_{12} & a_{13} \\ a_{21} & a_{22} & a_{23} \\ a_{31} & a_{32} & a_{33} \end{vmatrix} = 3$,则 $D_1 = \begin{vmatrix} a_{11} & 5a_{11}+2a_{12} & a_{13} \\ a_{21} & 5a_{21}+2a_{22} & a_{23} \\ a_{31} & 5a_{31}+2a_{32} & a_{33} \end{vmatrix} = 6.$

（ ）

(9) 设行列式 $\begin{vmatrix} a_1 & b_1 \\ a_2 & b_2 \end{vmatrix} = 1$, $\begin{vmatrix} a_1 & c_1 \\ a_2 & c_2 \end{vmatrix} = 2$,则 $\begin{vmatrix} a_1 & b_1+c_1 \\ a_2 & b_2+c_2 \end{vmatrix} = 3.$ （ ）

(10) 如果行列式 D 有两列元素对应成比例,则 $D = 0$. （ ）

(11) 设 D 是 n 阶行列式,则 D 的第二行元素与第三行元素对应的代数余子式之积的和为 0,即 $a_{21}A_{31} + a_{22}A_{32} + \cdots + a_{2n}A_{3n} = 0$. ( )

　(12) 任何阶数的行列式都可以用对角线法则计算其值. ( )

　(13) 任意一个矩阵都有主次对角线. ( )

　(14) 两个零矩阵必相等. ( )

　(15) 两个单位矩阵必相等. ( )

2. 单项选择题.

(1) $\begin{vmatrix} a^2 & ab \\ 2a & a+b \end{vmatrix} = ($).

　A. $a^3 + a^2b$ 　　　　　　　　　B. $a^3 - a^2b$

　C. $2a^2b$ 　　　　　　　　　D. $-2a^2b$

(2) 行列式 $D = \begin{vmatrix} 2 & 5 & 7 \\ 2 & 3 & 4 \\ 4 & 6 & 8 \end{vmatrix}$ 的值是( ).

　A. 0 　　　　　　　　　B. 2

　C. -2 　　　　　　　　　D. 1

(3) 已知三阶行列式 $D = \begin{vmatrix} a_{11} & a_{12} & a_{13} \\ a_{21} & a_{22} & a_{23} \\ a_{31} & a_{32} & a_{33} \end{vmatrix}$,下述说法正确的是( ).

　A. $D = a_{11}A_{21} + a_{12}A_{22} + a_{13}A_{23}$ 　　B. $D = a_{31}A_{21} + a_{32}A_{22} + a_{33}A_{23}$

　C. $D = a_{21}A_{21} + a_{22}A_{22} + a_{23}A_{23}$ 　　D. $D = 0$

(4) $\begin{vmatrix} 3 & 5 & 2 \\ 4 & 2 & 3 \\ -1 & 2 & 4 \end{vmatrix} = ($).

　A. -69 　　　　　　　　　B. 69

　C. -32 　　　　　　　　　D. 32

(5) 对下面关于二阶行列式的等式,正确的是( ).

　A. $\begin{vmatrix} a_1 + a_2 & b_1 + b_2 \\ c_1 + c_2 & d_1 + d_2 \end{vmatrix} = \begin{vmatrix} a_1 & b_1 \\ c_1 & d_1 \end{vmatrix} + \begin{vmatrix} a_2 & b_2 \\ c_2 & d_2 \end{vmatrix}$

　B. $\begin{vmatrix} a_1 + ka_1 & b_1 + kb_1 \\ c_1 + kc_1 & d_1 + kd_1 \end{vmatrix} = (1+k) \begin{vmatrix} a_1 & b_1 \\ c_1 & d_1 \end{vmatrix}$

　C. $\begin{vmatrix} a_1 + kb_1 & b_1 + ka_1 \\ c_1 + kd_1 & d_1 + kc_1 \end{vmatrix} = (1+k^2) \begin{vmatrix} a_1 & b_1 \\ c_1 & d_1 \end{vmatrix}$

　D. $\begin{vmatrix} a_1 + kb_1 & b_1 + ka_1 \\ c_1 + kd_1 & d_1 + kc_1 \end{vmatrix} = (1-k^2) \begin{vmatrix} a_1 & b_1 \\ c_1 & d_1 \end{vmatrix}$

(6) 设四阶行列式 $D = \begin{vmatrix} 1 & 1 & 1 & 1 \\ 0 & -1 & 3 & -1 \\ -1 & -1 & 5 & 0 \\ -1 & 1 & 2 & 0 \end{vmatrix}$，则 $A_{41} + A_{42} + A_{43} + A_{44} = ($ $)$.

    $A. 2$ $B. 1$

    $C. 0$ $D. -1$

(7) 次对角线上的元素都是 1，其余元素全是 0 的 n 阶行列式的值是(   ).

    $A. 1$ $B. -1$

    $C. (-1)^{\frac{n(n-1)}{2}}$ $D. (-1)^{n-1}$

(8) 下列哪个矩阵不是行阶梯形矩阵(   ).

    $A. \begin{pmatrix} 1 & 4 & 2 \\ 0 & 1 & 3 \\ 0 & 0 & 1 \end{pmatrix}$ $B. \begin{pmatrix} 1 & 2 & 3 \\ 0 & 0 & 1 \\ 0 & 0 & 0 \end{pmatrix}$

    $C. \begin{pmatrix} 0 & 0 & 0 \\ 0 & 1 & 0 \end{pmatrix}$ $D. \begin{pmatrix} 1 & 0 & 1 & 0 \\ 0 & 0 & 1 & 3 \\ 0 & 0 & 0 & 0 \end{pmatrix}$

(9) 下列哪个矩阵不是行最简矩阵(   ).

    $A. \begin{pmatrix} 1 & 0 \\ 0 & 1 \end{pmatrix}$ $B. \begin{pmatrix} 1 & 2 & 0 \\ 0 & 0 & 1 \\ 0 & 0 & 0 \end{pmatrix}$

    $C. \begin{pmatrix} 0 & 1 & 2 & 0 \\ 0 & 0 & 0 & 1 \\ 0 & 0 & 0 & 0 \end{pmatrix}$ $D. \begin{pmatrix} 1 & 0 & 1 & 0 \\ 0 & 0 & 1 & 3 \\ 0 & 0 & 0 & 0 \end{pmatrix}$

B 组习题

1. 解下列线性方程组，若有解，首先化为阶梯形.

$(1) \begin{cases} x_1 - 3x_2 + x_3 = -1 \\ 3x_1 - 8x_2 + 2x_3 = 0 \\ x_1 - x_2 - 2x_3 = -4 \end{cases}$ $(2) \begin{cases} x_1 - 2x_2 + x_3 = 7 \\ 2x_1 - 5x_2 + 2x_3 = 6 \\ 3x_1 + 2x_2 - x_3 = 1 \end{cases}$

$(3) \begin{cases} x_1 + 2x_2 - 3x_3 + 4x_4 = 2 \\ 2x_1 + 5x_2 - 2x_3 + x_4 = 1 \\ 5x_1 + 12x_2 - 7x_3 + 6x_4 = -7 \end{cases}$ $(4) \begin{cases} x - y + z = 1 \\ x + y - z = 1 \\ 2x + 3z = 8 \end{cases}$

2. 用消元法解下列线性方程组.

$(1) \begin{cases} x + 2y - 2z = 1 \\ 3x - y + 2z = 7 \\ 2x - 3y - 4z = 5 \end{cases}$

$(2) \begin{cases} x + y - 3z = 5 \\ 2x + y - 4z = 6 \\ x + 2y - 5z = 4 \end{cases}$

$(3) \begin{cases} 2x_1 - x_2 + 3x_3 = 3 \\ 3x_1 + x_2 - x_3 = 0 \\ 4x_1 - x_2 + x_3 = 3 \\ x_1 + 3x_2 - 13x_3 = -6 \end{cases}$

$(4) \begin{cases} 2x_1 - 3x_2 + x_3 + 5x_4 = 6 \\ -3x_1 + x_2 + x_3 - 4x_4 = 5 \\ -x_1 - 2x_2 + 3x_3 + x_4 = 11 \end{cases}$

$(5) \begin{cases} 3x_1 - 9x_2 + 6x_3 + 15x_4 = -3 \\ x_1 - 3x_2 + 2x_3 + 5x_4 = -1 \\ -6x_1 + 18x_2 - 12x_3 - 30x_4 = 6 \\ 5x_1 - 15x_2 + 10x_3 + 25x_4 = -5 \end{cases}$

$(6) \begin{cases} x_1 - 2x_2 + 3x_3 - 4x_4 = 4 \\ x_2 - x_3 + x_4 = -3 \\ x_1 + 3x_2 - x_4 = 1 \\ -7x_2 + 3x_3 + x_4 = -1 \end{cases}$

3. 确定 a 的值,使下列线性方程组有解.

$(1) \begin{cases} x_1 + 3x_2 = 5 \\ 2x_1 + 6x_2 = a \end{cases}$

$(2) \begin{cases} x_1 + 2x_2 = -3 \\ ax_1 - 2x_2 = 5 \end{cases}$

4. 判断下列方程组是否为齐次线性方程组;若是,判断有没有非零解.

$(1) \begin{cases} x_1 + x_2 = 0 \\ 2x_1 - x_2 = 0 \end{cases}$

$(2) \begin{cases} x_1 + 3x_2 = 5 \\ x_2 = 1 \end{cases}$

$(3) \begin{cases} x_1 + x_2 - x_3 = 0 \\ x_1 + 2x_2 + x_3 = 4 \end{cases}$

$(4) \begin{cases} x_1 + x_2 + 2x_3 = x_3 \\ 5x_1 + 5x_2 + 3x_3 = 2x_1 \end{cases}$

5. 不用计算,判断下列线性方程组有没有非零解并说明原因.

$(1) x_1 + 2x_2 + x_3 + 3x_4 = 0$

$(2) \begin{cases} x_1 + 2x_2 + x_3 + 3x_4 = 0 \\ 2x_1 + 5x_2 + 2x_3 + x_4 = 0 \end{cases}$

$(3) \begin{cases} x_1 + 2x_2 + x_3 + 3x_4 = 0 \\ 2x_1 + 5x_2 + 2x_3 + x_4 = 0 \\ x_1 + 3x_2 + x_3 + x_4 = 0 \end{cases}$

$(4) \begin{cases} x_1 + 2x_2 + x_3 + 3x_4 + 4x_5 = 0 \\ 2x_1 + 5x_2 + 2x_3 + x_4 = 0 \\ x_1 + 3x_2 + x_3 - x_4 + 4x_5 = 0 \\ 3x_1 + 6x_2 + 3x_3 + 9x_4 = 0 \end{cases}$

6. 求解下列方程组并验证任意两个解的和仍为方程组的解,任意解的常数倍也还是方程组的解.

$(1) \begin{cases} x_1 - 2x_2 + x_3 = 0 \\ x_1 + 3x_3 = 0 \\ x_1 + 4x_2 + 7x_3 = 0 \end{cases}$

$(2) \begin{cases} x_1 - x_2 + 2x_3 = 0 \\ x_1 + x_2 - 3x_3 = 0 \end{cases}$

$$(3) \begin{cases} x_1 + 2x_2 + x_3 + 3x_4 = 0 \\ 2x_1 + 5x_2 + 2x_3 + x_4 = 0 \\ x_1 + 3x_2 + x_3 - x_4 = 0 \end{cases} \qquad (4) \begin{cases} x_1 + x_2 + x_3 + x_4 = 0 \\ x_1 - x_2 + x_3 - x_4 = 0 \end{cases}$$

7. 确定 c 的值使下列齐次线性方程组有非零解.

$$(1) \begin{cases} 2x_1 + 5x_2 = 0 \\ 3x_1 - cx_2 = 0 \end{cases} \qquad (2) \begin{cases} cx_1 + x_2 = 0 \\ 2x_1 + 3x_2 = 0 \end{cases} \qquad (3) \begin{cases} x_1 + cx_2 = 0 \\ -5x_1 - x_2 = 0 \end{cases}$$

8. 确定 x, y, z 的值,使下列等式成立.

$$(1) \begin{pmatrix} x^2 & 1 \\ 2 & 3 \end{pmatrix} = \begin{pmatrix} 5x - 6 & 1 \\ 2 & 3 \end{pmatrix} \qquad (2) \begin{pmatrix} x & 2 \\ y & z \end{pmatrix} = \begin{pmatrix} y + 1 & y \\ 2 & z \end{pmatrix}$$

$$(3) \begin{pmatrix} y & x & -x \\ 0 & 1 & x \\ 2 & 0 & 0 \end{pmatrix} = \begin{pmatrix} 4 - x & x^2 & -1 \\ 0 & x & x \\ 2 & 0 & 0 \end{pmatrix} \qquad (4) \begin{pmatrix} x & y \\ z & 1 \end{pmatrix} = \begin{pmatrix} y & z \\ 1 & 1 \end{pmatrix}$$

$$(5) \begin{pmatrix} x & y \\ y & 0 \end{pmatrix} = \begin{pmatrix} 1 + y & 1 + x \\ y & 0 \end{pmatrix}$$

9. 写出下列方程组的增广矩阵,并利用矩阵的初等变换求出其解.

$$(1) \begin{cases} 3x_1 + 4x_2 - 6x_3 = 4 \\ x_1 - x_2 + 4x_3 = 1 \\ -x_1 + 2x_2 - 7x_3 = 0 \end{cases} \qquad (2) \begin{cases} x_1 + x_2 + x_3 + x_4 = 1 \\ 3x_1 + 2x_2 + x_3 + x_4 = -3 \\ x_2 + 3x_3 + 2x_4 = 5 \\ 5x_1 + 4x_2 + 3x_3 + 3x_4 = -1 \end{cases}$$

$$(3) \begin{cases} x_1 + x_2 + 2x_3 = 6 \\ 3x_1 + 4x_2 - x_3 = 5 \\ 5x_1 + 6x_2 + 3x_3 = 17 \end{cases} \qquad (4) \begin{cases} 2x_1 - 3x_2 + 7x_3 + 5x_4 = 7 \\ x_1 - x_2 + x_3 - x_4 = 1 \\ x_1 + x_2 - 8x_3 + x_4 = 0 \\ 4x_1 - 3x_2 + 5x_4 = 0 \end{cases}$$

10. 设矩阵 $A = \begin{pmatrix} 2 & 1 & 2 & 3 \\ 4 & 1 & 3 & 5 \\ 2 & 0 & 1 & 2 \end{pmatrix}$,将 A 化为标准形.

11. 把下列矩阵化为标准形矩阵 $\begin{pmatrix} E_r & 0 \\ 0 & 0 \end{pmatrix}$.

$$(1) \begin{pmatrix} 1 & -1 & 2 \\ 3 & 2 & 1 \\ 1 & -2 & 0 \end{pmatrix} \qquad (2) \begin{pmatrix} 1 & -1 & 2 \\ 3 & -3 & 1 \\ -2 & 2 & -4 \end{pmatrix} \qquad (3) \begin{pmatrix} 1 \\ 2 \\ 3 \end{pmatrix}$$

12. 三个工厂分别有 3 吨、2 吨和 1 吨的产品要送到两个仓库储藏,两个仓库各能储藏产品 4 吨和 2 吨. 用 x_{ij} 表示从第 i 个工厂送到第 j 个仓库的产品数($i = 1, 2, 3; j = 1, 2$). 试列出 x_{ij} 所满足的关系式,并求解由此得到的方程组.

13. 讨论线性方程组

$$\begin{cases} x_1 + x_2 + 2x_3 + 3x_4 = 1 \\ x_1 + 3x_2 + 6x_3 + x_4 = 3 \\ 3x_1 - x_2 - px_3 + 15x_4 = 3 \\ x_1 - 5x_2 - 10x_3 + 12x_4 = t \end{cases}$$

当 p,t 取何值时,方程组无解,有唯一解,有无穷多解?在有无穷多解的情况下,求出其一般解.

14. 确定 a 的值使下列齐次线性方程组有非零解,并在有非零解时求出其一般解.

$$(1)\begin{cases} ax_1 + x_2 + x_3 = 0 \\ x_1 + ax_2 + x_3 = 0 \\ x_1 + x_2 + ax_3 = 0 \end{cases} \qquad (2)\begin{cases} 2x_1 - x_2 + 3x_3 = 0 \\ 3x_1 - 4x_2 + 7x_3 = 0 \\ x_1 - 2x_2 + ax_3 = 0 \end{cases}$$

15. 表 1 是某地区各站点的车辆出入情况,交叉点 (i,j) 处数值表示从 i 站进入 j 站的车辆数.

表 1　　　　　　　　　　　　　　　　　　　　　　　　　　　　单位:辆

	1	2	3	4	5	6	其他
1	0	x_1	0	x_2	0	0	10
2	x_3	0	x_2	0	0	0	35
3	0	x_3	0	0	0	x_6	10
4	x_4	0	0	0	x_3	0	0
5	0	x_5	0	x_2	0	x_3	0
6	0	0	x_3	0	0	0	20
其他	20	15	0	0	30	10	0

(1)写出 x_i 所满足的关系式,使得在每个站点驶入车辆与驶出车辆数相等.

(2)求解由(1)得到的线性方程组.

(3)解释为什么由第四站进入第一站的车辆数不能超过 40 辆.

第二章　矩阵的运算

矩阵是线性代数主要研究对象之一. 在第一章中介绍了矩阵的初等变换,本章继续介绍矩阵的线性运算、矩阵的转置、矩阵的秩以及逆矩阵的概念与计算. 这些运算都是线性代数中的基本运算.

第一节　　矩阵的加法与数乘

我们已经知道,两个矩阵 $A = (a_{ij})_{m \times n}$ 和 $B = (b_{ij})_{k \times l}$,只有当它们的行数相同、列数相同,且对应位置元素都相等时才能说相等,记作 $A = B$. 例如,

$$\begin{pmatrix} 2 & -1 & 3 \\ 5 & 0 & 4 \end{pmatrix} = \begin{pmatrix} 2 & -1 & 3 \\ 5 & 0 & 4 \end{pmatrix}$$

$$\begin{pmatrix} 2 & -1 & 3 \\ 5 & 0 & 4 \end{pmatrix} \neq \begin{pmatrix} 2 & 5 \\ -1 & 0 \\ 3 & 4 \end{pmatrix}$$

$$\begin{pmatrix} 2 & -1 \\ 5 & 0 \end{pmatrix} \neq \begin{pmatrix} 2 & -1 & 0 \\ 5 & 0 & 0 \end{pmatrix}$$

$$\begin{pmatrix} 2 \\ -1 \\ 3 \end{pmatrix} \neq (2 \quad -1 \quad 3)$$

一、矩阵的加法

定义 2.1　设矩阵

$$A = \begin{pmatrix} a_{11} & a_{12} & \cdots & a_{1n} \\ a_{21} & a_{22} & \cdots & a_{2n} \\ \vdots & \vdots & & \vdots \\ a_{m1} & a_{m2} & \cdots & a_{mn} \end{pmatrix}, \quad B = \begin{pmatrix} b_{11} & b_{12} & \cdots & b_{1n} \\ b_{21} & b_{22} & \cdots & b_{2n} \\ \vdots & \vdots & & \vdots \\ b_{m1} & b_{m2} & \cdots & b_{mn} \end{pmatrix}$$

称矩阵

$$\begin{pmatrix} a_{11}+b_{11} & a_{12}+b_{12} & \cdots & a_{1n}+b_{1n} \\ a_{21}+b_{21} & a_{22}+b_{22} & \cdots & a_{2n}+b_{2n} \\ \vdots & \vdots & & \vdots \\ a_{m1}+b_{m1} & a_{m2}+b_{m2} & \cdots & a_{mn}+b_{mn} \end{pmatrix}$$

为 A 与 B 的和,记作 $A+B$.

例如

$$\begin{pmatrix} 2 & -1 & 3 \\ 5 & 0 & 4 \end{pmatrix} + \begin{pmatrix} 1 & 1 & -1 \\ -2 & 3 & -2 \end{pmatrix}$$

$$= \begin{pmatrix} 2+1 & (-1)+1 & 3+(-1) \\ 5+(-2) & 0+3 & 4+(-2) \end{pmatrix}$$

$$= \begin{pmatrix} 3 & 0 & 2 \\ 3 & 3 & 2 \end{pmatrix}$$

注意　只有当两个矩阵的行数相同,列数也相同时,才能相加,且是对应位置元素相加.

显然矩阵加法满足:

(1) 交换律.

$$A+B = B+A$$

(2) 结合律.

$$(A+B)+C = A+(B+C)$$

前面我们知道元素全为零的矩阵

$$\begin{pmatrix} 0 & 0 & \cdots & 0 \\ 0 & 0 & \cdots & 0 \\ \vdots & \vdots & & \vdots \\ 0 & 0 & \cdots & 0 \end{pmatrix}_{mn}$$

称为零矩阵,记作 O_{mn} 或 O. 显然对任意的可加矩阵 A_{mn} 都有

$$A_{mn}+O = A_{mn}$$

把矩阵 $A=(a_{ij})$ 的所有元素都换成相反数,得到的矩阵 $(-a_{ij})_{mn}$ 称为 A 的负矩阵,记作 $-A$. 显然

$$A+(-A) = O$$

例如,$A = \begin{pmatrix} 2 & -1 & 3 \\ 5 & 0 & 4 \end{pmatrix}$ 的负矩阵为

$$-A = \begin{pmatrix} -2 & 1 & -3 \\ -5 & 0 & -4 \end{pmatrix}$$

A 与 B 之差用 $A-B$ 表示,利用负矩阵可以定义矩阵减法,即

$$A-B = A+(-B)$$

减法作为加法的逆运算,同样要求两个矩阵的行数相同,列数相同,才能相减. 例如

$$\begin{pmatrix} 5 & 0 \\ 2 & 3 \\ -1 & 1 \end{pmatrix} - \begin{pmatrix} 2 & 1 \\ 3 & 2 \\ 0 & 1 \end{pmatrix} = \begin{pmatrix} 5-2 & 0-1 \\ 2-3 & 3-2 \\ -1-0 & 1-1 \end{pmatrix} = \begin{pmatrix} 3 & -1 \\ -1 & 1 \\ -1 & 0 \end{pmatrix}$$

二、数与矩阵的乘法

定义 2.2 数 k 乘以矩阵 $A = (a_{ij})_{mn}$ 中每一个元素,所得矩阵

$$\begin{pmatrix} ka_{11} & ka_{12} & \cdots & ka_{1n} \\ ka_{21} & ka_{22} & \cdots & ka_{2n} \\ \vdots & \vdots & & \vdots \\ ka_{m1} & ka_{m2} & \cdots & ka_{mn} \end{pmatrix},$$

称为数 k 与矩阵 A 的乘积,记作 kA.

例如

$$3 \cdot \begin{pmatrix} 2 & -1 \\ 0 & 4 \end{pmatrix} = \begin{pmatrix} 3\times2 & 3\times(-1) \\ 3\times0 & 3\times4 \end{pmatrix} = \begin{pmatrix} 6 & -3 \\ 0 & 12 \end{pmatrix}.$$

容易证明数与矩阵的乘法(简称数量乘法)满足以下规律:

$$1 \cdot A = A$$
$$(k+l)A = kA + lA$$
$$k(A+B) = kA + kB$$
$$k(lA) = (kl)A$$
$$k(AB) = (kA)B = A(kB)$$

显然,常数 k 与单位矩阵 E 的乘积

$$k \cdot E = \begin{pmatrix} k & 0 & \cdots & 0 \\ 0 & k & \cdots & 0 \\ \vdots & \vdots & & \vdots \\ 0 & 0 & \cdots & k \end{pmatrix}$$

是一个数量矩阵.

第二节 矩阵的乘法

一、矩阵乘法的定义

引例 某地区甲、乙、丙三家商场同时销售两种品牌的家用电器,如果用矩阵 A 表示各商家销售这两种家用电器的日平均销售量(单位:台),用 B 表示两种家用电

器的单位售价(单位:千元)和利润(单位:千元),其中

$$A = \begin{pmatrix} 20 & 10 \\ 25 & 11 \\ 18 & 9 \end{pmatrix}, B = \begin{pmatrix} 3.5 & 0.8 \\ 5 & 1.2 \end{pmatrix}$$

用矩阵 $C = (c_{ij})_{3 \times 2}$ 表示这三家商场销售两种家用电器的每日总收入和总利润,那么 C 中的元素分别为

$$\text{总收入:} \begin{cases} c_{11} = 20 \times 3.5 + 10 \times 5 = 120 \\ c_{21} = 25 \times 3.5 + 11 \times 5 = 142.5 \\ c_{31} = 18 \times 3.5 + 9 \times 5 = 108 \end{cases}$$

$$\text{总利润:} \begin{cases} c_{12} = 20 \times 0.8 + 10 \times 1.2 = 28 \\ c_{22} = 25 \times 0.8 + 11 \times 1.2 = 33.2 \\ c_{32} = 18 \times 0.8 + 9 \times 1.2 = 25.2 \end{cases}$$

即

$$C = \begin{pmatrix} c_{11} & c_{12} \\ c_{21} & c_{22} \\ c_{31} & c_{32} \end{pmatrix} = \begin{pmatrix} 20 \times 3.5 + 10 \times 5 & 20 \times 0.8 + 10 \times 1.2 \\ 25 \times 3.5 + 11 \times 5 & 25 \times 0.8 + 11 \times 1.2 \\ 18 \times 3.5 + 9 \times 5 & 18 \times 0.8 + 9 \times 1.2 \end{pmatrix} = \begin{pmatrix} 120 & 28 \\ 142.5 & 33.2 \\ 108 & 25.2 \end{pmatrix}$$

其中,矩阵 C 的第 i 行和第 j 列的元素是矩阵 A 第 i 行元素与矩阵 B 第 j 列对应元素的乘积之和. 我们把 C 矩阵定义为 A 与 B 矩阵的乘积矩阵.

下面给出矩阵乘法定义:

定义 2.3   设 $A = (a_{ij})$ 是 $m \times l$ 矩阵, $B = (b_{ij})$ 是 $l \times n$ 矩阵. A 与 B 的乘积记作 AB,规定

$$AB = C = (c_{ij})$$

是 $m \times n$ 矩阵,其中

$$c_{ij} = a_{i1}b_{1j} + a_{i2}b_{2j} + \cdots + a_{il}b_{lj} = \sum_{k=1}^{l} a_{ik}b_{kj}$$

$$(i = 1,2,\cdots,m; j = 1,2,\cdots,n)$$

A 的第 i 行为 $(a_{i1}, a_{i2}, \cdots, a_{il})$, B 的第 j 列为 $\begin{pmatrix} b_{1j} \\ b_{2j} \\ \vdots \\ b_{lj} \end{pmatrix}$,按矩阵乘法的定义,乘积 AB 的 (i,j)

元素等于 A 的第 i 行与 B 的第 j 列对应元素相乘后相加,即

$$c_{ij} = (a_{i1}, a_{i2}, \cdots, a_{il}) \begin{pmatrix} b_{1j} \\ b_{2j} \\ \vdots \\ b_{lj} \end{pmatrix} = a_{i1}b_{1j} + a_{i2}b_{2j} + \cdots + a_{il}b_{lj}$$

例 1 设矩阵 $A = \begin{pmatrix} 1 & 0 & 3 \\ 2 & 1 & 0 \end{pmatrix}$，$B = \begin{pmatrix} 4 & 1 & 3 \\ -1 & 1 & 1 \\ 2 & 0 & 1 \end{pmatrix}$，求矩阵乘积 AB.

解 $AB = \begin{pmatrix} 1 & 0 & 3 \\ 2 & 1 & 0 \end{pmatrix}_{2\times3} \begin{pmatrix} 4 & 1 & 3 \\ -1 & 1 & 1 \\ 2 & 0 & 1 \end{pmatrix}_{3\times3}$

$= \begin{pmatrix} 1\times4+0\times(-1)+3\times2 & 1\times1+0\times1+3\times0 & 1\times3+0\times1+3\times1 \\ 2\times4+1\times(-1)+0\times2 & 2\times1+1\times1+0\times0 & 2\times3+1\times1+0\times1 \end{pmatrix}_{2\times3}$

$= \begin{pmatrix} 10 & 1 & 6 \\ 7 & 3 & 7 \end{pmatrix}$

例 2 设 $A = (1 \quad 0 \quad 4)$，$B = \begin{pmatrix} 1 \\ 1 \\ 0 \end{pmatrix}$，求 AB 及 BA.

解 $AB = (1 \quad 0 \quad 4)_{1\times3} \begin{pmatrix} 1 \\ 1 \\ 0 \end{pmatrix}_{3\times1} = 1\times1+0\times1+4\times0 = 1$

$BA = \begin{pmatrix} 1 \\ 1 \\ 0 \end{pmatrix}_{3\times1} (1 \quad 0 \quad 4)_{1\times3} = \begin{pmatrix} 1 & 0 & 4 \\ 1 & 0 & 4 \\ 0 & 0 & 0 \end{pmatrix}_{3\times3}$

例 3 设 $A = \begin{pmatrix} 0 & 0 \\ 0 & 1 \end{pmatrix}$，$B = \begin{pmatrix} 0 & 1 \\ 0 & 0 \end{pmatrix}$，求 AB 及 BA.

解 $AB = \begin{pmatrix} 0 & 0 \\ 0 & 1 \end{pmatrix}\begin{pmatrix} 0 & 1 \\ 0 & 0 \end{pmatrix} = O_{2\times2} = BA$

例 4 设 $A = \begin{pmatrix} 3 & 1 \\ 4 & 0 \end{pmatrix}$，$B = \begin{pmatrix} 2 & 1 \\ 1 & 0 \end{pmatrix}$，$C = \begin{pmatrix} 0 & 0 \\ 1 & 1 \end{pmatrix}$，求 AC、BC.

解 $AC = \begin{pmatrix} 3 & 1 \\ 4 & 0 \end{pmatrix}\begin{pmatrix} 0 & 0 \\ 1 & 1 \end{pmatrix} = \begin{pmatrix} 1 & 1 \\ 0 & 0 \end{pmatrix}$

$BC = \begin{pmatrix} 2 & 1 \\ 1 & 0 \end{pmatrix}\begin{pmatrix} 0 & 0 \\ 1 & 1 \end{pmatrix} = \begin{pmatrix} 1 & 1 \\ 0 & 0 \end{pmatrix}$

以上各例说明：

(1) 矩阵乘法不满足交换律，AB 有意义，不能保证 BA 有意义(如例1)；即使都有意义，一般地，$AB \neq BA$(如例2).

因此，矩阵乘法必须讲究次序. 当乘积 AB 与乘积 BA 均有意义时，AB 是 A 左乘 B (或 B 右乘 A) 的乘积，BA 是 A 右乘 B(或 B 左乘 A) 的乘积，两者不可混淆. 如果两个同阶方阵 A 与 B 满足 $AB = BA$，则称 A 与 B 是可交换矩阵.

(2) 矩阵乘法不满足消去律，即 $AC = BC$，不一定 $A = B$(如例4).

特别地,当 $AB = 0$ 时不能推出 $A = 0$ 或 $B = 0$(如例3).又如:

$$\begin{pmatrix} 1 & 1 \\ 0 & 0 \end{pmatrix} \cdot \begin{pmatrix} 1 & 0 \\ -1 & 0 \end{pmatrix} = \begin{pmatrix} 0 & 0 \\ 0 & 0 \end{pmatrix}$$

例5　设 $A = \begin{pmatrix} 1 & -2 & 3 \\ 4 & 0 & -1 \end{pmatrix}$,计算 $(5E_{22})A$.

解　$5 \cdot E_{22} = \begin{pmatrix} 5 & 0 \\ 0 & 5 \end{pmatrix}$ 是一个二阶数量矩阵,则

$$(5E_{22}) \cdot A = \begin{pmatrix} 5 & 0 \\ 0 & 5 \end{pmatrix} \begin{pmatrix} 1 & -2 & 3 \\ 4 & 0 & -1 \end{pmatrix}$$

$$= \begin{pmatrix} 5 & -10 & 15 \\ 20 & 0 & -5 \end{pmatrix} = 5 \begin{pmatrix} 1 & -2 & 3 \\ 4 & 0 & -1 \end{pmatrix} = 5A$$

可见,数量矩阵在矩阵乘法中所起的作用相当于用数去乘矩阵.对任意矩阵 A_{mn} 都有

$$(kE_{mm})A_{mn} = kA_{mn}$$

$$A_{mn}(kE_{nn}) = kA_{mn}$$

特别地,n 阶数量矩阵 kE 与任意 n 阶矩阵 A 相乘,有

$$(kE)A = A(kE)$$

不难证明,同阶数量矩阵还有以下规律:

$$(kE) + (lE) = (l + k)E$$

$$(kE) \cdot (lE) = (kl)E$$

二、矩阵乘法的性质

矩阵的乘法满足下列运算规律(假设运算均有意义):

(1) $k(BC) = (kB)C = B(kC)$ (k 是常数).

(2) $A(B + C) = AB + BC, (A + B)C = AC + BC$.

(3) $(AB)C = A(BC)$.

(4) 设 A 是方阵,定义 $A^0 = E$,k 个 A 的连乘积称为 A 的 k 次幂,记作 A^k,有

$$A^k A^l = A^{k+l}, (A^k)^l = A^{kl}$$

因为矩阵乘法不满足交换律,故一般来说 $(AB)^k \neq A^k B^k$.

(5) 对于单位矩阵和零矩阵,有

$$E_m A_{m \times n} = A_{m \times n}, \quad A_{m \times n} E_n = A_{m \times n}$$

$$O_m A_{m \times n} = O_{m \times n}, \quad A_{m \times n} O_n = O_{m \times n}$$

分别简记作

$$EA = A, AE = A, OA = O, AO = O$$

例6 设 $A = \begin{pmatrix} 1 \\ 2 \\ 3 \end{pmatrix} \begin{pmatrix} 1 & \frac{1}{2} & \frac{1}{3} \end{pmatrix}$，计算 A^{11}.

解 $A^{11} = \begin{pmatrix} 1 \\ 2 \\ 3 \end{pmatrix} \cdot \left\{ \begin{pmatrix} 1 & \frac{1}{2} & \frac{1}{3} \end{pmatrix} \begin{pmatrix} 1 \\ 2 \\ 3 \end{pmatrix} \right\} \cdots \left\{ \begin{pmatrix} 1 & \frac{1}{2} & \frac{1}{3} \end{pmatrix} \begin{pmatrix} 1 \\ 2 \\ 3 \end{pmatrix} \right\} \cdot \begin{pmatrix} 1 & \frac{1}{2} & \frac{1}{3} \end{pmatrix}$

$= \begin{pmatrix} 1 \\ 2 \\ 3 \end{pmatrix} \cdot \left(1 \times 1 + \frac{1}{2} \times 2 + \frac{1}{3} \times 3 \right)^{10} \cdot \begin{pmatrix} 1 & \frac{1}{2} & \frac{1}{3} \end{pmatrix}$

$= 3^{10} \begin{pmatrix} 1 \\ 2 \\ 3 \end{pmatrix} \cdot \begin{pmatrix} 1 & \frac{1}{2} & \frac{1}{3} \end{pmatrix}$

$= 3^{10} \begin{pmatrix} 1 & \frac{1}{2} & \frac{1}{3} \\ 2 & 1 & \frac{2}{3} \\ 3 & \frac{3}{2} & 1 \end{pmatrix}$

利用矩阵乘法，许多较复杂的线性关系都可用简洁的矩阵形式表示出来，如下例.

例7 用 a_{ij} 表示工厂 $i(i = 1,2)$ 生产产品 $j(j = 1,2,3)$ 的数量，用 b_{j1} 与 b_{j2} 依次表示产品 j 的单价与单价利润，用 c_{i1} 与 c_{i2} 依次表示工厂 i 生产这三种产品的总收入和总利润. 设

$$A = \begin{pmatrix} 2 & 2 & 3 \\ 3 & 2 & 2 \end{pmatrix}, \quad B = \begin{pmatrix} 1 & 2 \\ 2 & 1 \\ 2 & 3 \end{pmatrix}, \quad C = (c_{ij})_{2 \times 2}$$

按照各元素的定义，有

$$a_{i1}b_{1j} + a_{i2}b_{2j} + a_{i3}b_{3j} = c_{ij} \quad (i = 1,2; j = 1,2)$$

所以

$$C = AB = A = \begin{pmatrix} 2 & 2 & 3 \\ 3 & 2 & 2 \end{pmatrix} \begin{pmatrix} 1 & 2 \\ 2 & 1 \\ 2 & 3 \end{pmatrix} = \begin{pmatrix} 12 & 15 \\ 11 & 14 \end{pmatrix}$$

三、线性方程组的矩阵表示

对于线性方程组的一般形式

$$\begin{cases} a_{11}x_1 + a_{12}x_2 + \cdots + a_{1n}x_n = b_1 \\ a_{21}x_1 + a_{22}x_2 + \cdots + a_{2n}x_n = b_2 \\ \vdots \\ a_{m1}x_1 + a_{m2}x_2 + \cdots + a_{mn}x_n = b_m \end{cases}$$

若记

$$A = \begin{pmatrix} a_{11} & a_{12} & \cdots & a_{1n} \\ a_{21} & a_{22} & \cdots & a_{2n} \\ \vdots & \vdots & & \vdots \\ a_{m1} & a_{m2} & \cdots & a_{mn} \end{pmatrix}, X = \begin{pmatrix} x_1 \\ x_2 \\ \vdots \\ x_n \end{pmatrix}, b = \begin{pmatrix} b_1 \\ b_2 \\ \vdots \\ b_m \end{pmatrix}$$

则由矩阵的乘法,以上方程组可以写成 $AX = b$,称为线性方程组的矩阵形式. 其中 A 为方程组的系数矩阵,X、b 都是只有一列的矩阵,分别为未知数矩阵及常数矩阵.

相应地,当 $b = 0$ 时,齐次线性方程组的一般形式也可以写成矩阵形式 $AX = 0$.

矩阵 $\bar{A} = (A \vdots b) = \begin{pmatrix} a_{11} & a_{12} & \cdots & a_{1n} & b_1 \\ a_{21} & a_{22} & \cdots & a_{2n} & b_2 \\ \vdots & \vdots & & \vdots & \vdots \\ a_{m1} & a_{m2} & \cdots & a_{mn} & b_m \end{pmatrix}$ 称为方程组的增广矩阵.

容易看出,给定了一个线性方程组,它的增广矩阵、系数矩阵就被唯一确定;反之,给定增广矩阵,线性方程组也被唯一确定下来.

对一般的线性变换 $\begin{cases} x_1 = c_{11}y_1 + c_{12}y_2 + \cdots + c_{1n}y_n \\ x_2 = c_{21}y_1 + c_{22}y_2 + \cdots + c_{2n}y_n \\ \vdots \\ x_m = c_{m1}y_1 + c_{m2}y_2 + \cdots + c_{mn}y_n \end{cases}$

也可记为 $X = CY$,其中 $C = (c_{ij})_{m \times n}$ 称为此线性变换的变换矩阵.

第三节　矩阵的转置

定义 2.4　设矩阵 $A = (a_{ij})_{m \times n}$,将 A 的行列互换得到的矩阵为 A 的转置,记作 A^T,即

$$A^T = \begin{pmatrix} a_{11} & a_{12} & \cdots & a_{1n} \\ a_{21} & a_{22} & \cdots & a_{2n} \\ \vdots & \vdots & & \vdots \\ a_{m1} & a_{m2} & \cdots & a_{mn} \end{pmatrix}^T = \begin{pmatrix} a_{11} & a_{21} & \cdots & a_{m1} \\ a_{12} & a_{22} & \cdots & a_{m2} \\ \vdots & \vdots & & \vdots \\ a_{1n} & a_{2n} & \cdots & a_{mn} \end{pmatrix}$$

例1　设 $A = \begin{pmatrix} 1 & 2 & 3 \\ 4 & 5 & 6 \end{pmatrix}$，则它的转置是 $A^T = \begin{pmatrix} 1 & 4 \\ 2 & 5 \\ 3 & 6 \end{pmatrix}$.

定义 2.5　(1) $n \times 1$ 矩阵 $\begin{pmatrix} b_1 \\ b_2 \\ \vdots \\ b_n \end{pmatrix}$ 称为列矩阵,也称为列向量,列向量中元素的个数

n 称为向量的维数,元素 b_i 为列向量的第 i 个分量. 列向量通常用小写字母 a、b 等表示,零向量(即分量全是零的列向量)习惯记作 0.

(2) $1 \times n$ 矩阵 $(a_1, a_2, \cdots, a_n)$ 称为行矩阵,也称为行向量,n 为向量的维数,元素 a_i 为它的第 i 个分量. 行向量用小写字母 α 或 a^T 等表示.

行向量与列向量统称为向量,有时也称为点或点的坐标,n 维向量也称为 n 元有序数组.

矩阵的转置具有下列性质(设运算有意义):

(1) $(A^T)^T = A$.

(2) $(kA)^T = kA^T$,k 为常数.

(3) $(A + B)^T = A^T + B^T$.

(4) $(AB)^T = B^T A^T$.

定义 2.6　对于方阵 A,若有 $A^T = A$,则称 A 是对称矩阵. 若有 $A^T = -A$,则称 A 是反对称矩阵.

例2　下列矩阵 A 是对称方阵,B 是反对称方阵.

$$A = \begin{pmatrix} 5 & 2 & 3 \\ 2 & 1 & 4 \\ 3 & 4 & 0 \end{pmatrix}, B = \begin{pmatrix} 0 & 3 & 2 \\ -3 & 0 & -1 \\ -2 & 1 & 0 \end{pmatrix}$$

第四节　矩阵的秩

矩阵的秩是矩阵的一个数字特征,是矩阵在初等变换中的一个不变量,对研究矩阵的性质有着重要的作用. 我们知道,任意矩阵可经过初等行变换化为行阶梯形矩阵,这个行阶梯形矩阵所含非零行的行数和矩阵的秩有着密切的联系,下面我们给出矩阵秩的概念.

定义 2.7　$m \times n$ 矩阵 A 经过初等变换化为行阶梯形矩阵后,所含非零行的行数称为矩阵 A 的秩,记作 $r(A)$.

定理 2.1(保秩定理)　矩阵经初等变换后其秩保持不变.

这个定理告诉我们,要求一个矩阵的秩,可以先利用初等行变换将矩阵化为行阶梯形矩阵(当矩阵不是行阶梯形矩阵时),然后就可以由阶梯形矩阵的秩得到原矩阵的秩.

例1 设矩阵

$$A = \begin{pmatrix} 1 & -2 & -1 & 0 & 2 \\ -2 & 4 & 2 & 6 & -6 \\ 2 & -1 & 0 & 2 & 3 \\ 3 & 3 & 3 & 3 & 4 \end{pmatrix}$$

求 $r(A)$.

解 对 A 施行初等行变换,将 A 变成行阶梯矩阵.

$$A = \begin{pmatrix} 1 & -2 & -1 & 0 & 2 \\ -2 & 4 & 2 & 6 & -6 \\ 2 & -1 & 0 & 2 & 3 \\ 3 & 3 & 3 & 3 & 4 \end{pmatrix} \xrightarrow[\substack{R_3 - 2R_1 \\ R_4 - 3R_1}]{R_2 + 2R_1} \begin{pmatrix} 1 & -2 & -1 & 0 & 2 \\ 0 & 0 & 0 & 6 & -2 \\ 0 & 3 & 2 & 2 & -1 \\ 0 & 9 & 6 & 3 & -2 \end{pmatrix}$$

$$\xrightarrow[\substack{R_3 \leftrightarrow R_4}]{R_2 \leftrightarrow R_3} \begin{pmatrix} 1 & -2 & -1 & 0 & 2 \\ 0 & 3 & 2 & 2 & -1 \\ 0 & 9 & 6 & 3 & -2 \\ 0 & 0 & 0 & 6 & -2 \end{pmatrix} \xrightarrow{R_3 - 3R_2} \begin{pmatrix} 1 & -2 & -1 & 0 & 2 \\ 0 & 3 & 2 & 2 & -1 \\ 0 & 0 & 0 & -3 & 1 \\ 0 & 0 & 0 & 6 & -2 \end{pmatrix}$$

$$\xrightarrow{R_4 + 2R_3} \begin{pmatrix} 1 & -2 & -1 & 0 & 2 \\ 0 & 3 & 2 & 2 & -1 \\ 0 & 0 & 0 & -3 & 1 \\ 0 & 0 & 0 & 0 & 0 \end{pmatrix}$$

因为此行阶梯形矩阵有 3 个非零行,所以 $r(A) = 3$.

定理2.2 矩阵的秩有如下性质:

(1) 设 A 是行阶梯形矩阵,其非零行行数是 r,则 $r(A) = r$.

(2) $r(A) \leq \min(m, n)$.

(3) $r(A^T) = r(A)$.

(4) $r(AB) \leq r(A)$, $r(AB) \leq r(B)$.

推论 每个矩阵与唯一标准形矩阵相对应.

定义2.8 对于 $m \times n$ 矩阵 A,当 $r(A) = m$ 时,称 A 为行满秩矩阵;当 $r(A) = n$ 时,称 A 为列满秩矩阵.

定义2.9 若 A 为 n 阶方阵,且 $r(A) = n$,则称 A 为满秩矩阵.

例2 设矩阵

$$A = \begin{pmatrix} 1 & -2 & 2 & -1 \\ 2 & -4 & 8 & 0 \\ -2 & 4 & -2 & 3 \\ 3 & -6 & 0 & -6 \end{pmatrix}, \quad b = \begin{pmatrix} 1 \\ 2 \\ 3 \\ 4 \end{pmatrix}$$

且 $B = (A, b)$，求 $r(A)$ 及 $r(B)$.

解 用初等行变换将矩阵 B 化为行阶梯形矩阵 $B_1 = (A_1, b_1)$，则 A_1 即为 A 的行阶梯形矩阵，故可从 $B_1 = (A_1, b_1)$ 中同时求出 $r(A)$ 及 $r(B)$.

$$B = \begin{pmatrix} 1 & -2 & 2 & -1 & \vdots & 1 \\ 2 & -4 & 8 & 0 & \vdots & 2 \\ -2 & 4 & -2 & 3 & \vdots & 3 \\ 3 & -6 & 0 & -6 & \vdots & 4 \end{pmatrix} \xrightarrow[\substack{R_3 + 2R_1 \\ R_4 - 3R_1}]{R_2 - 2R_1} \begin{pmatrix} 1 & -2 & 2 & -1 & \vdots & 1 \\ 0 & 0 & 4 & 2 & \vdots & 0 \\ 0 & 0 & 2 & 1 & \vdots & 5 \\ 0 & 0 & -6 & -3 & \vdots & 1 \end{pmatrix}$$

$$\xrightarrow[\substack{R_3 - R_2 \\ R_4 + 3R_2}]{\frac{1}{2} \times R_2} \begin{pmatrix} 1 & -2 & 2 & -1 & \vdots & 1 \\ 0 & 0 & 2 & 1 & \vdots & 0 \\ 0 & 0 & 0 & 0 & \vdots & 5 \\ 0 & 0 & 0 & 0 & \vdots & 0 \end{pmatrix} \xrightarrow[\substack{R_4 - R_3}]{\frac{1}{5} \times R_3} \begin{pmatrix} 1 & -2 & 2 & -1 & \vdots & 1 \\ 0 & 0 & 2 & 1 & \vdots & 0 \\ 0 & 0 & 0 & 0 & \vdots & 1 \\ 0 & 0 & 0 & 0 & \vdots & 0 \end{pmatrix}$$

因此，$r(A) = 2$，$r(B) = 3$.

第五节　初等矩阵与逆矩阵

定义 2.10 对于 n 阶矩阵 A，如果有一个 n 阶矩阵 B，使

$$AB = BA = E$$

则称矩阵 A 是可逆的，矩阵 B 称为 A 的逆矩阵，记为 $B = A^{-1}$.

如果矩阵 A 是可逆的，那么 A 的逆阵是唯一的. 这是因为：设 B、C 都是 A 的逆阵，则有

$$B = BE = B(AC) = (BA)C = EC = C$$

所以 A 的逆阵是唯一的.

定理 2.3 n 阶矩阵 $A = (a_{ij})_{n \times n}$ 可逆的充分必要条件是 A 为满秩矩阵.

下面我们给出求逆矩阵的方法，前面我们学习了矩阵的初等变换，这里我们将用初等变换来求矩阵的逆.

首先我们来定义初等矩阵的概念.

定义 2.11 由单位矩阵 E 经过一次初等变换得到的矩阵称为初等矩阵.

三种初等变换对应着三种初等矩阵.

（1）交换 E 的 i, j 两行或是 i, j 两列得到的初等矩阵记为 E_{ij}.

$$E_{ij} = \begin{pmatrix} 1 & & & & & & & & & \\ & \ddots & & & & & & & & \\ & & 1 & & & & & & & \\ & & & 0 & 0 & \cdots & 0 & 1 & & \\ & & & 0 & 1 & & 0 & 0 & & \\ & & & \vdots & \vdots & \ddots & \vdots & \vdots & & \\ & & & 0 & 0 & & 1 & 0 & & \\ & & & 1 & 0 & \cdots & 0 & 0 & & \\ & & & & & & & & 1 & \\ & & & & & & & & & \ddots & \\ & & & & & & & & & & 1 \end{pmatrix} \begin{matrix} \\ \\ \\ i\,行 \\ \\ \\ \\ j\,行 \\ \\ \\ \\ \end{matrix}$$

$$\quad\quad\quad\quad i\,列 \quad\quad\quad\quad j\,列$$

（2）用一个非零数 k 乘以 E 的第 i 行或第 i 列，得到的初等矩阵记为 $E_i(k)$.

$$E_i(k) = \begin{pmatrix} 1 & & & & & \\ & \ddots & & & & \\ & & 1 & & & \\ & & & k & & \\ & & & & 1 & \\ & & & & & \ddots & \\ & & & & & & 1 \end{pmatrix} \begin{matrix} \\ \\ \\ i\,行 \\ \\ \\ \end{matrix}$$

$$\quad\quad\quad\quad i\,列$$

（3）将 E 的第 j 行的 k 倍加到第 i 行上去，或将 E 的第 i 列的 k 倍加到第 j 列上去，得到的初等矩阵记做 $E_{ij}(k)$.

$$E_{ij}(k) = \begin{pmatrix} 1 & & & & & \\ & \ddots & & & & \\ & & 1 & \cdots & k & \\ & & & \ddots & \vdots & \\ & & & & 1 & \\ & & & & & \ddots & \\ & & & & & & 1 \end{pmatrix} \begin{matrix} \\ \\ i\,行 \\ \\ j\,行 \\ \\ \end{matrix}$$

$$\quad\quad\quad i\,列 \quad\quad j\,列$$

由上述定义可知，初等矩阵是可逆矩阵且初等矩阵的逆矩阵仍是初等矩阵.

事实上：$E_{ij}^{-1} = E_{ij}$，$(E_i(k))^{-1} = E_i\left(\dfrac{1}{k}\right)$，$(E_{ij}(k))^{-1} = E_{ij}(-k)$.

定理 2.4　设矩阵 $A = (a_{ij})_{m \times n}$，对 A 施行一次行初等变换相当于在 A 的左侧乘以一个 m 阶的初等矩阵；对 A 施行一次列初等变换相当于在 A 的右侧乘以一个 n 阶的初等矩阵.

我们只对第三种行初等变换进行证明.

证明

$$E_{ij}(k)A = \begin{pmatrix} 1 & & & & & & \\ & \ddots & & & & & \\ & & 1 & \cdots & k & & \\ & & & \ddots & \vdots & & \\ & & & & 1 & & \\ & & & & & \ddots & \\ & & & & & & 1 \end{pmatrix} \cdot \begin{pmatrix} a_{11} & a_{12} & \cdots & a_{1n} \\ \cdots & \cdots & \cdots & \cdots \\ a_{i1} & a_{i2} & \cdots & a_{in} \\ \cdots & \cdots & \cdots & \cdots \\ a_{j1} & a_{j2} & \cdots & a_{jn} \\ \cdots & \cdots & \cdots & \cdots \\ a_{m1} & a_{m2} & \cdots & a_{mn} \end{pmatrix}$$

$$= \begin{pmatrix} a_{11} & a_{12} & \cdots & a_{1n} \\ \cdots & \cdots & \cdots & \cdots \\ a_{i1}+ka_{j1} & a_{i2}+ka_{j2} & \cdots & a_{in}+ka_{jn} \\ \cdots & \cdots & \cdots & \cdots \\ a_{j1} & a_{j2} & \cdots & a_{jn} \\ \cdots & \cdots & \cdots & \cdots \\ a_{m1} & a_{m2} & \cdots & a_{mn} \end{pmatrix}$$

其他的情形读者自证.

由上述定理我们还可以得到一个 $m \times n$ 的矩阵 A 与初等矩阵之间的关系.

定理 2.5   一个 $m \times n$ 的矩阵 A 总可以表示为

$$A = E_1 E_2 \cdots E_s R$$

的形式,其中 $E_1, E_2, \cdots, E_s$ 为 m 阶初等矩阵,R 为 $m \times n$ 的简化阶梯型矩阵.

定理 2.6 n 阶矩阵 A 可逆的充分必要条件是存在有限个初等矩阵 $E_1, E_2, \cdots, E_s$,使 $A = E_1 E_2 \cdots E_s$.

定理 2.7   若 A 可逆且 $A = E_1 E_2 \cdots E_s$,则 $A^{-1} = E_s^{-1} E_{s-1}^{-1} \cdots E_1^{-1}$,易得

$$E_s^{-1} E_{s-1}^{-1} \cdots E_1^{-1} \cdot A = A^{-1}A = E \text{ 及 } A \cdot E_s^{-1} E_{s-1}^{-1} \cdots E_1^{-1} = AA^{-1} = E$$

从上面知,可逆矩阵 A 只经过有限次行初等变换或只经过有限次列初等变换就可以化成单位矩阵 E.

更进一步,如果 A 可逆,则 A^{-1} 也可逆,设 $A^{-1} = E_1 E_2 \cdots E_t$,其中 $E_1, E_2, \cdots, E_t$ 都是初等矩阵. 作一个扩大的矩阵 $[A \vdots E]$,则

$$E_1 E_2 \cdots E_t \cdot [A \vdots E] = [E_1 \cdots E_t \cdot A \vdots E_1 \cdots E_t \cdot E] = [A^{-1}A \vdots A^{-1}E] = [E \vdots A^{-1}]$$

由此可见,我们可以通过初等变换求逆矩阵,其步骤如下:

(1)构造 $n \times 2n$ 矩阵 $[A \vdots E]$;

(2)对 $[A \vdots E]$ 连续施行初等行变换,使 A 化为单位矩阵,这时 E 就化为了 A^{-1}.

例1 设矩阵 $A = \begin{pmatrix} 0 & 1 & 2 \\ 1 & 1 & 4 \\ 2 & -1 & 0 \end{pmatrix}$,求 A^{-1}.

解 构造 $n \times 2n$ 矩阵 $[A \vdots E_3]$,这里 $n = 3$,对 $[A \vdots E_3]$ 施行初等行变换,得

$$(A \vdots E_3) = \begin{pmatrix} 0 & 1 & 2 & \vdots & 1 & 0 & 0 \\ 1 & 1 & 4 & \vdots & 0 & 1 & 0 \\ 2 & -1 & 0 & \vdots & 0 & 0 & 1 \end{pmatrix} \xrightarrow{R_1 \leftrightarrow R_2} \begin{pmatrix} 1 & 1 & 4 & \vdots & 0 & 1 & 0 \\ 0 & 1 & 2 & \vdots & 1 & 0 & 0 \\ 2 & -1 & 0 & \vdots & 0 & 0 & 1 \end{pmatrix}$$

$$\xrightarrow{R_3 - 2R_1} \begin{pmatrix} 1 & 1 & 4 & \vdots & 0 & 1 & 0 \\ 0 & 1 & 2 & \vdots & 1 & 0 & 0 \\ 0 & -3 & -8 & \vdots & 0 & -2 & 1 \end{pmatrix} \xrightarrow{R_3 + 3R_2} \begin{pmatrix} 1 & 1 & 4 & \vdots & 0 & 1 & 0 \\ 0 & 1 & 2 & \vdots & 1 & 0 & 0 \\ 0 & 0 & -2 & \vdots & 3 & -2 & 1 \end{pmatrix}$$

$$\xrightarrow{R_2 + R_3} \begin{pmatrix} 1 & 1 & 4 & \vdots & 0 & 1 & 0 \\ 0 & 1 & 0 & \vdots & 4 & -2 & 1 \\ 0 & 0 & -2 & \vdots & 3 & -2 & 1 \end{pmatrix} \xrightarrow{R_1 + 2R_3} \begin{pmatrix} 1 & 1 & 0 & \vdots & 6 & -3 & 2 \\ 0 & 1 & 0 & \vdots & 4 & -2 & 1 \\ 0 & 0 & -2 & \vdots & 3 & -2 & 1 \end{pmatrix}$$

$$\xrightarrow{R_1 - R_2} \begin{pmatrix} 1 & 0 & 0 & \vdots & 2 & -1 & 1 \\ 0 & 1 & 0 & \vdots & 4 & -2 & 1 \\ 0 & 0 & -2 & \vdots & 3 & -2 & 1 \end{pmatrix} \xrightarrow{R_3 \times \left(-\frac{1}{2}\right)} \begin{pmatrix} 1 & 0 & 0 & \vdots & 2 & -1 & 1 \\ 0 & 1 & 0 & \vdots & 4 & -2 & 1 \\ 0 & 0 & 1 & \vdots & -\frac{3}{2} & 1 & -\frac{1}{2} \end{pmatrix}$$

于是

$$A^{-1} = \begin{pmatrix} 2 & -1 & 1 \\ 4 & -2 & 1 \\ -\frac{3}{2} & 1 & -\frac{1}{2} \end{pmatrix}$$

说明:

(1) 由 $[A \vdots E] \rightarrow [E \vdots A^{-1}]$ 求逆阵时,只能施行行初等变换;若要用列变换,可采用另一种形式:$\begin{pmatrix} A \\ E \end{pmatrix} \rightarrow \begin{pmatrix} E \\ A^{-1} \end{pmatrix}$.

(2) 如不知 A 是否可逆,也可以由 $[A \vdots E]$ 直接进行变换,若在计算过程中,左边子块出现一行(列)的元素全为零,则表明 A 不可逆.

【补充知识】

一、矩阵秩的另外一种定义

定义 2.12 在 $m \times n$ 矩阵 A 中,任取 k 行 k 列 $(1 \leqslant k \leqslant \min\{m, n\})$,位于这些行、列交叉处的 k^2 个元素,依它们在 A 中所处的位置关系而得到的 k 阶行列式,称为 A

的一个 k 阶子式.

显然，$m \times n$ 矩阵 A 的 k 阶子式共有 $C_m^k \times C_n^k$ 个. 例如，矩阵 $A = \begin{pmatrix} 1 & 3 & 4 & 5 \\ -1 & 0 & 2 & 3 \\ 0 & 1 & -1 & 0 \end{pmatrix}$ 中，由 1、3 两行，2、4 两列构成的二阶子式为 $\begin{vmatrix} 3 & 5 \\ 1 & 0 \end{vmatrix}$.

定义 2.13 设 A 是 $m \times n$ 矩阵，$1 \leq r \leq \min\{m, n\}$. 如果 A 中有一个 r 阶子式 $D_r \neq 0$，而所有 $r+1$ 阶子式（如果存在的话）的值全为 0，则称 r 为矩阵 A 的秩，记作 $r(A)$（或 $R(A)$）. 规定零矩阵的秩为 0.

注意，由矩阵的秩和行列式的定义，当 $r(A) = r$ 时，对任意正整数 $s > r$，A 的任一 s 阶子式（如果存在）都等于 0.

例 1 求矩阵 $A = \begin{pmatrix} 1 & 2 & 3 \\ 2 & 3 & -5 \\ 4 & 7 & 1 \end{pmatrix}$ 的秩.

解 在 A 中，$\begin{vmatrix} 1 & 3 \\ 2 & -5 \end{vmatrix} \neq 0$，又 A 的三阶子式只有一个 $|A|$，且

$$|A| = \begin{vmatrix} 1 & 2 & 3 \\ 2 & 3 & -5 \\ 4 & 7 & 1 \end{vmatrix} = \begin{vmatrix} 1 & 2 & 3 \\ 0 & -1 & -11 \\ 0 & -1 & -11 \end{vmatrix} = 0$$

故 $r(A) = 2$.

例 2 求矩阵 $A = \begin{pmatrix} 1 & -1 & 0 & 2 & 3 \\ 0 & 2 & 1 & -1 & 0 \\ 0 & 0 & 0 & 2 & -1 \\ 0 & 0 & 0 & 0 & 0 \end{pmatrix}$ 的秩.

解 A 是一个行阶梯形矩阵，其非零行有 3 行，由此易知 A 的所有四阶子式全为零，而以三个非零行的首非零元为对角元的三阶行列式

$$\begin{vmatrix} 1 & -1 & 2 \\ 0 & 2 & -1 \\ 0 & 0 & 2 \end{vmatrix}$$

是一个上三角行列式，它的值显然不等于 0，因此 $r(A) = 3$.

二、伴随矩阵

一个方阵是否可逆，跟它所决定的行列式有密切关系. 为说明这一点，我们来介绍方阵的伴随矩阵这个概念.

定义 2.14 在 n 阶行列式中，把元素 a_{ij} 所在的第 i 行和第 j 列划去后所得到的 $n-1$ 阶行列式称为元素 a_{ij} 的余子式，记为 M_{ij}；称 $A_{ij} = (-1)^{i+j} M_{ij}$ 为 a_{ij} 的代数余

子式.

例如,三阶行列式 $\begin{vmatrix} 1 & 0 & 2 \\ -3 & 8 & 5 \\ 6 & 1 & 9 \end{vmatrix}$ 中,元素 $a_{12} = 0$ 的余子式为 $M_{12} = $

$\begin{vmatrix} -3 & 5 \\ 6 & 9 \end{vmatrix} = -57$,代数余子式 $A_{12} = (-1)^{1+2} \begin{vmatrix} -3 & 5 \\ 6 & 9 \end{vmatrix} = 57$.

定义 2.15 设 n 阶方阵 $A = (a_{ij})$,记元素 a_{ij} 在行列式 $|A|$ 中的代数余子式为

$A_{ij}(i,j = 1,2\cdots,n)$,称矩阵 $A^* = \begin{pmatrix} A_{11} & A_{21} & \cdots & A_{n1} \\ A_{12} & A_{22} & \cdots & A_{n2} \\ \vdots & \vdots & & \vdots \\ A_{1n} & A_{2n} & \cdots & A_{nn} \end{pmatrix}$ 为 A 的伴随矩阵.

例 3 设 $A = \begin{pmatrix} 2 & 2 & 3 \\ 1 & -1 & 0 \\ -1 & 2 & 1 \end{pmatrix}$,试求 A^*.

解 通过计算可得:

$A_{11} = -1, A_{12} = -1, A_{13} = 1,$
$A_{21} = 4, A_{22} = 5, A_{23} = -6,$
$A_{31} = 3, A_{32} = 3, A_{33} = -4$

所以

$$A^* = \begin{pmatrix} -1 & 4 & 3 \\ -1 & 5 & 3 \\ 1 & -6 & -4 \end{pmatrix}$$

注意,这里的 A^* 是把 $|A|$ 的第 i 行元素的代数余子式依次作为第 i 列($i = 1,\cdots,$

n) 的元素得到的. 而且还有 $AA^* = A^*A = \begin{pmatrix} -1 & 0 & 0 \\ 0 & -1 & 0 \\ 0 & 0 & -1 \end{pmatrix} = |A|E.$ 这不是偶

然的.

定理 2.8 n 阶矩阵 $A = (a_{ij})$ 可逆的充分必要条件是其行列式 $a = |A| \neq 0$,且 当其可逆时,其唯一的逆矩阵是 $A^{-1} = a^{-1}A^* = \frac{1}{|A|}A^*$,其中 A^* 为 A 的伴随矩阵.

证明:必要性 设 A 可逆,则存在 n 阶矩阵 B 满足 $AB = E$,从而 $|A||B| = |AB| = |E| = 1 \neq 0.$ 因此 $|A| \neq 0.$

充分性 设 $a = |A| \neq 0$,由行列式展开的性质[按行(列)展开等于行列式的 值,错行(列)展开等于 0],我们有

$$AA^* = \begin{pmatrix} a_{11} & a_{12} & \cdots & a_{1n} \\ a_{21} & a_{22} & \cdots & a_{2n} \\ \vdots & \vdots & & \vdots \\ a_{n1} & a_{n2} & \cdots & a_{nn} \end{pmatrix} \begin{pmatrix} A_{11} & A_{21} & \cdots & A_{n1} \\ A_{12} & A_{22} & \cdots & A_{n2} \\ \vdots & \vdots & & \vdots \\ A_{1n} & A_{2n} & \cdots & A_{nn} \end{pmatrix}$$

$$= \begin{pmatrix} \sum\limits_{j=1}^{n} a_{1j}A_{1j} & \sum\limits_{j=1}^{n} a_{1j}A_{2j} & \cdots & \sum\limits_{j=1}^{n} a_{1j}A_{nj} \\ \sum\limits_{j=1}^{n} a_{2j}A_{1j} & \sum\limits_{j=1}^{n} a_{2j}A_{2j} & \cdots & \sum\limits_{j=1}^{n} a_{2j}A_{nj} \\ \vdots & \vdots & & \vdots \\ \sum\limits_{j=1}^{n} a_{nj}A_{1j} & \sum\limits_{j=1}^{n} a_{nj}A_{2j} & \cdots & \sum\limits_{j=1}^{n} a_{nj}A_{nj} \end{pmatrix} = \begin{pmatrix} |A| & 0 & \cdots & 0 \\ 0 & |A| & \cdots & 0 \\ \vdots & \vdots & & \vdots \\ 0 & 0 & \cdots & |A| \end{pmatrix} = |A|E$$

及

$$A^*A = \begin{pmatrix} A_{11} & A_{21} & \cdots & A_{n1} \\ A_{12} & A_{22} & \cdots & A_{n2} \\ \vdots & \vdots & & \vdots \\ A_{1n} & A_{2n} & \cdots & A_{nn} \end{pmatrix} \begin{pmatrix} a_{11} & a_{12} & \cdots & a_{1n} \\ a_{21} & a_{22} & \cdots & a_{2n} \\ \vdots & \vdots & & \vdots \\ a_{n1} & a_{n2} & \cdots & a_{nn} \end{pmatrix}$$

$$= \begin{pmatrix} \sum\limits_{j=1}^{n} a_{j1}A_{j1} & \sum\limits_{j=1}^{n} a_{j2}A_{j1} & \cdots & \sum\limits_{j=1}^{n} a_{jn}A_{j1} \\ \sum\limits_{j=1}^{n} a_{j1}A_{j2} & \sum\limits_{j=1}^{n} a_{j2}A_{j2} & \cdots & \sum\limits_{j=1}^{n} a_{jn}A_{j2} \\ \vdots & \vdots & & \vdots \\ \sum\limits_{j=1}^{n} a_{j1}A_{jn} & \sum\limits_{j=1}^{n} a_{j2}A_{jn} & \cdots & \sum\limits_{j=1}^{n} a_{jn}A_{jn} \end{pmatrix} = \begin{pmatrix} |A| & 0 & \cdots & 0 \\ 0 & |A| & \cdots & 0 \\ \vdots & \vdots & & \vdots \\ 0 & 0 & \cdots & |A| \end{pmatrix} = |A|E$$

由此可知,当 $|A| \neq 0$ 时,有 $A\left(\dfrac{1}{|A|}A^*\right) = \left(\dfrac{1}{|A|}A^*\right)A = E$,即矩阵 A 可逆,且

$$A^{-1} = \frac{1}{|A|}A^*.$$

本定理不仅给出了方阵 A 可逆的充分必要条件,而且提供了求 A^{-1} 的一种方法:求 A 的伴随矩阵 A^*,再用数 $\dfrac{1}{|A|}$ 乘 A^*.

注意,矩阵 A 可逆时,其逆矩阵只能记为 A^{-1},不能写为 $\dfrac{1}{A}$,因为这样写应当是表示数 1 除以矩阵 A,除非 A 是一阶方阵,即数,否则这个运算无意义.

三、逆矩阵的应用 —— 密码问题

密码学在经济和军事方面起着极其重要的作用. 现代密码学涉及很多高深的数

学知识. 这里无法展开介绍. 图 2 - 1 是保密通信的基本模型.

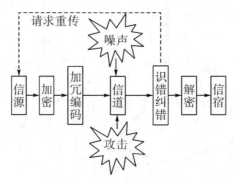

图 2 - 1　保密通信基本模型

密码学中将信息代码称为密码,尚未转换成密码的文字信息称为明文,由密码表示的信息称为密文. 从明文到密文的过程称为加密,反之为解密. 1929 年,希尔(Hill) 通过线性变换对传输信息进行加密处理,提出了在密码史上有重要地位的希尔加密算法. 下面我们略去一些实际应用中的细节,只介绍最基本的思想.

例子:若要发出信息 *action*,现需要利用矩阵乘法给出加密方法和加密后得到的密文,并给出相应的解密方法.

做法:

1. 首先做一些假设

（1）假定每个字母都对应一个非负整数,空格和 26 个英文字母依次对应整数 0 ~ 26. 如表 2 - 1 所示.

表 2 - 1

空格	A	B	C	D	E	F	G	H	I	J	K	L	M
0	1	2	3	4	5	6	7	8	9	10	11	12	13
N	O	P	Q	R	S	T	U	V	W	X	Y	Z	
14	15	16	17	18	19	20	21	22	23	24	25	26	

（2）假设将单词中从左到右,每 3 个字母分为一组（当然也可以 4 个、5 个字母甚至任意 *x* 个字母为一组）,并将对应的 3 个整数排成 3 维的行向量（列向量一样可以）,加密后仍为 3 维的行向量,其分量仍为整数.

2. 思路分析

按上述假设可将 *action* 明文写成一个 2 × 3 的矩阵 A,于是我们需要选一个加密矩阵 B,使得 $AB = C$（C 为密文）,要使得密文 C 能准确的解密,此处的加密矩阵 B 必是一个三阶可逆矩阵（B 的阶数由 AB 能够进行乘法运算所决定）,于是 $A = CB^{-1}$,即解密成功.

为了避免小数引起误差,并且确保 C 也是整数矩阵（矩阵 C 中每一个元素为整数),那么 B 和 B^{-1} 的元素应该都是整数. 注意到,当整数矩阵 B 的行列式 $= \pm 1$ 时, B^{-1} 也是整数矩阵. 因此原问题转化为:

（1）把 *action* 翻译成一个 2×3 的矩阵;

（2）构造一个行列式 $= \pm 1$ 的整数矩阵 B（当然不能取 $B = E$）;

（3）计算 $AB = C$ 得到密文,发出;

（4）接收方收到密文 C,计算 B^{-1},得到 $A = CB^{-1}$,即解密成功.

【相关背景】

行列式与矩阵产生的背景

从数学史看,优良的数学符号和生动的概念是数学思想产生的动力和钥匙. 行列式与矩阵的发明就属于这种情形.

行列式出现于线性方程组的求解. 它的名称最先是由柯西(Cauchy)提出的. 现在的两条竖线记法是由凯莱(Cayley)最先提出的(1841). 柯西给出行列式的第一个系统的、几乎是近代的处理,得到行列式的乘法定理 $|a_{ij}| \cdot |b_{ij}| = |c_{ij}|$,其中 $|a_{ij}|$ 和 $|b_{ij}|$ 代表 n 阶行列式,而乘积的第 i 行第 j 列的项是 $|a_{ij}|$ 的第 i 行和 $|b_{ij}|$ 的第 j 列的对应元素的乘积之和. 柯西还改进了拉普拉斯(Laplace)行列式展开定理,并给了一个证明.

行列式理论的另一个发展者是英国数学家希尔威斯特(Sylvester). 他改进了在一个 n 次的和一个 m 次的多项式中消去 x 的方法,引入了初等因子概念,还对矩阵理论有所创见.

最先讨论函数行列式的是雅克比(Jacobi). 他于1841年给出函数行列式的求导公式. 他还将行列式应用到多重积分的变数替换中,得出某些结果.

根据世界数学发展史记载,矩阵概念产生于19世纪50年代,是为了解线性方程组的需要而产生的.

然而,在公元1世纪左右我国就已经有了矩阵的萌芽. 在《九章算术》一书中已经有所描述,只是没有将它作为一个独立的概念加以研究,而仅用它解决实际问题,所以没能形成独立的矩阵理论.

1850年,英国数学家希尔维斯特在研究方程的个数与未知量的个数不相同的线性方程组时,由于无法使用行列式,引入了矩阵的概念.

1855年,英国数学家凯莱在研究线性变换下的不变量时,为了简洁、方便,引入了矩阵的概念. 1858年,凯莱在《矩阵论的研究报告》中,定义了两个矩阵相等、相加以及数与矩阵的数乘等运算和算律,同时,定义了零矩阵、单位阵等特殊矩阵,更重要的是在该文中他给出了矩阵相乘、矩阵可逆等概念,以及利用伴随阵求逆阵的方法,证明了有关的算律,如矩阵乘法有结合律,没有交换律,两个非零阵乘积可以为零矩阵等结论,定义了转置阵、对称阵、反对称阵等概念.

1878 年,德国数学家弗罗伯纽斯在他的论文中引入了 λ 矩阵的行列式因子、不变因子和初等因子等概念,证明了两个 λ 矩阵等价当且仅当它们有相同的不变因子和初等因子,同时给出了正交矩阵的定义,1879 年,他又在自己的论文中引进矩阵秩的概念.

矩阵的理论发展非常迅速,到 19 世纪末,矩阵理论体系已基本形成.到 20 世纪,矩阵理论得到了进一步的发展.目前,它已经发展成为在物理、控制论、机器人学、生物学、经济学等学科有广泛应用的数学分支.

习题二

A 组习题

1. 判断题.

(1) 三阶数量矩阵 $\begin{pmatrix} a & 0 & 0 \\ 0 & a & 0 \\ 0 & 0 & a \end{pmatrix} = a \cdot \begin{pmatrix} 1 & 0 & 0 \\ 0 & 1 & 0 \\ 0 & 0 & 1 \end{pmatrix}$. （　　）

(2) 若矩阵 $A \neq 0$,且满足 $AB = AC$,则必有 $B = C$. （　　）

(3) 若矩阵 A 满足 $A = A^T$,则称 A 为对称矩阵. （　　）

(4) 若矩阵 A,B 满足 $AB = BA$,则对任意的正整数 n,一定有 $(AB)^n = A^n B^n$. （　　）

(5) 因为矩阵的乘法不满足交换律,所以对于两个同阶方阵 A 与 B,AB 的行列式 $|AB|$ 与 BA 的行列式 $|BA|$ 也不相等. （　　）

(6) 对矩阵 A 施以一次初等行变换得到矩阵 B,则有 $r(A) = r(B)$. （　　）

(7) 若六阶矩阵 A 中所有的四阶子式都为 0,则 $0 \leq r(A) < 4$. （　　）

(8) 满秩矩阵一定是可逆矩阵. （　　）

(9) 矩阵的初等变换不改变矩阵的秩. （　　）

(10) 方阵 A 可逆的充分必要条件是 A 可以表示为若干个初等矩阵的乘积. （　　）

2. 选择题.

(1) 设 A,B 为 n 阶方阵,E 为 n 阶单位阵,则以下命题中正确的是（　　）.

　　A. $(A + B)^2 = A^2 + 2AB + B^2$　　　B. $A^2 - B^2 = (A + B)(A - B)$

　　C. $(AB)^2 = A^2 B^2$　　　　　　　　D. $A^2 - E^2 = (A + E)(A - E)$

(2) A,B,C 均是 n 阶矩阵,E 为 n 阶单位矩阵,若 $ABC = E$,则有( ).

　A. $ACB = E$　　　　　　　　B. $BAC = E$

　C. $BCA = E$　　　　　　　　D. $CBA = E$

(3) 设 A,B 均为方阵,且 $|AB| = 4$,$|B| = 2$,则 $|A|$ 为( ).

　A. -2　　　　　　　　B. 2

　C. $-1/2$　　　　　　　　D. $1/2$

(4) 若 $A = \begin{bmatrix} 1 & 0 & 0 \\ 0 & 2 & 0 \\ 0 & 0 & 3 \end{bmatrix}$,则 $A^n = ($).

A. $\begin{bmatrix} 1 & 0 & 0 \\ 0 & 1/2 & 0 \\ 0 & 0 & 1/3 \end{bmatrix}$　　　　B. $\begin{bmatrix} 1 & 0 & 0 \\ 0 & 2^n & 0 \\ 0 & 0 & 3^n \end{bmatrix}$

C. $\begin{bmatrix} n & 0 & 0 \\ 0 & 2n & 0 \\ 0 & 0 & 3n \end{bmatrix}$　　　　D. $\begin{bmatrix} 1 & 0 & 0 \\ 0 & 2n & 0 \\ 0 & 0 & 3n \end{bmatrix}$

(5) 设 A 是一个上三角阵,且 $|A| = 0$,那么 A 的对角线上的元素( ).

　A. 全为零　　　　　　　　B. 只有一个为零

　C. 至少有一个为零　　　　　　D. 可能有零,也可能没有零

(6) n 阶矩阵 A 是可逆矩阵的充分必要条件是( ).

　A. $|A| = 1$　　　　　　　　B. $|A| = 0$

　C. $A = A^T$　　　　　　　　D. $|A| \neq 0$

(7) 设 A 是五阶方阵,且 $|A| \neq 0$,则 $|A^*| = ($).

　A. $|A|$　　　　　　　　B. $|A|^2$

　C. $|A|^3$　　　　　　　　D. $|A|^4$

(8) 设 $A = \begin{bmatrix} 1 & 3 \\ 2 & 0 \end{bmatrix}$,则 $A^{-1} = ($).

A. $\begin{bmatrix} 0 & \frac{1}{2} \\ -\frac{1}{3} & -\frac{1}{6} \end{bmatrix}$　　　　B. $\begin{bmatrix} 0 & -\frac{1}{3} \\ \frac{1}{3} & \frac{1}{6} \end{bmatrix}$

C. $\begin{bmatrix} 0 & \frac{1}{3} \\ \frac{1}{2} & -\frac{1}{6} \end{bmatrix}$　　　　D. $\begin{bmatrix} 0 & \frac{1}{2} \\ \frac{1}{3} & -\frac{1}{6} \end{bmatrix}$

(9) 下列矩阵可逆的是( ).

$$A.\begin{bmatrix} 0 & 0 & 0 \\ 0 & 1 & 0 \\ 0 & 0 & 1 \end{bmatrix} \qquad B.\begin{bmatrix} 1 & 1 & 0 \\ 2 & 2 & 0 \\ 0 & 0 & 1 \end{bmatrix}$$

$$C.\begin{bmatrix} 1 & 1 & 0 \\ 0 & 1 & 1 \\ 1 & 2 & 1 \end{bmatrix} \qquad D.\begin{bmatrix} 1 & 0 & 0 \\ 1 & 1 & 1 \\ 1 & 0 & 1 \end{bmatrix}$$

（10）设 A,B 为 n 阶可逆矩阵，则以下各式中不正确的是（　　）.

A. $(A+B)^T = A^T + B^T$ 　　　　B. $(A+B)^{-1} = A^{-1} + B^{-1}$

C. $(AB)^{-1} = B^{-1}A^{-1}$ 　　　　D. $(AB)^T = B^T A^T$

（11）设 A,B 为同阶方阵，且 $|A| = 2, |B| = -1$，则 $|A^{-1}B|$ 为（　　）.

A. -2 　　　　　　　　　　B. 2

C. $-1/2$ 　　　　　　　　　D. $1/2$

（12）设 A 为 n 阶方阵，且满足 $A^2 = E, E$ 为单位矩阵，则必有（　　）.

A. $A = E$ 　　　　　　　　　B. $A = -E$

C. $A = A^{-1}$ 　　　　　　　D. $|A| = 0$

（13）下列哪一个矩阵不是初等矩阵（　　）.

$$A.\begin{pmatrix} 0 & 1 \\ 1 & 0 \end{pmatrix} \qquad B.\begin{pmatrix} 2 & 0 \\ 0 & 3 \end{pmatrix}$$

$$C.\begin{pmatrix} 1 & 0 & 0 \\ 0 & 1 & 0 \\ 5 & 0 & 1 \end{pmatrix} \qquad D.\begin{pmatrix} 1 & 0 & 0 \\ 0 & 4 & 0 \\ 0 & 0 & 1 \end{pmatrix}$$

（14）设 $A = \begin{bmatrix} a_1 & b_1 & c_1 \\ a_2 & b_2 & c_2 \\ a_3 & b_3 & c_3 \end{bmatrix}$，若 $AP = \begin{bmatrix} a_1 & c_1 & 2b_1 \\ a_2 & c_2 & 2b_2 \\ a_3 & c_3 & 2b_3 \end{bmatrix}$，则 $P = （　　）$.

$$A.\begin{bmatrix} 1 & 0 & 0 \\ 0 & 0 & 1 \\ 0 & 2 & 0 \end{bmatrix} \qquad B.\begin{bmatrix} 1 & 0 & 0 \\ 0 & 0 & 2 \\ 0 & 1 & 0 \end{bmatrix}$$

$$C.\begin{bmatrix} 0 & 0 & 1 \\ 0 & 2 & 0 \\ 1 & 0 & 0 \end{bmatrix} \qquad D.\begin{bmatrix} 2 & 0 & 0 \\ 0 & 0 & 1 \\ 0 & 1 & 0 \end{bmatrix}$$

（15）设 A 为 n 阶可逆矩阵，则下述说法正确的是（　　）.

A. 若 $AB = CB$，则 $A = C$

B. A 总可以经过初等行变换化为单位矩阵 E

C. 对矩阵 (A,E) 施以若干次初等变换，当 A 化为单位矩阵 E 时，相应的 E 化为 A^{-1}

D. A 总可以表示成一些阶梯形矩阵的乘积

(16) 设 A 是任意一个 n 阶矩阵,那么( )是对称矩阵.

A. $A^T A$ B. $A - A^T$

C. A^2 D. $A^T - A$

(17) 设 A,B 是两个 $m \times n$ 矩阵,C 是 n 阶矩阵,那下述等式成立的是( ).

A. $C(A + B) = CA + CB$ B. $(A^T + B^T)C = A^T C + B^T C$

C. $C^T(A + B) = C^T A + C^T B$ D. $(A + B)C = AC + BC$

(18) 设 A 为 3 阶方阵,且 $|A| = -2$,则 $|A^{-1}| = ($).

A. -2 B. $-1/2$

C. $1/2$ D. 2

(19) 设矩阵 $A = \begin{bmatrix} -3 & 7 \\ 1 & -2 \end{bmatrix}$, $B = \begin{bmatrix} 1 & 3 & 4 \\ 3 & 4 & 3 \end{bmatrix}$, $C = \begin{bmatrix} 1 & 9 \\ 7 & 6 \\ 5 & 4 \end{bmatrix}$,则下列矩阵运算有

意义的是( ).

A. ACB B. ABC

C. BAC D. CBA

B 组习题

1. 计算下列各题.

(1) $\begin{pmatrix} 1 & 6 & 4 \\ -4 & 2 & 8 \end{pmatrix} + \begin{pmatrix} -2 & 0 & 1 \\ 2 & -3 & 4 \end{pmatrix}$ (2) $\begin{pmatrix} 1 & 2 \\ 0 & 1 \end{pmatrix} - \begin{pmatrix} 2 & -2 \\ 0 & 3 \end{pmatrix}$

(3) $2\begin{pmatrix} 1 & 0 \\ 0 & 0 \end{pmatrix} + 4\begin{pmatrix} 0 & 1 \\ 0 & 0 \end{pmatrix} + 6\begin{pmatrix} 0 & 0 \\ 1 & 0 \end{pmatrix} + 8\begin{pmatrix} 0 & 0 \\ 0 & 1 \end{pmatrix}$

2. 计算下列乘积.

(1) $\begin{pmatrix} 4 & 3 & 1 \\ 1 & -2 & 3 \\ 5 & 7 & 0 \end{pmatrix}\begin{pmatrix} 7 \\ 2 \\ 1 \end{pmatrix}$;   (2) $(1,2,3)\begin{pmatrix} 3 \\ 2 \\ 1 \end{pmatrix}$;   (3) $\begin{pmatrix} 2 \\ 1 \\ 3 \end{pmatrix}(-1,\ 2)$

(4) $\begin{pmatrix} 2 & 1 & 4 & 0 \\ 1 & -1 & 3 & 4 \end{pmatrix}\begin{pmatrix} 1 & 3 & 1 \\ 0 & -1 & 2 \\ 1 & -3 & 1 \\ 4 & 0 & 2 \end{pmatrix}$;   (5) $(x_1, x_2, x_3)\begin{pmatrix} a_{11} & a_{12} & a_{13} \\ a_{21} & a_{22} & a_{23} \\ a_{31} & a_{32} & a_{33} \end{pmatrix}\begin{pmatrix} x_1 \\ x_2 \\ x_3 \end{pmatrix}$

3. 设

$$A = \begin{pmatrix} 1 & 1 & 1 \\ 1 & 1 & -1 \\ 1 & -1 & 1 \end{pmatrix}, B = \begin{pmatrix} 1 & 2 & 3 \\ -1 & -2 & 4 \\ 0 & 5 & 1 \end{pmatrix}$$

求 $3AB - 2A$ 及 A^TB.

4. 设

$$A = \begin{pmatrix} a_{11} & a_{12} & a_{13} & a_{14} \\ a_{21} & a_{22} & a_{23} & a_{24} \\ a_{31} & a_{32} & a_{33} & a_{34} \end{pmatrix}$$

计算

$(1) \begin{pmatrix} 1 & 0 & 0 \\ 0 & 1 & 0 \\ 0 & 0 & 1 \end{pmatrix} A;$ $(2) \begin{pmatrix} 0 & 0 & 1 \\ 0 & 1 & 0 \\ 1 & 0 & 0 \end{pmatrix} A;$ $(3) A \begin{pmatrix} 1 & 0 & 0 & 0 \\ 0 & 1 & 0 & 0 \\ 0 & 0 & 1 & 0 \\ 0 & 0 & 0 & 1 \end{pmatrix};$

$(4) \begin{pmatrix} 1 & 0 & 0 \\ 0 & 0 & 1 \\ 0 & 1 & 0 \end{pmatrix} A;$ $(5) A \begin{pmatrix} 1 & 0 & 0 & 0 \\ 0 & 1 & 0 & 0 \\ 0 & 0 & k & 0 \\ 0 & 0 & 0 & 1 \end{pmatrix};$ $(6) \begin{pmatrix} 1 & 0 & 0 \\ l & 1 & 0 \\ 0 & 0 & 1 \end{pmatrix} A.$

5. 某厂生产 5 种产品，一月至三月份的生产数量及产品的单位价格如表 1 所示：① 作矩阵 $A = (a_{ij})_{3 \times 5}$，使 a_{ij} 表示 i 月生产 j 种产品的数量；② $B = (b_{ij})_{5 \times 1}$，使 b_{ij} 表示 j 种产品的单位价格；③ 计算该厂各月份的生产总值.

表1

月份 ＼ 产品产量	I	II	III	IV	V
1	50	30	25	10	5
2	30	60	25	20	10
3	50	60	0	25	5
单位价格 / 万元	0.95	1.2	2.35	3	5.2

6. 有甲乙两种合金，其成分为 A、B、C 三种金属（见表 2）. 现要有合金甲 20 吨，合金乙 10 吨，问 A、B、C 的总量各有多少.

表2

合金 ＼ 金属 百分比	A	B	C
甲	0.8	0.1	0.1
乙	0.4	0.3	0.3

7. 设矩阵 $A = \begin{pmatrix} 1 & 1 \\ 0 & 3 \end{pmatrix}, B = \begin{pmatrix} 1 & 0 \\ 2 & 1 \end{pmatrix}$，验证 $(AB)^T = B^T A^T$.

8. 求下列矩阵的秩.

(1) $\begin{pmatrix} 1 & -1 & 3 & -4 & 3 \\ 1 & -1 & 2 & -2 & 1 \\ 2 & -2 & 3 & -2 & 0 \\ 3 & -3 & 4 & -2 & 1 \end{pmatrix}$;   (2) $\begin{pmatrix} 2 & -3 & 7 & 4 & 3 \\ 1 & 2 & 0 & -2 & -4 \\ -1 & 5 & -7 & -6 & 7 \\ 3 & -2 & 8 & 3 & 0 \end{pmatrix}$

9. 判断下列矩阵是否可逆，如可逆，求其逆矩阵.

(1) $\begin{pmatrix} 2 & 1 \\ 3 & 4 \end{pmatrix}$;   (2) $\begin{pmatrix} a & b \\ c & d \end{pmatrix} (ad \neq bc)$;   (3) $\begin{pmatrix} 1 & 0 & 0 \\ 1 & 2 & 0 \\ 1 & 2 & 3 \end{pmatrix}$;

(4) $\begin{pmatrix} 2 & 2 & 3 \\ 1 & -1 & 0 \\ -1 & 2 & 1 \end{pmatrix}$;   (5) $\begin{pmatrix} 1 & 2 & 3 & 4 \\ 0 & 1 & 2 & 3 \\ 0 & 0 & 1 & 2 \\ 0 & 0 & 0 & 1 \end{pmatrix}$.

10. 设有矩阵 $A_{3 \times 2}, B_{2 \times 3}, C_{3 \times 3}$，下列运算(　　) 可行.

A. AC

B. BC

C. ABC

D. $AB - BC$

11. 若 A 是(　　)，则 A 必为方阵.

A. 对称矩阵

B. 可逆矩阵

C. n 阶矩阵的转置矩阵

D. 线性方程组的系数矩阵

12. 设 $A = \begin{pmatrix} 1 & 2 \\ 1 & 3 \end{pmatrix}, B = \begin{pmatrix} 1 & 0 \\ 1 & 2 \end{pmatrix}$，下列哪些等式成立？

(1) $AB = BA$;

(2) $(A + B)^2 = A^2 + 2AB + B^2$;

(3) $(A + B)(A - B) = A^2 - B^2$.

13. 举例说明下列命题是错误的.

(1) 若 $A^2 = O$，则 $A = O$;

(2) 若 $A^2 = A$，则 $A = O$ 或 $A = E$;

(3) 若 $AX = AY$，且 $A \neq O$ 则 $X = Y$;

14. 设 $A = \begin{pmatrix} 1 & 0 \\ \lambda & 1 \end{pmatrix}$，求 $A^2, A^3, \cdots, A^k$.

15. 设 A, B 为 n 阶方阵，且 A 为对称矩阵，证明 $B^T AB$ 也是对称矩阵.

16. 设 A, B 为 n 阶对称方阵，证明 AB 是对称方阵的充要条件是 $AB = BA$.

17. 求下列矩阵的逆矩阵.

$(1)\begin{pmatrix}1&2\\2&5\end{pmatrix};\quad(2)\begin{pmatrix}\cos\theta&-\sin\theta\\\sin\theta&\cos\theta\end{pmatrix};\quad(3)\begin{pmatrix}1&2&-1\\3&4&-2\\5&-4&1\end{pmatrix};$

$(4)\begin{pmatrix}a_1&&&0\\&a_2&&\\&&\ddots&\\0&&&a_2\end{pmatrix}(a_1,a_2,\cdots,a_n\neq0).$

18. 设 $A^k=O$（k 为正整数），证明：$(E-A)^{-1}=E+A+A^2+\cdots+A^{k-1}$.

19. 设方阵 A 满足 $A^2-A-2E=O$，证明 A 及 $A+2E$ 都可逆，并求 A^{-1} 及 $(A+2E)^{-1}$.

第三章　线性方程组解的理论

本章主要介绍向量的线性相关性以及向量在线性方程组解的理论等方面的应用,同时,还将介绍特征值与特征向量的概念以及投入产出问题.

第一节　向量及其线性关系

一、向量的线性运算

前面已经介绍了 n 维行(列)向量的概念,由于行向量是行矩阵,列向量是列矩阵.由矩阵运算法则可以得到向量的加法以及数乘向量的运算法则.

定义 3.1　两个 n 维向量 $\alpha = (a_1, a_2, \cdots, a_n)$ 与 $\beta = (b_1, b_2, \cdots, b_n)$ 对应的分量之和构成的向量为向量 α 与 β 的和,记作 $\alpha + \beta$,即 $\alpha + \beta = (a_1 + b_1, a_2 + b_2, \cdots, a_n + b_n)$.

由向量 $\alpha = (a_1, a_2, \cdots, a_n)$ 各分量的相反数所构成的向量称为 α 的负向量,记作 $-\alpha = (-a_1, -a_2, \cdots, -a_n)$.那么由定义 3.1 可定义向量的减法,即
$$\alpha - \beta = (a_1 - b_1, a_2 - b_2, \cdots, a_n - b_n).$$

定义 3.2　设 k 为任一实数,则 k 与 n 维向量 $\alpha = (a_1, a_2, \cdots, a_n)$ 的各个分量的乘积所构成的向量,称为数 k 与向量 α 的乘积,简称数乘,记作 $k\alpha$,即 $k\alpha = (ka_1, ka_2, \cdots, ka_n)$.

向量的加法及数乘运算统称为向量的线性运算,它们满足下列的运算性质:(下列各式中 α, β, γ 为 n 维向量,k, l 表示数)

(1) $\alpha + \beta = \beta + \alpha$;

(2) $(\alpha + \beta) + \gamma = \alpha + (\beta + \gamma)$;

(3) $\alpha + 0 = \alpha$;

(4) $\alpha + (-\alpha) = 0$;

(5) $1 \times \alpha = \alpha$;

(6) $k(\alpha + \beta) = k\alpha + k\beta$;

(7) $(k + l)\alpha = k\alpha + l\alpha$;

(8) $k(l\alpha) = (kl)\alpha$.

例 1　设 $\alpha = (-1, 4, 0, -2)$, $\beta = (-3, -1, 2, 5)$,求满足 $3\alpha - 2\beta + \gamma = 0$ 的

向量 γ.

解 由已知条件 $3\alpha - 2\beta + \gamma = 0$ 可得

$$\gamma = 2\beta - 3\alpha$$
$$= 2(-3, -1, 2, 5) - 3(-1, 4, 0, -2)$$
$$= (-3, -14, 4, 16).$$

二、向量的线性关系

例如,设向量 $\alpha_1 = (1,0,0)$,$\alpha_2 = (0,1,1)$,$\alpha_3 = (2,5,5)$,很显然有 $\alpha_3 = 2\alpha_1 + 5\alpha_2$,这时我们称向量 α_3 是向量 α_1, α_2 的线性组合,一般地有以下定义:

定义 3.3 对于 n 维向量 β 及向量组 $\alpha_1, \alpha_2, \cdots, \alpha_m$,如果存在一组数 $k_1, k_2, \cdots, k_m$,使得 $\beta = k_1\alpha_1 + k_2\alpha_2 + \cdots + k_m\alpha_m$ 成立,则称向量 β 是向量组 $\alpha_1, \alpha_2, \cdots, \alpha_m$ 的一个线性组合,或称向量 β 可以由向量组 $\alpha_1, \alpha_2, \cdots, \alpha_m$ 线性表示,同时称 $k_1, k_2, \cdots, k_m$ 为这个线性组合的系数.

例 2 零向量可由任一组向量 $\alpha_1, \alpha_2, \cdots, \alpha_m$ 线性表示,因为 $0 = 0\alpha_1 + 0\alpha_2 + \cdots + 0\alpha_m$.

例 3 单位矩阵 E_n 的 n 个列被称为 n 维单位向量,记为 $E_n = (e_1, e_2, \cdots, e_n)$,其中

$$e_1 = \begin{pmatrix} 1 \\ 0 \\ 0 \\ \vdots \\ 0 \end{pmatrix}, e_2 = \begin{pmatrix} 0 \\ 1 \\ 0 \\ \vdots \\ 0 \end{pmatrix}, \cdots, e_n = \begin{pmatrix} 0 \\ 0 \\ \vdots \\ 0 \\ 1 \end{pmatrix}.$$

显然任一 n 维向量 α 都可以由 n 维单位向量线性表示.

若 $\alpha = \begin{pmatrix} a_1 \\ a_2 \\ \vdots \\ a_n \end{pmatrix}$,则有

$$\alpha = a_1e_1 + a_2e_2 + \cdots + a_ne_n.$$

定义 3.4 对于 n 维向量组 $\alpha_1, \alpha_2, \cdots, \alpha_m$,若存在一组不全为零的实数 $k_1, k_2, \cdots, k_m$ 使得 $k_1\alpha_1 + k_2\alpha_2 + \cdots + k_m\alpha_m = 0$,则称向量组 $\alpha_1, \alpha_2, \cdots, \alpha_m$ 线性相关,否则称向量组 $\alpha_1, \alpha_2, \cdots, \alpha_m$ 线性无关.

这里的"否则"就是说,只有当 $k_1 = k_2 = \cdots = k_m = 0$ 时才有

$$k_1\alpha_1 + k_2\alpha_2 + \cdots + k_m\alpha_m = 0$$

或者说,若有 $k_1\alpha_1 + k_2\alpha_2 + \cdots + k_m\alpha_m = 0$,则必有 $k_1 = k_2 = \cdots = k_m = 0$ 时,向量组 $\alpha_1, \alpha_2, \cdots, \alpha_m$ 线性无关.

例 4 判断向量组 $\alpha_1 = \begin{pmatrix} 1 \\ -2 \\ 3 \end{pmatrix}, \alpha_2 = \begin{pmatrix} 2 \\ 1 \\ 0 \end{pmatrix}, \alpha_3 = \begin{pmatrix} 1 \\ -7 \\ 9 \end{pmatrix}$ 的线性相关性.

解 设存在一组实数 k_1, k_2, k_3 使得 $k_1\alpha_1 + k_2\alpha_2 + k_3\alpha_3 = 0$,将向量代入,得到方程组

$$\begin{cases} k_1 + 2k_2 + k_3 = 0 \\ -2k_1 + k_2 - 7k_3 = 0 \\ 3k_1 + 0k_2 + 9k_3 = 0 \end{cases}$$

其一般解为

$$\begin{cases} k_1 = -3k_3 \\ k_2 = k_3 \end{cases} \quad (k_3 \text{ 为自由未知量}).$$

令 $k_3 = 1$,得到一组解为 $k_1 = -3, k_2 = 1, k_3 = 1$,所以有 $-3\alpha_1 + \alpha_2 + \alpha_3 = 0$,故 α_1, α_2, α_3 线性相关.

例 5 对于向量组 $\alpha_1 = \begin{pmatrix} 1 \\ 0 \\ 0 \end{pmatrix}, \alpha_2 = \begin{pmatrix} 1 \\ 1 \\ 0 \end{pmatrix}, \alpha_3 = \begin{pmatrix} 1 \\ 1 \\ 1 \end{pmatrix}$,显然,只有组合系数全为 0 时,

才有 $0\alpha_1 + 0\alpha_2 + 0\alpha_3 = 0$ 成立,因而向量组 $\alpha_1, \alpha_2, \alpha_3$ 线性无关.

由此可见,判断一个向量组线性相关的问题,可以转化为一个齐次线性方程组有非零解的问题,而齐次线性方程组解的问题又可由它的系数矩阵的秩来判定.

定理 3.1 由 m 个 n 维向量 $\alpha_1, \alpha_2, \cdots, \alpha_m$ 所构成的向量组线性相关的充要条件是由 $\alpha_1, \alpha_2, \cdots, \alpha_m$ 构成的 $(n \times m)$ 阶矩阵 A 的秩 $r(A) < m$.

证明略.

由定理 3.1 可知,若 $r(A) = m$,则该向量组 $\alpha_1, \alpha_2, \cdots, \alpha_m$ 线性无关.

另外,关于向量组的线性相关性还有以下重要结论:

(1)如果向量组 $\alpha_1, \alpha_2, \cdots, \alpha_m$ 线性无关,那么它的任一部分向量组也线性无关.

(2)如果向量组 $\alpha_1, \alpha_2, \cdots, \alpha_m$ 中有一部分线性相关,那么整个向量组也线性相关.

(3)如果一个向量组所含向量个数大于向量的维数,这个向量组一定线性相关. 即:当 $m > n$ 时,m 个 n 维向量相关.因为对这 m 个 n 维向量所构成的矩阵 $A = A_{n \times m}$, 有 $r(A) \leqslant n < m$,由定理 3.1 可知,这 m 个 n 维向量线性相关.

(4)含零向量的向量组线性相关.

例 6 根据 a 的取值,判断 $\alpha_1 = \begin{pmatrix} 1 \\ 2 \\ 3 \end{pmatrix}, \alpha_2 = \begin{pmatrix} 1 \\ -2 \\ 4 \end{pmatrix}, \alpha_3 = \begin{pmatrix} 1 \\ 10 \\ a \end{pmatrix}$ 的线性相关性.

解 设矩阵 $A = (\alpha_1, \alpha_2, \alpha_3)$,对 A 进行初等变换,得

$$A = \begin{pmatrix} 1 & 1 & 1 \\ 2 & -2 & 10 \\ 3 & 4 & a \end{pmatrix} \xrightarrow[R_3+(-3)R_1]{R_2+(-2)R_1} \begin{pmatrix} 1 & 1 & 1 \\ 0 & -4 & 8 \\ 0 & 1 & a-3 \end{pmatrix}$$

$$\xrightarrow{R_2+4R_3} \begin{pmatrix} 1 & 1 & 1 \\ 0 & 0 & 4a-4 \\ 0 & 1 & a-3 \end{pmatrix} \xrightarrow{R_2 \leftrightarrow R_3} \begin{pmatrix} 1 & 1 & 1 \\ 0 & 1 & a-3 \\ 0 & 0 & 4a-4 \end{pmatrix}$$

显然,当 $a=1$ 时,$r(A)=2<3$,向量组线性相关;当 $a \neq 1$ 时,$r(A)=3$,向量组线性无关.

三、极大无关组及向量组的秩

一个向量组所含向量的个数可能很多或为无穷,在研究一个向量组时,我们不一定对向量组中的每一个向量都进行研究,为此我们引入极大无关组的定义.

定义3.5 设一簇向量中(其中可能为有限个向量,也可能有无穷多个向量),如果存在一组向量 $\alpha_1,\alpha_2,\cdots,\alpha_r$,满足以下条件:

(1) $\alpha_1,\alpha_2,\cdots,\alpha_r$ 线性无关;

(2) 向量簇中的每一向量都可由 $\alpha_1,\alpha_2,\cdots,\alpha_r$ 线性表示.

则称 $\alpha_1,\alpha_2,\cdots,\alpha_r$ 为原向量簇的一个极大线性无关组,简称极大无关组.

根据定义 3.5,我们可以得到下面的结论(设向量组 A 由向量 $\alpha_1,\alpha_2,\cdots,\alpha_m$ 构成):

(1) 如果 $\alpha_1,\alpha_2,\cdots,\alpha_r$ 是向量组 A 的一个极大无关组,那么 A 中任意 $r+1$ 个向量都线性相关;

(2) 如果 $\alpha_1,\alpha_2,\cdots,\alpha_m$ 本身线性无关,则它就是 A 的一个极大无关组;

(3) 极大无关组往往不是唯一的,但每个极大无关组中所含向量个数是相等的;

(4) 只含零向量的向量组没有极大无关组.

由例3,n 维单位向量组 $e_1 = \begin{pmatrix} 1 \\ 0 \\ 0 \\ \vdots \\ 0 \end{pmatrix}, e_2 = \begin{pmatrix} 0 \\ 1 \\ 0 \\ \vdots \\ 0 \end{pmatrix}, \cdots, e_n = \begin{pmatrix} 0 \\ 0 \\ \vdots \\ 0 \\ 1 \end{pmatrix}$ 是全体 n 维向量构成的向量组的一个极大无关组.

例7 求向量组 $\alpha_1 = \begin{pmatrix} 1 \\ -2 \\ 3 \end{pmatrix}, \alpha_2 = \begin{pmatrix} 2 \\ 1 \\ 0 \end{pmatrix}, \alpha_3 = \begin{pmatrix} 1 \\ -7 \\ 9 \end{pmatrix}$ 的极大无关组.

解 容易证明 α_1 和 α_2 是线性无关的. 又 $\alpha_3 = 3\alpha_1 - \alpha_2$, $\alpha_2 = 0\alpha_1 + \alpha_2$, $\alpha_1 = \alpha_1 + 0\alpha_2$,即 $\alpha_1,\alpha_2,\alpha_3$ 中任何一个向量都可以由 α_1 和 α_2 线性表示,故 α_1,α_2 是该向量组的一个极大无关组.

定义 3.6 设有两个向量组 $A(\alpha_1,\alpha_2,\cdots,\alpha_m)$ 和 $\beta(\beta_1,\beta_2,\cdots,\beta_n)$,如果向量组 A 中的每个向量都能够由向量组 B 线性表示,则称向量组 A 能够由向量组 B 线性表示;如果向量组 A 和 B 能够相互线性表示,则称两向量组等价.

由定义 3.6 可知,向量组和它的极大无关组是等价的,一个向量组的所有极大无关组也是相互等价的.

定义 3.7 向量组 $\alpha_1,\alpha_2,\cdots,\alpha_m$ 的极大无关组所含向量的个数称为这个向量组的秩,记作 $r(\alpha_1,\alpha_2,\cdots,\alpha_m)$.

例 8 求向量组 $\alpha_1=(0,0,1),\alpha_2=(0,1,0),\alpha_3=(0,1,3),\alpha_4=(1,3,2)$ 的秩.

解 可以采用添加法来求向量组的一个极大无关组,显然 α_1,α_2 线性无关,而 α_3 可由 α_1,α_2 线性表示,所以不能再添加 α_3,但 α_4 不能由 α_1,α_2 线性表示,所以向量组 $\alpha_1,\alpha_2,\alpha_3,\alpha_4$ 的秩为 3.

矩阵的秩等于其列向量组的秩,也等于其行向量组的秩. 所以,在求向量组的极大无关组与秩时,可将其按列排成矩阵的形式,然后对这个矩阵进行初等行变换,将其变为阶梯形矩阵后,非零行的行数即为向量组的秩,而非零行首非零元素所在列对应的向量组即为该向量组的一个极大无关组.

例 9 求向量组 $\alpha_1=(1,4,1,0),\alpha_2=(2,5,-1,-3),\alpha_3=(-1,2,5,6),\alpha_4=(0,2,2-1)$ 的极大无关组和秩.

解 以向量组作为列构成矩阵 A,并对 A 进行初等变换,得

$$A=(\alpha_1^T,\alpha_2^T,\alpha_3^T,\alpha_4^T)=\begin{pmatrix}1&2&-1&0\\4&5&2&2\\1&-1&5&2\\0&-3&6&-1\end{pmatrix}\xrightarrow[R_3+R_1]{R_2-4R_1}\begin{pmatrix}1&2&-1&0\\0&-3&6&2\\0&-3&6&2\\0&-3&6&-1\end{pmatrix}$$

$$\xrightarrow[R_4-R_2]{R_3-R_2}\begin{pmatrix}1&2&-1&0\\0&-3&6&2\\0&0&0&0\\0&0&0&-3\end{pmatrix}\xrightarrow{R_3\leftrightarrow R_4}\begin{pmatrix}1&2&-1&0\\0&-3&6&2\\0&0&0&-3\\0&0&0&0\end{pmatrix}$$

由上面矩阵可以看出 $\alpha_1,\alpha_2,\alpha_4$ 是一个极大线性无关组,向量组的秩为 3.

显然,一个向量组线性无关的充要条件是它的秩与它所含向量的个数相等.

第二节　线性方程组解的判定

一、线性方程组解的判定定理

定理 3.2　线性方程组

$$\begin{cases} a_{11}x_1 + a_{12}x_2 + \cdots + a_{1n}x_n = b_1 \\ a_{21}x_1 + a_{22}x_2 + \cdots + a_{2n}x_n = b_2 \\ \quad\vdots \\ a_{m1}x_1 + a_{m2}x_2 + \cdots + a_{mn}x_n = b_m \end{cases} \tag{3.1}$$

有解的充分必要条件是系数矩阵的秩等于增广矩阵的秩,即 $r(A) = r(\overline{A})$. 且当

(1) $r(A) = r(\overline{A}) < n$ 时,线性方程组有无穷多个解;

(2) $r(A) = r(\overline{A}) = n$ 时,线性方程组有唯一解.

特别地,对齐次线性方程组

$$\begin{cases} a_{11}x_1 + a_{12}x_2 + \cdots + a_{1n}x_n = 0 \\ a_{21}x_1 + a_{22}x_2 + \cdots + a_{2n}x_n = 0 \\ \quad\vdots \\ a_{m1}x_1 + a_{m2}x_2 + \cdots + a_{mn}x_n = 0 \end{cases}$$

当 $r(A) = n$ 时,方程组只有唯一解 —— 零解;当 $r(A) < n$ 时,方程组有非零解.

例 1　判断齐次线性方程组 $\begin{cases} x_1 + x_2 + x_3 + x_4 + x_5 = 0 \\ 3x_1 + 2x_2 + x_3 + x_4 - 3x_5 = 0 \\ x_2 + 2x_3 + 2x_4 + 6x_5 = 0 \\ 5x_1 + 4x_2 + 3x_3 + 3x_4 - x_5 = 0 \end{cases}$ 解的情况.

解　对系数矩阵 A 进行行初等变换,得

$$A = \begin{pmatrix} 1 & 1 & 1 & 1 & 1 \\ 3 & 2 & 1 & 1 & -3 \\ 0 & 1 & 2 & 2 & 6 \\ 5 & 4 & 3 & 3 & -1 \end{pmatrix} \xrightarrow[R_4 - 5R_1]{R_2 - 3R_1} \begin{pmatrix} 1 & 1 & 1 & 1 & 1 \\ 0 & -1 & -2 & -2 & -6 \\ 0 & 1 & 2 & 2 & 6 \\ 0 & -1 & -2 & -2 & -6 \end{pmatrix}$$

$$\xrightarrow[R_4 - R_2]{R_3 + R_2} \begin{pmatrix} 1 & 1 & 1 & 1 & 1 \\ 0 & -1 & -2 & -2 & -6 \\ 0 & 0 & 0 & 0 & 0 \\ 0 & 0 & 0 & 0 & 0 \end{pmatrix} \xrightarrow{R_1 + R_2} \begin{pmatrix} 1 & 0 & -1 & -1 & -5 \\ 0 & -1 & -2 & -2 & 6 \\ 0 & 0 & 0 & 0 & 0 \\ 0 & 0 & 0 & 0 & 0 \end{pmatrix}$$

$$\xrightarrow{(-1)\times R_2}\begin{pmatrix}1 & 0 & -1 & -1 & -5\\0 & 1 & 2 & 2 & 6\\0 & 0 & 0 & 0 & 0\\0 & 0 & 0 & 0 & 0\end{pmatrix}$$

由于 $r(A)=2<5$，所以方程组有无穷解.

例2 判断下列方程组是否有解，若有解，则求出其解.

$$(1)\begin{cases}x_1+2x_2+x_3=4\\2x_1+2x_2-3x_3=9\\3x_1+9x_2+2x_3=19\end{cases};\qquad(2)\begin{cases}x_1+x_2-x_3=4\\-x_1-x_2+x_3=1\\x_1-x_2+2x_3=-4\end{cases}$$

解 （1）对增广矩阵 $\bar A$ 进行行初等变换，得

$$\bar A=\begin{pmatrix}1 & 2 & 1 & 4\\2 & 2 & -3 & 9\\3 & 9 & 2 & 19\end{pmatrix}\xrightarrow[R_3-3R_1]{R_2-2R_1}\begin{pmatrix}1 & 2 & 1 & 4\\0 & -2 & -5 & 1\\0 & 3 & -1 & 7\end{pmatrix}$$

$$\xrightarrow[R_3+\frac{3}{2}R_2]{R_1+R_2}\begin{pmatrix}1 & 0 & -4 & 5\\0 & -2 & -5 & 1\\0 & 0 & -\frac{17}{2} & \frac{17}{2}\end{pmatrix}\xrightarrow[(-\frac{1}{2})\times R_2]{(-\frac{2}{17})\times R_3}\begin{pmatrix}1 & 0 & -4 & 5\\0 & 1 & \frac{5}{2} & -\frac{1}{2}\\0 & 0 & 1 & -1\end{pmatrix}$$

$$\xrightarrow[R_1+4R_3]{R_2-\frac{5}{2}R_3}\begin{pmatrix}1 & 0 & 0 & 1\\0 & 1 & 0 & 2\\0 & 0 & 1 & -1\end{pmatrix}$$

即 $r(A)=r(\bar A)=3$. 所以方程组有解，且有唯一解：$x_1=1,x_2=2,x_3=-1$.

（2）对增广矩阵 $\bar A$ 进行行初等变换，得

$$\bar A=\begin{pmatrix}1 & 1 & -1 & 4\\-1 & -1 & 1 & 1\\1 & -1 & 2 & -4\end{pmatrix}\xrightarrow[R_3-R_1]{R_2+R_1}\begin{pmatrix}1 & 1 & -1 & 4\\0 & 0 & 0 & 5\\0 & -2 & 3 & -8\end{pmatrix}$$

$$\xrightarrow{R_2\leftrightarrow R_3}\begin{pmatrix}1 & 1 & -1 & 4\\0 & -2 & 3 & -8\\0 & 0 & 0 & 5\end{pmatrix}$$

可见，$r(A)=2,r(\bar A)=3$，所以方程组无解.

二、线性方程组解的结构

1. 齐次线性方程组解的结构

齐次线性方程组

$$\begin{cases} a_{11}x_1 + a_{12}x_2 + \cdots + a_{1n}x_n = 0 \\ a_{21}x_1 + a_{22}x_2 + \cdots + a_{2n}x_n = 0 \\ \vdots \\ a_{m1}x_1 + a_{m2}x_2 + \cdots + a_{mn}x_n = 0 \end{cases} \tag{3.2}$$

也可以写成 $AX = 0$,方程组的任一个解 $X = \begin{pmatrix} x_1 \\ x_2 \\ \vdots \\ x_n \end{pmatrix}$ 称为它的一个解向量.

容易证明,齐次线性方程组的解向量具有下列性质:

性质 1 如果 η_1, η_2 是方程组(3.2)式的两个解向量,那么 $\eta_1 + \eta_2$ 也是方程组(3.2)式的解向量.

证明 因为 $A\eta_1 = 0, A\eta_2 = 0, A(\eta_1 + \eta_2) = A\eta_1 + A\eta_2 = 0$,所以,$\eta_1 + \eta_2$ 也是方程组(3.2)式的解向量.

性质 2 如果 η 是方程组(3.2)式的解向量,c 为任意常数,那么 $c\eta$ 也是方程组(3.2)式的解向量.

证明 因为 $A\eta = 0, A(c\eta) = c(A\eta) = c0 = 0$,所以,$c\eta$ 也是方程组(3.2)式的解向量.

定义 3.8 若 $\eta_1, \eta_2, \cdots, \eta_s$ 为齐次线性方程组(3.2)式的一组解向量,且满足:

(1) $\eta_1, \eta_2, \cdots, \eta_s$ 线性无关;

(2) 方程组(3.2)式的任一解向量都可以由 $\eta_1, \eta_2, \cdots, \eta_s$ 线性表示.

则称 $\eta_1, \eta_2, \cdots, \eta_s$ 为方程组的一个基础解系.

由定义可知,齐次线性方程组的基础解系即为该方程组的解向量组的一个极大无关组. 我们只要找到了方程组(3.2)式的基础解系,那么方程组(3.2)式的任意一个解向量 η 都可以由基础解系线性表示,即 $\eta = c_1\eta_1 + c_2\eta_2 + \cdots + c_s\eta_s$,其中 $c_1, c_2, \cdots, c_s$ 为任意常数. 它也称为齐次线性方程组(3.2)式的通解(一般解).

例 3 求齐次线性方程组 $\begin{cases} x_1 + x_2 + x_3 + x_4 + x_5 = 0 \\ 3x_1 + 2x_2 + x_3 + x_4 - 3x_5 = 0 \\ x_2 + 2x_3 + 2x_4 + 6x_5 = 0 \\ 5x_1 + 4x_2 + 3x_3 + 3x_4 - x_5 = 0 \end{cases}$ 的基础解系与通解.

解 根据例 1 对系数矩阵初等变换得到的结果:

$r(A) = 2 < 5$,得知方程组有无穷解,它的同解方程组为

$$\begin{cases} x_1 - x_3 - x_4 - 5x_5 = 0 \\ x_2 + 2x_3 + 2x_4 + 6x_5 = 0 \end{cases}$$

即

$$\begin{cases} x_1 = x_3 + x_4 + 5x_5 \\ x_2 = -2x_3 - 2x_4 - 6x_5 \end{cases}$$

对自由未知量 $\begin{pmatrix} x_3 \\ x_4 \\ x_5 \end{pmatrix}$ 分别取值 $\begin{pmatrix} 1 \\ 0 \\ 0 \end{pmatrix}, \begin{pmatrix} 0 \\ 1 \\ 0 \end{pmatrix}, \begin{pmatrix} 0 \\ 0 \\ 1 \end{pmatrix}$, 得基础解系为

$$\eta_1 = \begin{pmatrix} 1 \\ -2 \\ 1 \\ 0 \\ 0 \end{pmatrix}, \eta_2 = \begin{pmatrix} 1 \\ -2 \\ 0 \\ 1 \\ 0 \end{pmatrix}, \eta_3 = \begin{pmatrix} 5 \\ -6 \\ 0 \\ 0 \\ 1 \end{pmatrix}$$

所以方程组的通解为: $\eta = c_1 \eta_1 + c_2 \eta_2 + c_3 \eta_3$

即 $\quad \eta = c_1 \begin{pmatrix} 1 \\ -2 \\ 1 \\ 0 \\ 0 \end{pmatrix} + c_2 \begin{pmatrix} 1 \\ -2 \\ 0 \\ 1 \\ 0 \end{pmatrix} + c_3 \begin{pmatrix} 5 \\ -6 \\ 0 \\ 0 \\ 1 \end{pmatrix}$ (c_1, c_2, c_3 为任意常数)

2. 非齐次线性方程组解的结构

方程组(3.1)式也可以写成 $AX = b$, 当 $b = \begin{pmatrix} b_1 \\ b_2 \\ \vdots \\ b_m \end{pmatrix} \neq 0$ 时, 即为非齐次线性方程组.

若 $b = 0$, 则得齐次线性方程组 $AX = 0$, 我们称 $AX = 0$ 为 $AX = b$ 的导出方程组.

方程组 $AX = 0$ 与 $AX = b$ 的解之间有如下关系:

性质3 如果 η_1, η_2 是方程组 $AX = b$ 的两个解, 那么 $\eta_1 - \eta_2$ 是其导出组 $AX = 0$ 的解.

性质4 如果 γ 是方程组 $AX = b$ 的一个解, 而 η 是其导出组 $AX = 0$ 的一个解, 则 $\gamma + \eta$ 是方程组 $AX = b$ 的一个解.

定理 3.3(非齐次线性方程组解的结构) 设非齐次线性方程组 $AX = b$ 的一个解为 γ_0(特解), 其导出组 $AX = 0$ 的全部解(通解) $\eta = c_1 \eta_1 + c_2 \eta_2 + \cdots + c_s \eta_s$, 其中 $\eta_1, \eta_2, \cdots, \eta_s$ 为方程组 $AX = 0$ 的一个基础解系. 则 $AX = b$ 的全部解为 $\gamma = \gamma_0 + \eta = \gamma_0 + c_1 \eta_1 + c_2 \eta_2 + \cdots + c_s \eta_s$. (证明请读者自己完成)

例4 解线性方程组 $\begin{cases} x_1 - x_2 - x_3 + x_4 = 0 \\ x_1 - x_2 - 2x_3 + 3x_4 = -1. \\ x_1 - x_2 + x_3 - 3x_4 = 2 \end{cases}$

解 对增广矩阵 $\bar{A}$ 进行行初等变换,得

$$\bar{A} = \begin{pmatrix} 1 & -1 & -1 & 1 & 0 \\ 1 & -1 & -2 & 3 & -1 \\ 1 & -1 & 1 & -3 & 2 \end{pmatrix} \xrightarrow[R_3-R_1]{R_2-R_1} \begin{pmatrix} 1 & -1 & -1 & 1 & 0 \\ 0 & 0 & -1 & 2 & -1 \\ 0 & 0 & 2 & -4 & 2 \end{pmatrix}$$

$$\xrightarrow[R_1-R_2]{R_3+2R_2} \begin{pmatrix} 1 & -1 & 0 & -1 & 1 \\ 0 & 0 & -1 & 2 & -1 \\ 0 & 0 & 0 & 0 & 0 \end{pmatrix} \xrightarrow{(-1)\times R_2} \begin{pmatrix} 1 & -1 & 0 & -1 & 1 \\ 0 & 0 & 1 & -2 & 1 \\ 0 & 0 & 0 & 0 & 0 \end{pmatrix}$$

可以看出 $r(A) = r(\bar{A}) = 2 < 4$,所以方程组有无穷多解.

方程组的同解方程组为 $\begin{cases} x_1 - x_2 - x_4 = 1 \\ x_3 - 2x_4 = 1 \end{cases}$,即

$$\begin{cases} x_1 = 1 + x_2 + x_4 \\ x_3 = 1 + 2x_4 \end{cases}, \text{其中 } x_2, x_4 \text{ 为自由未知量.}$$

令 $x_2 = x_4 = 0$,得方程组的一个特解 $\gamma_0 = \begin{pmatrix} 1 \\ 0 \\ 1 \\ 0 \end{pmatrix}$.

由原方程组不难得到它的导出组的同解方程组为 $\begin{cases} x_1 - x_2 - x_4 = 0 \\ x_3 - 2x_4 = 0 \end{cases}$,即

$$\begin{cases} x_1 = x_2 + x_4 \\ x_3 = x_4 \end{cases}$$

对 $\begin{pmatrix} x_2 \\ x_4 \end{pmatrix}$ 分别取 $\begin{pmatrix} 1 \\ 0 \end{pmatrix}, \begin{pmatrix} 0 \\ 1 \end{pmatrix}$,得导出组的基础解系为:

$$\eta_1 = \begin{pmatrix} 1 \\ 1 \\ 0 \\ 0 \end{pmatrix}, \eta_2 = \begin{pmatrix} 1 \\ 0 \\ 2 \\ 1 \end{pmatrix}$$

所以原方程组的通解为:

$$\gamma = \gamma_0 + c_1\eta_1 + c_2\eta_2 = \begin{pmatrix} 1 \\ 0 \\ 1 \\ 0 \end{pmatrix} + c_1\begin{pmatrix} 1 \\ 1 \\ 0 \\ 0 \end{pmatrix} + c_2\begin{pmatrix} 1 \\ 0 \\ 2 \\ 1 \end{pmatrix} = \begin{pmatrix} 1+c_1+c_2 \\ c_1 \\ 1+2c_2 \\ c_2 \end{pmatrix}, (c_1, c_2 \text{ 为任意常数}).$$

第三节　特征值与特征向量

特征值与特征向量是重要的数学概念,它在自然科学、工程技术领域、经济学与社会科学领域中都有着重要的应用,本节主要介绍一下特征值与特征向量的概念.

一、特征值与特征向量

引例　发展与环境问题已经成为 21 世纪各国政府关注的重点,为了定量分析污染与工业发展水平的关系,有人提出了以下的工业增长模型:

设 x_0 是某地区目前的污染水平(以空气或水源的某种污染指数为测量单位),y_0 是目前工业发展水平(以某种工业发展指数为测量单位). 设若干年后(如 5 年后)的污染水平和工业发展水平分别为 x_1 和 y_1,它们之间有关系 $\begin{cases} x_1 = 3x_0 + y_0 \\ y_1 = 2x_0 + 2y_0 \end{cases}$,即

$$\begin{pmatrix} x_1 \\ y_1 \end{pmatrix} = \begin{pmatrix} 3 & 1 \\ 2 & 2 \end{pmatrix} \begin{pmatrix} x_0 \\ y_0 \end{pmatrix} \text{ 或 } \alpha_1 = A\alpha_0$$

其中

$$\alpha_1 = \begin{pmatrix} x_1 \\ y_1 \end{pmatrix}, \alpha_0 = \begin{pmatrix} x_0 \\ y_0 \end{pmatrix}, A = \begin{pmatrix} 3 & 1 \\ 2 & 2 \end{pmatrix}$$

若当前的污染指数与工业发展水平为 $\alpha_0 = (x_0, y_0)^T = (1,1)^T$,则若干年后的污染水平和工业发展水平为:

$$\alpha_1 = \begin{pmatrix} x_1 \\ y_1 \end{pmatrix} = \begin{pmatrix} 3 & 1 \\ 2 & 2 \end{pmatrix} \begin{pmatrix} 1 \\ 1 \end{pmatrix} = \begin{pmatrix} 4 \\ 4 \end{pmatrix} = 4 \begin{pmatrix} 1 \\ 1 \end{pmatrix} = 4\alpha_0$$

上式表明,矩阵 A 乘以向量 α_0 所得的向量 $\alpha_1 = A\alpha_0$ 恰是 α_0 的 4 倍. 这正是矩阵的特征值与特征向量的实际意义.

定义 3.9　设 A 是一个 n 阶方阵,如果存在一个常数 λ 与一个 n 维非零向量 $X = (x_1, x_2, \cdots, x_n)^T$,使得

$$AX = \lambda X \tag{3.3}$$

成立,则称 λ 为方阵 A 的一个特征值,称非零向量 X 为方阵 A 的对应于特征值 λ 的特征向量.

由定义可知,特征值和特征向量具有以下性质:

性质 1　如果 X 是 A 对应于特征值 λ 的一个特征向量,那么对于任意非零常数 k,kX 也是对应于 λ 的特征向量.

因为 $A(kX) = k(AX) = k(\lambda X) = \lambda(kX)$,所以 kX 也是对应于 λ 的特征向量.

性质 2　如果 X_1, X_2 是 A 对应于特征值 λ 的两个特征向量,且 $X_1 + X_2 \neq 0$,那么

$X_1 + X_2$ 也是对应于特征值 λ 的特征向量.

因为 $A(X_1 + X_2) = AX_1 + AX_2 = \lambda X_1 + \lambda X_2 = \lambda(X_1 + X_2)$,所以 $X_1 + X_2$ 也是对应于特征值 λ 的特征向量.

因此,方阵 A 对应于特征值 λ 的特征向量不是唯一的.

下面由定义来讨论,如何求方阵 A 的特征值与特征向量.

由(3.3)式变形得

$$(\lambda E - A)X = 0 \tag{3.4}$$

这是一个由 n 个方程,n 个未知量组成的齐次线性方程组. 显然,特征向量 X 就是方程组(3.4)式的一个非零解;反之,方程组(3.4)式的任一非零解也是方阵 A 的对应于特征值 λ 的一个特征向量.

要求出特征值 λ,可利用结论:齐次线性方程组有非零解的充要条件是系数行列式等于零,即

$$|\lambda E - A| = 0 \tag{3.5}$$

方程(3.5)式左端展开后是一个关于 λ 的 n 次多项式,我们通常称 $f(\lambda) = |\lambda E - A|$ 为方阵 A 的特征多项式,称方程(3.5)式为方阵 A 的特征方程. 若 λ 是方阵 A 的特征值,则 λ 一定是特征方程(3.5)式的根,反过来也一样.

由此可得,求方阵 A 的特征值与特征向量的步骤如下:

(1)求出特征方程 $|\lambda E - A| = 0$ 的所有根,这些根即为方阵 A 的全部特征值(其中,如果 λ_i 为特征方程的单根,则称 λ_i 为 A 的单特征值;如果 λ_i 为特征方程的 k 重根,则称 λ_i 为 A 的 k 重特征值,k 为 λ_i 的重数).

(2)对每个 λ_i,求出相应的齐次线性方程组 $(\lambda_i E - A)X = 0$ 的基础解系 η_1, $\eta_2, \cdots, \eta_s$,则对应于 λ_i 的所有的特征向量为 $X = k_1\eta_1 + k_2\eta_2 + \cdots + k_s\eta_s$,(其中 k_1, $k_2, \cdots, k_s$ 不全为零).

例1　求矩阵 $A = \begin{pmatrix} 4 & 2 & -5 \\ 6 & 4 & -9 \\ 5 & 3 & -7 \end{pmatrix}$ 的特征值和特征向量.

解　由特征方程 $|\lambda E - A| = \begin{vmatrix} \lambda - 4 & -2 & 5 \\ -6 & \lambda - 4 & 9 \\ -5 & -3 & \lambda + 7 \end{vmatrix} = \lambda^2(\lambda - 1) = 0$,

得 A 的特征值为 $\lambda_1 = \lambda_2 = 0$(二重特征根),$\lambda_3 = 1$.

对于 $\lambda_1 = \lambda_2 = 0$,解齐次线性方程组 $(0E - A)X = 0$,即

$$\begin{cases} 4x_1 + 2x_2 - 5x_3 = 0 \\ 6x_1 + 4x_2 - 9x_3 = 0 \\ 5x_1 + 3x_2 - 7x_3 = 0 \end{cases}$$

得基础解系为 $\eta_1 = \begin{pmatrix} 1 \\ 3 \\ 2 \end{pmatrix}$.

所以,A 对应于特征值 $\lambda_1 = \lambda_2 = 0$ 的全部特征向量为 $X_1 = k_1\eta_1(k_1 \neq 0)$.

对于 $\lambda_3 = 1$,解齐次线性方程组 $(E - A)X = 0$,即

$$\begin{cases} -3x_1 - 2x_2 + 5x_3 = 0 \\ -6x_1 - 3x_2 + 9x_3 = 0 \\ -5x_1 - 3x_2 + 8x_3 = 0 \end{cases}$$

得基础解系为: $\eta_2 = \begin{pmatrix} 1 \\ 1 \\ 1 \end{pmatrix}$.

所以,矩阵 A 对应于特征值 $\lambda_3 = 1$ 的全部特征向量为 $X_2 = k_2\eta_2(k_2 \neq 0)$.

例2 设矩阵 $A = \begin{pmatrix} 0 & 1 & 0 & 0 \\ 1 & 0 & 0 & 0 \\ 0 & 0 & k & 1 \\ 0 & 0 & 1 & 2 \end{pmatrix}$,已知 3 是 A 的一个特征值,求 k.

解 因为 3 是 A 的一个特征值,于是由

$$|3E - A| = \begin{vmatrix} 3 & -1 & 0 & 0 \\ -1 & 3 & 0 & 0 \\ 0 & 0 & 3-k & -1 \\ 0 & 0 & -1 & 1 \end{vmatrix} = 0, 得 k = 2.$$

另外,可以证明矩阵的特征值与特征向量还具有如下性质:

性质3 若 n 阶方阵 A 的 n 个特征值为 $\lambda_1, \lambda_2, \cdots, \lambda_n$,则有

$$\lambda_1 + \lambda_2 + \cdots + \lambda_n = a_{11} + a_{22} + \cdots + a_{nn}$$

$$\lambda_1\lambda_2\cdots\lambda_n = |A|$$

性质4 设 $\lambda_1, \lambda_2, \cdots, \lambda_m$ 是 n 阶方阵 A 的互不相同的特征值,X_i 是对应于 λ_i 的特征向量 $(i = 1, 2, \cdots, m)$,则 $X_1, X_2, \cdots, X_m$ 线性无关.

第四节 * 投入产出问题

投入产出分析是分析各产业实际的投入量和产出量所表现的产业间关联的理论,它是由美国经济学家列昂节夫在 20 世纪 30 年代首先提出的. 它是通过编制投入产出表,并运用矩阵工具组成的数学模型,再通过计算机的运算,来揭示国民生产部门、再生产各环节间的内在联系,所以它是一种进行经济分析,加强综合平衡,以及

改进计划编制方法的重要工具. 由于投入产出分析方法是以表格形式反映经济问题,比较直观,便于推广和应用,无论对于国家、地区、部门还是企业,都是应用较广泛的一种数量分析方法.

投入产出模型是一种进行综合平衡的经济数学模型,用来研究某一经济系统中各部门之间的"投入"与"产出"的关系,它通过投入产出表来反映经济系统中各部门之间的数量依存关系.

一、投入产出表

投入产出分析的投入是指产品生产所消耗的原材料、燃料、动力、固定资产折旧和劳动力等;它的产出是指产品生产出来以后分配的去向和数量. 无论生产什么产品都必须消耗一定数量的其他产品(当然也包含消耗其自身)和消耗一定数量的劳动力. 无论哪一种产品生产出来以后,都不可能完全被自身所消耗,必须供给其他部门作为生产消费,或作为生活消费与积累. 这样,把各部门产品生产所需要各种投入和生产出来的产品的去向有规律地排列在一张表上,就构成了一张投入产出表.

投入产出表可按计量单位分为价值型和实物型两类. 在价值型投入产出表中,所有的数值都按价值单位计量,这里我们仅介绍价值型投入产出表.

设整个国民经济分为 n 个物质生产部门,并按一定顺序排成如下的一张表格(见表 3 - 1).

表 3 - 1　　　　　　　　　　价值型投入产出表

投入 \ 产出		中间产品					最终产品				总产值
		1	2	⋯	n	小计	消费	积累	出口	小计	
生产资料补偿价值	1	x_{11}	x_{12}	⋯	x_{1n}	$\sum\limits_{j=1}^n x_{1j}$				y_1	x_1
	2	x_{21}	x_{22}	⋯	x_{2n}	$\sum\limits_{j=1}^n x_{2j}$				y_2	x_2
	⋮	⋮	⋮	⋮	⋮	⋮				⋮	⋮
	n	x_{n1}	x_{n2}	⋯	x_{nn}	$\sum\limits_{j=1}^n x_{nj}$				y_n	x_n
	小计	$\sum\limits_{i=1}^n x_{i1}$	$\sum\limits_{i=1}^n x_{i2}$	⋯	$\sum\limits_{i=1}^n x_{in}$						
新创造价值	固定资产折旧	d_1	d_2	⋯	d_n						
	劳动报酬	v_1	v_2	⋯	v_n						
	纯收入	m_1	m_2	⋯	m_n						
	小计	z_1	z_2	⋯	z_n						
总收入		x_1	x_2	⋯	x_n						

表 3 - 1 中 $x_i(i = 1,2,\cdots,n)$ 表示第 i 个生产部门的总价值,如 x_2 是第 2 个部门的总产值;x_{ij} 表示第 j 部门所消耗的第 i 部门的产品数量,称为部门间的流量,如 x_{12} 表示第 2 部门在生产过程中消耗第 1 部门的产品数量,或第 1 部门分配给第 2 生产部门的产品数量;$y_i(i = 1,2,\cdots,n)$ 表示第 i 部门最终产品数量;$d_j,v_j,m_j(j = 1,2,\cdots,n)$ 分别表示第 j 部门的固定资产折旧、劳动报酬、纯收入价值;$z_j(j = 1,2,\cdots,n)$ 表示第 j 部门的新创造价值,即

$$z_j = v_j + m_j(j = 1,2,\cdots,n).$$

在表 3 - 1 中,由粗线将表分成四部门,按照左上、右上、左下、右下的顺序,分别称为第一象限、第二象限、第三象限和第四象限. 第一象限由 n 个生产部门纵横交叉组成,它反映了国民经济各部门之间的生产技术联系,特别是反映了各部门之间相互提供产品供生产过程消耗的情况,它的行数必须与列数相等,换句话说,该象限必须是方阵. 第二象限反映了各生产部门从总产品扣除补偿生产消耗后的余量,即不参加本周期生产过程的最终产品分配情况. 第三象限包括了各生产部门的固定资产折旧和新创造价值两部分,它反映了国民收入的初次分配情况. 第四象限从理论上讲应当反映国民收入的再分配过程,但它在经济内容上更为复杂,因此,在编表时常常省略.

二、平衡方程

在表 3 - 1 中,由第一象限与第二象限组成的一个横向(水平方向)长方形表,由第一与第三象限组成了一个竖向(垂直方向)长方形表,横向长方形表的每一行都表示一个等式,即每一个生产部门分配给各部门作为生产的投入产品数量与作为最终使用的产品总数量之和等于该部门的投入的产品数量,即

$$\begin{cases} x_1 = x_{11} + x_{12} + \cdots + x_{1n} + y_1 \\ x_2 = x_{21} + x_{22} + \cdots + x_{2n} + y_1 \\ \vdots \\ x_n = x_{n1} + x_{n2} + \cdots + x_{nn} + y_n \end{cases} \tag{3.6}$$

或简写为:

$$x_i = \sum_{j=1}^{n} x_{ij} + y_i(i = 1,2,\cdots,n), \tag{3.7}$$

其中 $\sum_{j=1}^{n} x_{ij}$ 表示第 i 部门分配给各部门生产过程中消耗的产品总和,(3.6) 式称为分配平衡方程组. 竖直长方形的每一列也都表示一个等式,即某一生产部门中,各部门对它投入产出产品数量与该部门的固定资产拆旧、新创造价值之和等于它的总产品数量,即

$$\begin{cases} x_1 = x_{11} + x_{21} + \cdots + x_{n1} + d_1 + z_1 \\ x_2 = x_{12} + x_{22} + \cdots + x_{n2} + d_2 + z_2 \\ \vdots \\ x_n = x_{1n} + x_{2n} + \cdots + x_{nn} + d_n + z_n \end{cases} \tag{3.8}$$

或简写为:

$$x_j = \sum_{i=1}^{n} x_{ij} + d_j + z_j (j = 1, 2, \cdots, n) \tag{3.9}$$

其中 $\sum\limits_{j=1}^{n} x_{ij}$ 表示第 j 部门生产过程中消耗的各部门的产品总和,(3.9) 式称为消耗平衡方程组. 分别对(3.7) 式和(3.9) 式两边求和,可得

$$\sum_{i=1}^{n} \left(\sum_{j=1}^{n} x_{ij} + y_i \right) = \sum_{j=1}^{n} \left(\sum_{i=1}^{n} x_{ij} + d_j + z_j \right)$$

化简,得

$$\sum_{i=1}^{n} y_i = \sum_{j=1}^{n} (d_j + z_j) \tag{3.10}$$

(3.10) 式表示各部门最终产品价值之和等于它们的固定资产折旧与新创造价值之和.

例1 已知某经济系统在一个生产周期内产品的生产与分配情况如表3－2所示.

表3－2　　　　　　　　**产品的生产与分配情况表**

投入 \ 产出		中间产品			最终产品	总产品
		1	2	3		
生产资料补偿价值	1	20	20	0	y_1	100
	2	20	80	30	y_2	200
	3	0	20	10	y_3	100
	折旧	5	10	5		
新创造价值		z_1	z_2	z_3		
总价值		100	200	100		

求:(1) 各部门最终产品 y_1, y_2, y_3;(2) 各部门新创造价值 z_1, z_2, z_3.

解　(1) 由分配平衡方程组 $\begin{cases} x_1 = x_{11} + x_{12} + x_{13} + y_1 \\ x_2 = x_{21} + x_{22} + x_{23} + y_2 \\ x_3 = x_{31} + x_{32} + x_{33} + y_3 \end{cases}$,即

$$\begin{cases} y_1 = x_1 - (x_{11} + x_{12} + x_{13}) \\ y_2 = x_2 - (x_{21} + x_{22} + x_{23}) \\ y_3 = x_3 - (x_{31} + x_{32} + x_{33}) \end{cases}$$

将 $x_j(j = 1,2,3), x_{ij}(i,j = 1,2,3)$ 的数值代入上式,得

$$\begin{cases} y_1 = 100 - 20 - 20 - 0 = 60 \\ y_2 = 200 - 20 - 80 - 30 = 70 \\ y_3 = 100 - 0 - 20 - 10 = 70 \end{cases}$$

(2) 由消耗方程组 $\begin{cases} x_1 = x_{11} + x_{21} + x_{31} + d_1 + z_1 \\ x_2 = x_{12} + x_{22} + x_{32} + d_2 + z_2 \\ x_3 = x_{13} + x_{23} + x_{33} + d_3 + z_3 \end{cases}$,即

$$\begin{cases} z_1 = x_1 - (x_{11} + x_{21} + x_{31} + d_1), \\ z_2 = x_2 - (x_{12} + x_{22} + x_{32} + d_2), \\ z_3 = x_3 - (x_{13} + x_{23} + x_{33} + d_3) \end{cases}$$

将 $x_j(j = 1,2,3), x_{ij}(i,j = 1,2,3)$ 的数值代入上式,得

$$\begin{cases} z_1 = 100 - 20 - 20 - 0 - 5 = 55 \\ z_2 = 200 - 20 - 80 - 20 - 10 = 70 \\ z_3 = 100 - 20 - 0 - 30 - 10 - 5 = 55 \end{cases}$$

三、直接消耗系数

为了进一步反映各部门之间在生产技术上的数量依存关系,我们将引入部门之间的直接消耗系数和完全消耗系数.

定义 3.10 第 j 部门生产单位产品直接消耗第 i 部门的产品数量,称为第 j 部门对第 i 部门的直接消耗系数,以 a_{ij} 表示,即

$$a_{ij} = \frac{x_{ij}}{x_j}(i,j = 1,2,\cdots,n) \tag{3.11}$$

在例1中第3部门的总产品价值为100亿元,即 $x_3 = 100$ 亿元,而在第3部门生产过程中消耗本部门10亿元的产品,即 $x_{33} = 10$ 亿元,这说明第3部门每生产1元的产品,需要直接消耗本部门 $\frac{10}{100} = 0.1$ 元的产品. 此外,在第3部门的生产过程中还消耗了第2部门30亿元的产品,即 $x_{23} = 30$ 亿元,也就是说第3部门每生产1元的产品,需要直接消耗第2部门 $\frac{30}{100} = 0.3$ 元的产品,比值0.1和0.3就是第3部门在生产过程中对本部门和第2部门的直接消耗系数,即

$$a_{23} = \frac{x_{23}}{x_3} = \frac{30}{100} = 0.3, a_{33} = \frac{x_{33}}{x_3} = \frac{10}{100} = 0.1.$$

如果我们求出所有部门之间的直接消耗系数 $a_{ij}(i,j = 1,2,\cdots,n)$,将它们记为一个 n 阶方阵 A,即

$$A = \begin{pmatrix} a_{11} & a_{12} & \cdots & a_{1n} \\ a_{21} & a_{22} & \cdots & a_{2n} \\ \vdots & \vdots & & \vdots \\ a_{n1} & a_{n2} & \cdots & a_{nn} \end{pmatrix}$$

由 (3.11) 式, 有 $x_{ij} = a_{ij}x_j$, 代入分配平衡方程组 (3.6) 式, 得

$$\begin{cases} a_{11}x_1 + a_{12}x_2 + \cdots + a_{1n}x_n + y_1 = x_1 \\ a_{21}x_1 + a_{22}x_2 + \cdots + a_{2n}x_n + y_2 = x_2 \\ \vdots \\ a_{n1}x_1 + a_{n2}x_2 + \cdots + a_{nn}x_n + y_n = x_n \end{cases}$$

它可以写成矩阵的形式:

$$AX + Y = X \tag{3.12}$$

其中, $A = \begin{pmatrix} a_{11} & a_{12} & \cdots & a_{1n} \\ a_{21} & a_{22} & \cdots & a_{2n} \\ \vdots & \vdots & & \vdots \\ a_{n1} & a_{n2} & \cdots & a_{nn} \end{pmatrix}, X = \begin{pmatrix} x_1 \\ x_2 \\ \vdots \\ x_n \end{pmatrix}, Y = \begin{pmatrix} y_1 \\ y_2 \\ \vdots \\ y_n \end{pmatrix}$

A 是直接消耗系数矩阵, y 是最终产品列向量, x 是总产品列向量.

(3.12) 式可以写成

$$(E - A)X = Y \tag{3.13}$$

这是水平方向的分配平衡方程组的矩阵形式.

将 $x_{ij} = a_{ij}x_j$ 代入方程组 (3.8) 式, 得

$$\begin{cases} a_{11}x_1 + a_{21}x_1 + \cdots + a_{n1}x_1 + d_1 + z_1 = x_1 \\ a_{12}x_2 + a_{22}x_2 + \cdots + a_{n2}x_2 + d_2 + z_2 = x_2 \\ \vdots \\ a_{1n}x_n + a_{2n}x_n + \cdots + a_{nn}x_n + d_n + z_n = x_n \end{cases}$$

即

$$\begin{cases} \left(\sum_{i=1}^{n} a_{i1} \right)x_1 + d_1 + z_1 = x_1 \\ \\ \left(\sum_{i=1}^{n} a_{i2} \right)x_2 + d_2 + z_2 = x_2 \\ \vdots \\ \left(\sum_{i=1}^{n} a_{in} \right)x_n + d_n + z_n = x_n \end{cases}$$

记对角矩阵 $C = \begin{pmatrix} \sum\limits_{i=1}^{n} a_{i1} & 0 & \cdots & 0 \\ 0 & \sum\limits_{i=1}^{n} a_{i2} & \cdots & 0 \\ \vdots & \vdots & & \vdots \\ 0 & 0 & \cdots & \sum\limits_{i=1}^{n} a_{in} \end{pmatrix}, Z = \begin{pmatrix} d_1 + z_1 \\ d_2 + z_2 \\ \vdots \\ d_n + z_n \end{pmatrix},$

则上式可写成矩阵形式

$$CX + Z = X \tag{3.14}$$

其中 C 称为投入系数矩阵，其中的每一个元素 $c_j = \sum\limits_{i=1}^{n} a_{ij}(j = 1,2,\cdots,n)$ 反映第 j 部门每生产单位价值的产品需要直接消耗各部门产品价值的总和.

(3.14) 式可改写成

$$(E - C)X = Z \tag{3.15}$$

这是竖直方向的消耗平衡方程组.

直接消耗系数矩阵 A 有如下性质：

(1) 所有元素均为非负；

(2) 各列元素之和小于 1.

根据这两条性质，不难证明投入产出数学模型 $(E - A)X = Y$ 中矩阵 $E - A$ 是可逆矩阵，于是有

$$X = (E - A)^{-1}Y \tag{3.16}$$

当已知最终产品列向量后，可用 (3.16) 式求出各部门总产品向量 X，进而可利用 $x_{ij} = a_{ij}x_j$ 计算出各部门间中间产品的流量.

四、完全消耗系数

国民经济各部门间的生产消耗系数，除了直接消耗系数外还有间接消耗系数. 例如，第 j 部门生产产品直接消耗第 i 部门的产品称为直接消耗；第 j 部门生产产品时，通过第一个间接环节（也就是通过某一中间部门）间接地消耗第 i 部门的产品称为第 j 部门对第 i 部门的第一次间接消耗，第 j 部门生产产品时，通过第 k 个间接环节消耗第 i 部门的产品称为第 j 部门对第 i 部门的第 k 次间接消耗 …… 总之，第 j 部门生产产品时通过其他部门（包括第 j 部门）间接消耗第 i 部门的产品称为第 j 部门对第 i 部门的间接消耗，直接消耗和间接消耗之和称为完全消耗.

定义 3.11 第 j 部门生产单位产品时对第 i 部门完全消耗的产品数量称为第 j 对第 i 部门的完全消耗系数，记作 b_{ij}，即

$$b_{ij} = a_{ij} + \sum_{r=1}^{n} a_{ir}a_{rj} + \sum_{s=1}^{n}\sum_{r=1}^{n} a_{is}a_{sr}a_{rj} + \sum_{t=1}^{n}\sum_{s=1}^{n}\sum_{r=1}^{n} a_{it}a_{ts}a_{sr}a_{rj} + \cdots$$

$$(i,j = 1,2,\cdots,n) \quad (3.17)$$

或

$$b_{ij} = a_{ij} + \sum_{r=1}^{n} b_{ir} a_{rj}, (i,j = 1,2,\cdots,n) \tag{3.18}$$

其中, $\sum_{r=1}^{n} b_{ir} a_{rj}$ 表示间接消耗总和.

将完全消耗系数 $b_{ij}(i,j = 1,2,\cdots,n)$ 组成完全消耗系数矩阵为

$$B = \begin{pmatrix} b_{11} & b_{12} & \cdots & b_{1n} \\ b_{21} & b_{22} & \cdots & b_{2n} \\ \vdots & \vdots & & \vdots \\ b_{n1} & b_{n2} & \cdots & b_{nn} \end{pmatrix}$$

于是可将(3.18)式写成矩阵形式 $B = A + BA$,即 $B(E - A) = A$.

因为 $E - A$ 是可逆矩阵,于是

$$B = A(E - A)^{-1} = [E - (E - A)](E - A)^{-1} = (E - A)^{-1} - E \tag{3.19}$$

(3.19)式就是完全消耗系数矩阵的计算公式.

例2 求例1经济系统的直接消耗系数矩阵 A 和完全消耗系数 B.

解 由(3.11)式有

$$a_{11} = \frac{x_{11}}{x_1} = \frac{20}{100} = 0.2, \quad a_{12} = \frac{x_{12}}{x_2} = \frac{20}{200} = 0.1,$$

$$a_{13} = \frac{x_{13}}{x_3} = \frac{0}{100} = 0, \quad a_{21} = \frac{x_{21}}{x_1} = \frac{20}{100} = 0.2,$$

$$a_{22} = \frac{x_{22}}{x_2} = \frac{80}{200} = 0.4, \quad a_{23} = \frac{x_{23}}{x_3} = \frac{30}{200} = 0.15,$$

$$a_{31} = \frac{x_{31}}{x_3} = \frac{0}{100} = 0, \quad a_{32} = \frac{x_{32}}{x_2} = \frac{30}{100} = 0.3,$$

$$a_{33} = \frac{x_{33}}{x_3} = \frac{10}{100} = 0.1,$$

于是 $A = \begin{pmatrix} 0.2 & 0.1 & 0 \\ 0.2 & 0.4 & 0.3 \\ 0 & 0.1 & 0.1 \end{pmatrix}.$

由(3.18)式有

$$B = (E - A)^{-1} - E = \begin{pmatrix} 0.8 & -0.1 & 0 \\ -0.2 & 0.6 & -0.3 \\ 0 & -0.1 & 0.9 \end{pmatrix}^{-1} - \begin{pmatrix} 1 & 0 & 0 \\ 0 & 1 & 0 \\ 0 & 0 & 1 \end{pmatrix}$$

$$= \begin{pmatrix} 0.307\,7 & 0.230\,8 & 0.076\,9 \\ 0.461\,5 & 0.846\,2 & 0.615\,4 \\ 0.051\,3 & 0.205\,1 & 0.179\,6 \end{pmatrix}.$$

【补充知识】

Matlab 在线性代数中的应用

1. 矩阵的输入

不论是向量还是矩阵,均可直接按行的方式输入每个元素:同一行中的元素用逗号(,)或者用空格符来分隔,且空格个数不限;不同的行用分号(;)分隔. 所有元素处于一方括号([ ])内,只有一行的是向量,多行的是矩阵. 如:

$>> Time = [0\ 1\ 2\ 3\ 4\ 5\ 6\ 7\ 8\ 9\ 10]$ % 生成一个名为 $Time$ 的向量

$Time =$

0 1 2 3 4 5 6 7 8 9 10

$>> X = [1\ 2;3\ 4]$ % 生成一个 2×2 矩阵 X

$X =$

1 2

3 4

$>> Y = eye(5)$ % 生成一个 5 阶单位矩阵

$Y =$

1 0 0 0 0

0 1 0 0 0

0 0 1 0 0

0 0 0 1 0

0 0 0 0 1

2. 矩阵的运算

矩阵的运算功能、格式、说明如表 3 - 3 所示.

表3 - 3　　　　　　　　　　矩阵的求法

功能	格式	说明
矩阵的加法与减法	$A+B$ 与 $A-B$	按矩阵加减法定义计算
数乘矩阵	$k*A$ 或 $A*k$	按数乘矩阵定义计算
矩阵乘法	$A*B$	按矩阵乘法定义计算
矩阵乘方	$A\hat{\ }k$	按矩阵乘法定义相乘 k 次
转置	A'	返回矩阵的转置矩阵
求矩阵的行列式	$\det(A)$	返回矩阵的行列式,A 必须是方阵

例1 设矩阵

$$A = \begin{pmatrix} 1 & 0 & 1 & 2 \\ 2 & 3 & -1 & 2 \\ -1 & 2 & 1 & 3 \end{pmatrix}, B = \begin{pmatrix} -2 & 1 & 0 & 1 \\ 1 & 1 & 1 & 1 \\ 3 & 0 & 2 & 1 \end{pmatrix}$$

求 $3A - 2B$.

解 输入命令:

$>> A = [1\ 0\ 1\ 2; 2\ 3\ -1\ 2; -1\ 2\ 1\ 3], B = [-2\ 1\ 0\ 1; 1\ 1\ 1\ 1; 3\ 0\ 2\ 1]$
% 输入矩阵

$A =$

  1   0   1   2

  2   3 -1   2

 -1   2   1   3

$B =$

 -2   1   0   1

  1   1   1   1

  3   0   2   1

$>> 3*A - 2*B$ % 计算

$ans =$

  7 -2   3   4

  4   7 -5   4

 -9   6 -1   7

例2 求矩阵乘积 AB, 设

$$A = \begin{pmatrix} 1 & 0 & 3 \\ 2 & 0 & 1 \end{pmatrix}, \qquad B = \begin{pmatrix} 4 & 1 & 3 \\ -1 & 1 & 1 \\ 2 & 0 & 1 \end{pmatrix}$$

解 输入命令:

$>> A = [1\ 0\ 3; 2\ 0\ 1], B = [4\ 1\ 3; -1\ 1\ 1; 2\ 0\ 1], C = A*B$ % 输入 A, B,
计算 $A*B$

$A =$

  1 0 3

  2 0 1

$B =$

  4   1 3

 -1   1 1

  2   0 1

C =

10 1 6

10 2 7

例3 设矩阵 $B = \begin{pmatrix} 4 & 1 & 3 \\ -1 & 1 & 1 \\ 2 & 0 & 1 \end{pmatrix}$,求 $B^T, B^2, |B|$.

解 输入命令:

$>> B = [4\ 1\ 3; -1\ 1\ 1; 2\ 0\ 1], B1 = B', B2 = B^2, B3 = \det(B)$

B =

 4 1 3

-1 1 1

 2 0 1

$B1$ =

4 -1 2

1   1 0

3   1 1

$B2$ =

21 5 16

-3 0 -1

10 2 7

$B3$ =

1

3. 逆矩阵、秩、阶梯形

逆矩阵、秩、阶梯形的功能、函数、格式、说明如表 3 - 4 所示.

表 3 - 4 逆矩阵、秩、阶梯形的求法

功能	函数	格式	说明
求逆矩阵	inv	$B = \text{inv}(A)$ 或 $A^{\wedge}(-1)$	当 A 为方阵时,返回 A 的逆矩阵 B
矩阵除法	\	左除 $A\backslash B$,	矩阵方程 $AX = B$ 的解,相当于 $A^{-1}B$
	/	右除 B/A	矩阵方程 $XA = B$ 的解,相当于 BA^{-1}
求矩阵的秩	rank	$k = \text{rank}(A)$	返回矩阵 A 的秩 k
矩阵的阶梯形	rref	$B = \text{rref}(A)$	返回矩阵 A 的最简阶梯形矩阵 B

例4 设 $A = \begin{pmatrix} 2 & 2 & 3 \\ 1 & -1 & 0 \\ -1 & 2 & 1 \end{pmatrix}$,求 A^{-1}.

解　输入命令：

$<<A=[\,2\ 2\ 3;1\ -1\ 0;-1\ 2\ 1\,];A1=inv(A),A2=A^(-1)$

% 用二种方法求逆矩阵

$A1=$

$\quad 1\quad -4\quad -3$

$\quad 1\quad -5\quad -3$

$-1\quad 6\quad\quad 4$

$A2=$

$\quad 1\quad -4\quad -3$

$\quad 1\quad -5\quad -3$

$-1\quad 6\quad\quad 4$

例5　设 $A=\begin{pmatrix}1&3&3\\1&4&3\\1&3&4\end{pmatrix},B=\begin{pmatrix}2&1\\5&3\end{pmatrix},C=\begin{pmatrix}1&0\\0&1\\1&0\end{pmatrix}$，求矩阵 X 使满足 $AXB=C$.

解　因为 $AXB=C$，所以 $X=A^{-1}CB^{-1}$

输入命令：

$>>A=[\,1\ 3\ 3;1\ 4\ 3;1\ 3\ 4\,];B=[\,2\ 1;5\ 3\,];C=[\,1\ 0;0\ 1;1\ 0\,];X=(A\backslash C)/B$

$X=$

$\quad 27\quad -10$

$-8\quad\quad 3$

$\quad\ 0\quad\quad 0$

例6　求矩阵 $A=\begin{pmatrix}1&-1&0&2&3\\2&2&1&-1&0\\-1&0&0&2&-1\\0&3&0&0&1\end{pmatrix}$ 的秩及阶梯形矩阵.

解　输入命令：

$>>A=[\,1\ -1\ 0\ 2\ 3;2\ 2\ 1\ -1\ 0;-1\ 0\ 0\ 2\ -1;0\ 3\ 0\ 0\ 1\,];$

$>>k=rank(A),B=rref(A)$　% 　求矩阵的秩,阶梯形矩阵

$k=$

4

$B=$

1　0　0　0　13/6

0　1　0　0　1/3

0　0　1　0　−53/12

0　0　0　1　7/12

4. 特征值与特征向量的求法

特征值与特征向量的功能、函数、格式、说明如表 3 – 5 所示.

表 3 – 5　　　　　　　　　　特征值与特征向量的求法

功能	函数	格式	说明
求矩阵 A 的特征值与特征向量	eig	$d = \mathrm{eig}(A)$	求矩阵 A 的特征值 d
		$[V, D] = \mathrm{eig}(A)$	特征值的对角阵 D 和特征向量阵 V，使 $AV = VD$ 成立，且 V 为正交阵

例 7　求矩阵 $A = \begin{pmatrix} -2 & 1 & 1 \\ 0 & 2 & 0 \\ -4 & 1 & 3 \end{pmatrix}$ 的特征值和特征向量.

解　输入：

$A = [-2 \ 1 \ 1; 0 \ 2 \ 0; -4 \ 1 \ 3]; [V, D] = eig(A)$

结果显示：

$V =$

$\begin{matrix} -0.707\,1 & -0.242\,5 & 0.301\,5 \\ 0 & 0 & 0.904\,5 \\ -0.707\,1 & -0.970\,1 & 0.301\,5 \end{matrix}$

$D =$

$\begin{matrix} -1 & 0 & 0 \\ 0 & 2 & 0 \\ 0 & 0 & 2 \end{matrix}$

即：特征值 -1 对应特征向量 $(-0.707\,1 \ 0 \ -0.707\,1)^T$，特征值 2 对应特征向量 $(-0.242\,5 \ 0 \ -0.970\,1)^T$ 和 $(-0.301\,5 \ 0.904\,5 \ -0.301\,5)^T$.

【相关背景】

一、投入产出法简介

投入产出法是分析特定经济系统内投入与产出间数量依存关系的原理和方法，亦称产业部门间分析. 它由美国的 W. 里昂惕夫于 1936 年最早提出，是研究经济系统各个部分间表现为投入与产出的相互依存关系的经济数量方法.

投入是进行一项活动的消耗. 如生产过程的消耗包括本系统内各部门产品的消耗（中间投入）和初始投入要素的消耗（最初投入）. 产出是指进行一项活动的结果，如生产活动的结果为本系统各部分生产的产品（物质产品和劳务）.

瓦西里·列昂剔夫是投入产出账户的创始人. 1936 年,列昂剔夫发表了《美国经济体系中的投入产出的数量关系》一文,接着在 1941 年又出版了《美国经济结构1919—1929》一书,1953 年,又出版了《美国经济结构研究》一书. 在这些著作中,列昂剔夫提出了投入产出方法.

列昂剔夫的投入产出思想的渊源可以追溯至重农学派魁奈(Francois Quesnay,1694—1774) 著名的《经济表》. 列昂剔夫把他编的第一张投入产出表称为"美国的经济表". 数理经济学派瓦尔拉(Walras,1834—1910) 和帕累托(Vilfredo Pareto,1848—1923) 的一般均衡理论和数学方法在经济学中的应用构成了列昂剔夫体系的基础. 列昂剔夫认为"投入产出分析是全部相互依存这一古典经济理论的具体延伸".

投入产出分析的提出已经 80 多年,在这段时间里,它有很大的发展. 除上面所说的产品模型外,还有固定资产模型、生产能力模型、投资模型、劳动模型以及研究人口、环境保护等专门问题的模型. 除上面所说的静态模型外,还有动态模型、优化模型等.

二、层次分析法

层次分析法(the analytic hierarchy process,简称 AHP) 在 20 世纪 70 年代中期由美国运筹学家托马斯·塞蒂(T. L. Saaty) 正式提出. 它是一种定性和定量相结合的、系统化、层次化的分析方法,是指将一个复杂的多目标决策问题作为一个系统,将目标分解为多个目标或准则,进而分解为多指标(或准则、约束) 的若干层次,通过定性指标模糊量化方法算出层次单排序(权数) 和总排序,以作为目标(多指标)、多方案优化决策的系统方法.

层次分析法首先是将决策问题按总目标、各层子目标、评价准则直至具体的备投方案的顺序分解为不同的层次结构;其次用求解判断矩阵特征向量的办法,求得每一层次的各元素对上一层次某元素的优先权重;最后再用加权和的方法递阶归并各备选方案对总目标的最终权重,此最终权重最大者即为最优方案. 这里所谓"优先权重"是一种相对的量度,它表明各备选方案在某一特点的评价准则或子目标下优越程度的相对量度,以及各子目标对上一层目标而言重要程度的相对量度. 层次分析法比较适合于具有分层交错评价指标的目标系统,而且目标值又难于定量描述的决策问题. 其用法是构造判断矩阵,求出其最大特征值及其所对应的特征向量 W. 归一化后,即为某一层次指标对于上一层次某相关指标的相对重要性权值.

由于它在处理复杂的决策问题上的实用性和有效性,很快在世界范围得到重视. 它的应用已遍及经济计划和管理、能源政策和分配、行为科学、军事指挥、运输、农业、教育、人才、医疗和环境等领域.

习题三

A 组习题

1. 判断题.

（1）向量组中的任意一个向量都可由这个向量组本身线性表示. （　　）

（2）零向量可由任意向量组线性表示. （　　）

（3）若 $\alpha_1, \alpha_2, \alpha_3, \alpha_4$ 线性无关，则 $\alpha_1, \alpha_2, \cdots, \alpha_n (n > 4)$ 线性相关. （　　）

（4）两个 n 维向量线性相关的充要条件是两个 n 维向量的各个分量对应成比例.

（　　）

（5）若 $k_1\alpha_1 + k_2\alpha_2 + \cdots + k_n\alpha_n = 0$，则 $\alpha_1, \alpha_2, \cdots, \alpha_n$ 线性相关. （　　）

（6）若对任意一组不全为 0 的数 $k_1, k_2, \cdots, k_n$，都有 $k_1\alpha_1 + k_2\alpha_2 + \cdots + k_n\alpha_n \neq 0$，则 $\alpha_1, \alpha_2, \cdots, \alpha_n$ 线性无关. （　　）

（7）任意一个向量组都存在极大无关组. （　　）

（8）设向量组 $\alpha_{i1}, \alpha_{i2}, \cdots, \alpha_{im}$ 是向量组 $\alpha_1, \alpha_2, \cdots, \alpha_n$ 的一个子组。若 $\alpha_{i1}, \alpha_{i2}, \cdots, \alpha_{im}$ 线性无关，且向量组 $\alpha_1, \alpha_2, \cdots, \alpha_n$ 中存在一个向量可写成其子组 $\alpha_{i1}, \alpha_{i2}, \cdots, \alpha_{im}$ 的线性组合，则称子组 $\alpha_{i1}, \alpha_{i2}, \cdots, \alpha_{im}$ 是该向量组 $\alpha_1, \alpha_2, \cdots, \alpha_n$ 的一个极大无关子组. （　　）

（9）向量组的极大无关子组可以不唯一. （　　）

（10）向量组的任意两个极大无关组等价. （　　）

（11）向量组中向量的个数称为向量组的秩. （　　）

（12）向量组线性无关的充要条件是该向量组的秩等于向量组所含向量的个数.

（　　）

（13）方阵 A 可逆的充分必要条件是齐次线性方程组 $AX = 0$ 只有零解. （　　）

（14）非齐次线性方程组 $A_{m \times n}X = b$ 有解的充分必要条件是 $m = n$. （　　）

（15）非齐次线性方程组 $AX = b$ 有解的充分必要条件是 $r(A) = r(\bar{A})$，其中 $\bar{A} = (A \vdots b)$. （　　）

（16）n 元非齐次线性方程组 $AX = b$ 有唯一解的充分必要条件是 $r(A) = r(\bar{A}) = n$，其中 $\bar{A} = (A \vdots b)$. （　　）

（17）n 元非齐次线性方程组 $AX = b$ 有无穷多解的充分必要条件是 $r(A) = r(\bar{A}) > n$，其中 $\bar{A} = (A \vdots b)$. （　　）

（18）n 元齐次线性方程组 $AX = 0$ 有非零解的充分必要条件是 $r(A) < n$.

（　　）

（19）n 元齐次线性方程组 $AX = 0$ 有非零解的充分必要条件是矩阵 A 的列向量组线性相关. （　　）

（20）齐次线性方程组没有无解的情况. （　　）

（21）n 元非齐次线性方程组 $AX = b$ 有解的充分必要条件是向量 b 能由矩阵 A 的列向量组线性表示. （　　）

（22）非齐次线性方程组的通解可由非齐次线性方程组的一个特解加对应齐次线性方程组的基础解系的线性组合. （　　）

（23）设 X_1 与 X_2 是 n 元齐次线性方程组 $AX = 0$ 的两个解，则 $X_1 - X_2$ 是 $AX = b$ 的一个特解. （　　）

（24）设 X_1 与 X_2 是 n 元非齐次线性方程组 $AX = b$ 的两个特解，则 $X_1 - X_2$ 是 $AX = 0$ 的一个特解. （　　）

（25）若 $X_1, X_2, \cdots, X_r$ 是非齐次线性方程组 $AX = b$ 的解向量，则 $k_1X_1 + k_2X_2 + \cdots + k_rX_r$ 也是 $AX = b$ 的解. （　　）

（26）只有方阵才能计算特征值和特征向量. （　　）

（27）二重特征值一定会有两个线性无关的特征向量. （　　）

（28）n 阶矩阵 A 和它的转置矩阵的特征值可能不同. （　　）

（29）方阵 A 的特征值的乘积等于 A 的行列式值. （　　）

（30）n 阶矩阵 A 可逆的充要条件是 A 的每一个特征值都不等于0. （　　）

（31）对任意的方阵而言，一个特征向量可以属于不同的特征值. （　　）

（32）三阶可逆矩阵 A 的一个特征值为2，则矩阵 $B = E + 2A + A^2$ 的一个特征值为9. （　　）

（33）对角矩阵的特征值就是主对角线上的元素. （　　）

（34）已知三阶方阵 A 的特征值分别为 $2, -1, 0$，则 A 的主对角线上的元素之和为1. （　　）

2. 选择题.

（1）向量组 $\alpha_1 = (1, 2, -1, 1), \alpha_2 = (2, 0, 3, 0), \alpha_3 = (-1, 2, -4, 1)$ 的秩为（　　）.

A. 4 　　　　　　　　　　　B. 3

C. 2 　　　　　　　　　　　D. 1

（2）向量组 $\alpha_1, \alpha_2, \cdots, \alpha_r$ 线性相关且秩为 s，则（　　）.

A. $r = s$ 　　　　　　　　　B. $r \leqslant s$

C. $s \leqslant r$ 　　　　　　　　　D. $s < r$

（3）设 A 是 $m \times n$ 矩阵，C 是 n 阶可逆矩阵，满足 $B = AC$，若 A 和 B 的秩分别为 $r(A)$ 和 $r(B)$，则有（　　）.

A. $r(A) > r(B)$ 　　　　　　B. $r(A) < r(B)$

$C. r(A) = r(B)$ D. 以上都不正确

（4）向量组的秩就是向量组的（   ）.

    A. 极大无关组中的向量   B. 线性无关组中的向量

    C. 极大无关组中向量的个数   D. 线性无关组中向量的个数

（5）设 A 为 4×5 矩阵，若 A 的每个行向量都不能用其余的行向量来线性表示，则 A 的秩为（   ）.

    A. 5   B. 4

    C. 3   D. 2

（6）设 $\alpha_1 = (1,1,1), \alpha_2 = (1,0,0), \alpha_3 = (0,1,1)$，则其极大无关组为（   ）.

    A. α_1, α_2 B. α_1, α_3

    C. α_3, α_2 D. 以上都是

（7）n 阶方阵 A 可逆的充分必要条件是（   ）.

    A. $r(A) = r < n$ B. A 的列秩为 n

    C. A 的每一个行向量都是非零向量   D. A 的伴随矩阵存在

（8）设向量组 $\alpha_1, \alpha_2, \cdots, \alpha_s$ 的秩为 r，则（   ）.

    A. $\alpha_1, \alpha_2, \cdots, \alpha_s$ 中至少有一个由 r 个向量组成的部分组线性无关

    B. $\alpha_1, \alpha_2, \cdots, \alpha_s$ 中存在由 $r+1$ 个向量组成的部分组线性无关

    C. $\alpha_1, \alpha_2, \cdots, \alpha_s$ 中只有一个由 r 个向量组成的部分组线性无关

    D. $\alpha_1, \alpha_2, \cdots, \alpha_s$ 中存在由 r 个向量组成的部分组线性相关

（9）设线性方程组 $\begin{cases} ax - by = 1 \\ bx + ay = 0 \end{cases}$，当 $a \neq b$ 时，方程组（   ）.

    A. 无解   B. 有唯一解

    C. 有无穷多解   D. 需分情况讨论

（10）若 $A = (a_{ij})_{m \times n}$，$X = (x_1, x_2, \cdots, x_n)^T$，则（   ）.

    A. 当 $m > n$ 时，$AX = 0$ 有非零解   B. 当 $m > n$ 时，$AX = 0$ 只有零解

    C. 当 $m < n$ 时，$AX = 0$ 有非零解   D. 当 $m < n$ 时，$AX = 0$ 只有零解

（11）线性方程组 $\begin{cases} x_1 - x_2 = \alpha \\ x_2 - x_3 = 2\alpha \\ x_3 - x_1 = 1 \end{cases}$ 有解的充要条件是 $\alpha = $（   ）.

    A. -1 B. $-\dfrac{1}{3}$

    C. $\dfrac{1}{3}$ D. 1

（12）设 A 是 $m \times n$ 阶矩阵，则对于齐次线性方程组 $AX = O$ 有（   ）.

    A. 若 $r(A) = m$，则方程组只有零解

B. 若 A 的列向量组的秩为 n,则方程组只有零解

C. 若方程组有无穷多解,则 $r(A) < m$

D. 若 $r(A) = r$,则其基础解系恰好有 $n - r + 1$ 个向量

(13) 设 A 是 $m \times n$ 阶矩阵,则非齐次线性方程组 $AX = b$ 有唯一解的充要条件是( ).

A. $m = n$

B. $AX = 0$ 只有零解

C. 向量 b 可由 A 的列向量组线性表示

D. A 的列向量组线性无关,而增广矩阵 $\bar{A}$ 的列向量组线性相关

(14) A 是 $m \times n$ 矩阵,且 $r(A) = m < n$,则非齐次线性方程组 $AX = b$( ).

A. 有无穷多解   B. 有唯一解

C. 无解   D. 无法判断解的情况

(15) 设 $x_1, x_2, \cdots, x_s$ 是非齐次线性方程组 $AX = b$ 的解,若 $a_1 x_1 + a_2 x_2 + \cdots + a_s x_s$ 也是该方程组的解,则 $a_1 + a_2 + \cdots + a_s = ($).

A. 1   B. s

C. n D. 以上都不是

(16) 已知 5 元齐次线性方程组 $AX = 0$ 的基础解系包含 3 个解向量,则 $r(A) = ($).

A. 5   B. 4

C. 3   D. 2

(17) 若 $\eta_1 = (1,0,2)^T$, $\eta_2 = (0,1,-1)^T$ 都是方程组 $AX = 0$ 的解,$A \neq 0$,则系数矩阵 A 可为( ).

A. $\begin{pmatrix} -2 & 1 & 1 \\ 4 & 2 & -2 \end{pmatrix}$ B. $\begin{pmatrix} -2 & 1 & 1 \\ 4 & -2 & 2 \end{pmatrix}$

C. $\begin{pmatrix} -2 & 1 & 1 \\ 4 & 2 & 2 \end{pmatrix}$ D. $\begin{pmatrix} -2 & 1 & 1 \\ 4 & -2 & -2 \end{pmatrix}$

(18) 设向量组 $\alpha_1, \alpha_2, \alpha_3$ 是齐次线性方程组 $AX = 0$ 的一组基础解系,下列向量组中不是方程组 $Ax = 0$ 的基础解系的是( ).

A. $\alpha_1 + \alpha_2, \alpha_2 + \alpha_3, \alpha_1 + \alpha_3$ B. $\alpha_1 - \alpha_2, \alpha_2 + \alpha_3, \alpha_3 - \alpha_1$

C. $\alpha_1 - \alpha_2, \alpha_2 - \alpha_3, \alpha_3 - \alpha_1$ D. $\alpha_1 + \alpha_2, \alpha_2 - \alpha_3, \alpha_3 - \alpha_1$

(19) 已知 β_1, β_2 是方程组 $AX = \beta$ 的两个不同的解,α_1, α_2 是对应齐次线性方程组 $AX = 0$ 的基础解系,k_1, k_2 是任意常数,则方程组 $AX = \beta$ 的通解是( ).

A. $k_1 \alpha_1 + k_2 (\alpha_1 + \alpha_2) + \dfrac{\beta_1 - \beta_2}{2}$ B. $k_1 \alpha_1 + k_2 (\alpha_1 - \alpha_2) + \dfrac{\beta_1 + \beta_2}{2}$

C. $k_1 \alpha_1 + k_2 (\beta_1 - \beta_2) + \dfrac{\beta_1 - \beta_2}{2}$ D. $k_1 \alpha_1 + k_2 (\beta_1 - \beta_2) + \dfrac{\beta_1 + \beta_2}{2}$

(20) 设 $\alpha_1, \alpha_2, \alpha_3$ 是四元非齐次线性方程组 $AX = b$ 的三个解向量,且 $r(A) = 3$, $\alpha_1 = (1,2,3,4)^T, \alpha_2 + \alpha_3 = (0,1,2,3)^T, c$ 表示任意常数,则线性方程组 $AX = b$ 的通解 $X = ($　　$)$.

$A. \begin{pmatrix} 1 \\ 2 \\ 3 \\ 4 \end{pmatrix} + c \begin{pmatrix} 1 \\ 1 \\ 1 \\ 1 \end{pmatrix}$
　　　　　　　　
$B. \begin{pmatrix} 1 \\ 2 \\ 3 \\ 4 \end{pmatrix} + c \begin{pmatrix} 0 \\ 1 \\ 2 \\ 3 \end{pmatrix}$

$C. \begin{pmatrix} 1 \\ 2 \\ 3 \\ 4 \end{pmatrix} + c \begin{pmatrix} 2 \\ 3 \\ 4 \\ 5 \end{pmatrix}$
　　　　　　　　
$D. \begin{pmatrix} 1 \\ 2 \\ 3 \\ 4 \end{pmatrix} + c \begin{pmatrix} 3 \\ 4 \\ 5 \\ 6 \end{pmatrix}$

(21) 下列结论不正确的是(　　).

A. 三角矩阵的特征值就是它的全体对角元

B. 一个向量 p 不可能是属于同一个方阵 A 的不同特征值的特征向量

C. A 的同一特征值 λ 的不同特征向量 p_1, p_2 的线性组合可能不是 A 的属于 λ 的 特征向量

D. n 阶方阵 A 和它的转置矩阵 A^T 必有相同的特征值

(22) 设 $A = \begin{pmatrix} 3 & -1 & 1 \\ 2 & 0 & 1 \\ 1 & -1 & 2 \end{pmatrix}$,则向量 $\alpha = ($　　$)$ 是 A 的属于特征值 $\lambda = 2$ 的一个特征向量.

A. $(1,0,1)^T$
　　　　　　　　
B. $(1,0,-1)^T$

C. $(1,1,0)^T$
　　　　　　　　
D. $(0,1,1)^T$

(23) 设 $A = \begin{pmatrix} 1 & 2 & 3 \\ -1 & x & 2 \\ 0 & 0 & 1 \end{pmatrix}$,已知 A 的特征值为 $2, 1, 3$,则 $x = ($　　$)$.

A. -2
　　　　　　　　
B. 3

C. 4
　　　　　　　　
D. -1

(24) 设 A 是 n 阶矩阵,λ_1, λ_2 是 A 的特征值,ξ_1, ξ_2 是 A 的分别属于 λ_1, λ_2 的特征向量,则下述结论正确的是(　　).

A. $\lambda_1 = \lambda_2$ 时,ξ_1, ξ_2 一定成比例

B. $\lambda_1 = \lambda_2$ 时,ξ_1, ξ_2 一定不成比例

C. $\lambda_1 \neq \lambda_2$ 时,ξ_1, ξ_2 一定成比例

D. $\lambda_1 \neq \lambda_2$ 时,ξ_1, ξ_2 一定不成比例

(25) 设 λ_1, λ_2 是矩阵 A 的两个不相同的特征值,ζ, η 是 A 的分别属于 λ_1, λ_2 的特征向量,则下述说法正确的是(　　).

A. 对任意 $k_1 \neq 0, k_2 \neq 0, k_1\zeta + k_2\eta$ 都是 A 的特征向量

B. 存在常数 $k_1 \neq 0, k_2 \neq 0$, 使 $k_1\zeta + k_2\eta$ 是 A 的特征向量

C. 当 $k_1 \neq 0, k_2 \neq 0$ 时, 使 $k_1\zeta + k_2\eta$ 不可能是 A 的特征向量

D. 存在唯一的一组常数 $k_1 \neq 0, k_2 \neq 0$, 使 $k_1\zeta + k_2\eta$ 是 A 的特征向量

(26) n 阶单位矩阵的全部特征值是(　　).

A. 0　　　　　　　　　　　　B. 1

C. n　　　　　　　　　　　　D. 0, 1, n

B 组习题

1. 已知向量 $\alpha_1 = (3, 2, -1), \alpha_2 = (0, 4, -1), \alpha_3 = (-2, 5, -1)$, 求 $3\alpha_1 - 2\alpha_2 + 5\alpha_3$.

2. 判断下列向量组的线性相关性.

(1) $\alpha_1 = (1, 1, 1), \alpha_2 = (2, 2, -2), \alpha_3 = (3, -3, -3)$;

(2) $\alpha_1 = (-1, 3, 1), \alpha_2 = (2, 1, 0), \alpha_3 = (1, 4, 1)$;

(3) $\alpha_1 = (-1, 3, 2, 5), \alpha_2 = (1, 1, 1, 1), \alpha_3 = (1, 5, 4, 6), \alpha_4 = (-3, 1, 0, 4)$.

3. 设 $\alpha_1 = (2a, -1, -1), \alpha_2 = (-1, 2a, -1), \alpha_3 = (-1, -1, 2a)$, 则

(1) 当 a 为何值时, $\alpha_1, \alpha_2, \alpha_3$ 线性相关;

(2) 当 a 为何值时, $\alpha_1, \alpha_2, \alpha_3$ 线性无关.

4. 求下列向量组的极大无关组和秩.

(1) $\alpha_1 = (0, 1, 0), \alpha_2 = (1, 2, 0), \alpha_3 = (0, 0, 2)$;

(2) $\alpha_1 = (1, 2, 3, 1), \alpha_2 = (3, 2, 1, -1), \alpha_3 = (2, 3, 1, 1), \alpha_4 = (2, 2, 2, 1)$;

(3) $\alpha_1 = (0, 4, 10, 1), \alpha_2 = (4, 8, 18, 7), \alpha_3 = (10, 18, 40, 17), \alpha_4 = (1, 7, 17, 3)$.

5. 判断下列方程组是否有解.

$$(1) \begin{cases} x_1 - x_2 + 3x_3 = -8 \\ x_1 + 2x_2 - 3x_3 = 13 \\ 2x_1 + 3x_2 + x_3 = 4 \\ 3x_1 - x_2 + 2x_3 = -1 \end{cases} \qquad (2) \begin{cases} x_1 - 3x_2 - 6x_3 + 5x_4 = 0 \\ 2x_2 + x_2 + 4x_3 - 2x_4 = 1 \\ 5x_1 - x_2 + 2x_3 + x_4 = 7 \end{cases}$$

6. 求下列齐次线性方程组的基础解系及其通解.

$$(1) \begin{cases} x_1 - 8x_2 + 10x_3 + 2x_4 = 0 \\ 2x_1 + 4x_2 + 5x_3 - 4x_4 = 0 \\ 3x_1 + 8x_2 + 6x_3 - 2x_4 = 0 \end{cases} \qquad (2) \begin{cases} x_2 + 3x_3 + x_4 - x_5 = 0 \\ x_1 - x_2 + 3x_3 - 4x_4 + 2x_5 = 0 \\ x_1 + x_2 - x_3 + 2x_4 + x_5 = 0 \\ x_1 - x_3 + x_5 = 0 \end{cases}$$

7. 解下列方程组.

$$(1)\begin{cases} x_1 - x_2 + x_3 - x_4 = 1 \\ x_1 - x_2 - x_3 + x_4 = 0 \\ x_1 - x_2 - 2x_3 + 2x_4 = -\dfrac{1}{2} \end{cases}$$

$$(2)\begin{cases} 3x_1 + 2x_2 + x_3 = 4 \\ -2x_1 + x_2 + 4x_3 = -5 \\ -x_1 + 4x_2 + 9x_3 = -6 \\ 8x_1 + 3x_2 - 2x_3 = 13 \end{cases}$$

8. 求下列矩阵的特征值和特征向量.

$$(1)A = \begin{pmatrix} -1 & 1 & 0 \\ -4 & 3 & 0 \\ 1 & 0 & 2 \end{pmatrix}$$

$$(2)A = \begin{pmatrix} 5 & 6 & 0 \\ -3 & -4 & 0 \\ -3 & -6 & 2 \end{pmatrix}$$

9. 已知矩阵 $A = \begin{pmatrix} 7 & 4 & -1 \\ 4 & x & -1 \\ -4 & -4 & 4 \end{pmatrix}$ 的特征值为 $\lambda_1 = \lambda_2 = 3, \lambda_3 = 12$,求 x 的值,并求 A 的特征向量.

10. 已知向量 $\alpha_1 = (2,5,1,3), \alpha_2 = (10,1,5,10), \alpha_3 = (4,1,-1,1)$,满足 $3(\alpha_1 - \alpha) + 2(\alpha_2 + \alpha) = 5(\alpha_3 + \alpha)$,试求 α.

11. 判断下列说法是否正确.

(1) 向量组 $\alpha_1, \alpha_2, \cdots, \alpha_s$,如果有全为零的数 $k_1, k_2, \cdots, k_s$,使得 $k_1\alpha_1 + k_2\alpha_2 + \cdots + k_s\alpha_s = 0$,则称 $\alpha_1, \alpha_2, \cdots, \alpha_s$ 线性无关.

(2) 若有一组不全为零的数 $k_1, k_2, \cdots, k_s$,使得 $k_1\alpha_1 + k_2\alpha_2 + \cdots + k_s\alpha_s \neq 0$,则称 $\alpha_1, \alpha_2, \cdots, \alpha_s$ 线性无关.

(3) 若向量组 $\alpha_1, \alpha_2, \cdots, \alpha_s$ 线性相关,则其中每一个向量都可以由其余向量线性表示.

12. 当 a, b 为何值时,线性方程组

$$\begin{cases} x_1 + x_2 + x_3 + x_4 + x_5 = 1, \\ 3x_1 + 2x_2 + x_3 + x_4 - 3x_5 = a, \\ x_2 + 2x_3 + 2x_4 + 6x_5 = 3, \\ 5x_1 + 4x_2 + 3x_3 + 3x_4 - x_5 = b \end{cases}$$

有解?有解的情况下,求出其一般解.

13. 思考题.

(1) 在实数范围内,每个方阵都存在特征值吗?

(2) 对角矩阵及上(下)三角矩阵的特征值等于什么?

14. 设三阶矩阵 A 的三个特征值分别为 $\lambda_1 = \lambda_2 = 1, \lambda_3 = -5$,试求以下各矩阵的特征值:

(1) $A^2 - 2A + E$;(2) A^{-1};(3) $A^{-1} + 2E$.

第四章　随机事件与概率

游戏的困惑

假设你在进行一个游戏节目,现在给你三扇门供你选择:一扇门后面是一辆轿车,另两扇门后面分别都是一头山羊.你的目的当然是想得到比较值钱的轿车,但你却并不能看到门后面的真实情况.主持人先让你作第一次选择,在你选择了一扇门后,知道其余两扇门后面是什么的主持人,打开了另一扇门给你看,当然,那里有一头山羊.现在主持人告诉你,你还有一次选择的机会,那么请你考虑一下,你是坚持第一次的选择不变,还是改变第一次的选择,才有可能得到轿车?

《广场杂志》刊登出这个题目后,竟引起全美大学生的举国辩论,许多大学的教授们也参与了进来,真可谓盛况空前.据《纽约时报》报道,这个问题也在中央情报局的办公室内和波斯湾飞机驾驶员的营房里引起了争论,它还被麻省理工学院的数学家们和新墨哥州洛斯阿拉莫斯实验室的计算机程序员们分析过.现在,请你在学习完本章内容之后来回答一下这个有趣的问题.

第一节　随机现象与随机试验

一、随机现象

什么是随机现象呢?当我们观察自然界和人类社会时,会发现存在着两类不同的现象.其中一类现象,如在没有外力作用的条件下,作匀速直线运动的物体必然继续作匀速直线运动;在 1 个标准大气压下,水加热到 100℃ 时必然会沸腾等,这些现象均是在一定条件下必然会发生的现象.反之,也有很多在一定条件下,必然不会发生的现象.这两种现象的实质是相同的,即其发生与否完全取决于它所依存的条件,我们可以根据其所依存的条件来准确地断定其发生与否.我们称这类现象为确定性现象,它广泛地存在于自然现象和社会现象中,概率论以外的数学分支研究的正是确定性现象的数量规律.

另一类现象却与确定性现象有着本质的不同,如用同一仪器多次测量同一物体的重量,所得结果总是略有差异,这些差异是由于大气对测量仪器的影响、观察者生理或心理上的变化等偶然因素引起的.又如,同一门炮向同一目标发射多发同一炮弹,弹落点也不一样,从某生产线上用同一种工艺生产出来的灯泡的寿命会有差异等,这些现象有一个共同的特点,即在基本条件不变的情况下,一系列试验或观察会得到不同的结果. 换言之, 就一次试验或观察而言, 它会时而出现这种结果, 时而出现那种结果, 呈现出一种偶然性, 我们称这类现象为随机现象. 对于随机现象, 只讨论它可能出现什么结果, 意义不大, 而指出各种结果出现的可能性的大小往往更有价值. 因此就需要对随机现象进行定量研究. 概率论正是研究随机现象的数量规律的一门学科.

二、随机试验

在概率论中, 为叙述方便, 我们把对随机现象进行的观察或科学试验统称为试验. 用字母 E 表示.

如果这个试验可以在相同条件下重复进行, 每次试验的可能结果不止一个, 并且能事先明确试验的所有可能结果, 但在每次试验之前不能确定哪一个结果会出现, 则我们称这样的试验为一个随机试验.

例 1 观察下列几个试验:

(1) 投掷一枚骰子, 观察出现的点数(即朝上那一面的点数).

(2) 检查流水生产线上的一件产品, 是合格品还是不合格品.

(3) 投掷两枚质地均匀的硬币, 观察它们出现正面和反面的结果.

(4) 记录电话交换台一分钟内接到的呼叫次数.

(5) 某地区的年降雨量.

可以看到, 它们都是随机试验, 这些试验的结果都是可以观测的, 以后我们把随机试验简称为试验, 并通过随机试验来研究随机现象.

第二节　随机事件

一、样本空间

对随机试验, 我们感兴趣的是试验的结果, 将试验 E 的每一种可能结果称为基本事件, 或称为样本点, 所有样本点或基本事件组成的集合称为试验 E 的样本空间, 记为 Ω. 在具体问题中, 给定样本空间是描述随机现象的第一步.

例如, 在抛掷一枚硬币的试验中, 有两个可能结果, 即出现正面或出现反面, 分别用"正面""反面"表示, 因此这个随机试验中有两个基本事件, 这个试验的样本空间是由这两个基本事件组成的集合, 即 $\Omega = \{$正面、反面$\}$.

例 1 写出上一节例 1 中随机试验的样本空间.

(1) 投掷一枚骰子, 出现的点数可能是 1, 2, 3, 4, 5, 6 中的任何一种情况, 因此样本空间记为: $\Omega = \{1, 2, 3, 4, 5, 6\}$.

(2) 流水线上的产品可能是正品, 也可能是次品, 因此样本空间记为: $\Omega = \{$正品, 次品$\}$.

（3）投掷两枚质地均匀的硬币，它们可能出现的结果为：两次都为正面；两次都为反面；第一次出现正面且第二次出现反面；或者第一次出现反面且第二次出现正面，因此样本空间记为：

$\Omega = \{($正面、正面$),($正面，反面$),($反面，正面$),($反面，反面$)\}$.

以上三个样本空间中只有有限个样本点，是比较简单的样本空间.

（4）接到的呼叫次数的结果一定是非负整数，而且很难（实际上也没有必要）指定一个数作为它的上界，因此，可以把样本空间取为 $\Omega = \{0,1,2,\cdots\}$. 这个样本空间有无穷多个样本点，但这些样本点可以按照某种次序一个一个地排列出来，我们称其样本点数为可列个.

（5）某地区的年降雨量，其结果可能是没降一滴雨，也可能是造成洪涝灾害了，很难给出一个数作为它的上界，因此样本空间记为：$\Omega = [0, +\infty)$. 这个样本空间包含有无穷多个样本点，它们充满一个区间，我们称其样本点数是不可列的.

事实上，随着问题的不同，样本空间可以相当简单，也可以相当复杂. 对于一个实际问题或一个随机现象，如何用一个恰当的样本空间来进行描述也不是一件易事. 在概率论的研究中，一般都认为样本空间是给定的，这是必要的抽象. 这种抽象使我们能够更好地把握随机现象的本质，而且得到的结果能够更广泛地应用. 通常，一个样本空间可以用来描述各种实际内容大不相同的问题，如只包含两个样本点的样本空间既能作为投掷硬币出现正、反面的模型，也能用于产品检验中"正品"与"次品"，又能用于气象中"下雨"及"不下雨"，以及公共服务的排队现象中"有人排队"与"无人排队"等. 尽管问题的实际内容如此不同，但都能归结为相同的概率模型.

二、随机事件

随机试验中，有可能发生也可能不发生的结果，我们称之为随机事件，简称为事件，常用大写字母 $A, B, C, \cdots$ 表示. 在一个试验中，我们首先关心的是它所有可能出现的基本结果，它们是试验中最简单的随机事件，称之为基本事件，又叫样本点，通常用 ω 表示. 由某些基本事件组合而成的事件称为复杂事件. 在每次试验中，一定出现的事件称为必然事件，记为 Ω；一定不可能出现的事件称为不可能事件，记为 Φ. 必然事件与不可能事件都具有确定性，它们不是随机事件，但是为了讨论方便，我们可以把它们看作一类特殊的随机事件.

例2　有编号为 1、2、3 的 3 本书（其中 1、2 号为英语书，3 号为数学书），从中随机抽出 2 本，$\omega_1 = \{1,3\}$，$\omega_2 = \{2,3\}$，$\omega_3 = \{1,2\}$ 为基本事件；样本空间 $\Omega = \{\omega_1, \omega_2, \omega_3\}$，$A = \{\omega_1, \omega_2\}$. "抽到 1 本英语书，1 本数学书"为复杂事件；"抽到 2 本书都是数学书"为不可能事件；"抽到的 2 本书中至少有 1 本是英语书"为必然事件.

三、事件间的关系及运算

在一个样本空间中可以定义很多个随机事件，这些事件中，有的比较简单，有的则比较复杂,但是事件与事件之间往往有一定的关系. 因此,通过分析事件之间的关系,不仅可以让我们更深刻地认识事件的本质,也可以大大简化一些复杂事件的概率计算.

由例 2 可知,事件是样本点的集合,因此事件间的关系与运算可以按照集合与集合之间的关系与运算来处理.

下面假设试验 E 的样本空间为 Ω,A,B, A_1,A_2,$\cdots$,A_n 分别是 E 的事件.

1. 事件的包含与相等

如果事件 A 发生必然导致事件 B 发生,则称事件 B 包含事件 A,也称事件 A 包含于事件 B,记为 $A \subset B$（或 $B \supset A$）.

如例 2 中 $\omega_1 \subset A$,ω_1 是 A 的子事件,事件 A 包含 ω_1.

如果事件 A 包含事件 B,同时事件 B 也包含事件 A,即 $B \subset A$ 且 $A \subset B$,则称事件 A 与事件 B 相等,或称 A 与 B 等价,记为 $A = B$.

若 $A \subset B$,则事件 A 中每一个样本点必包含在事件 B 中. 对任一事件 A,总有 $\Phi \subset A \subset \Omega$.

2. 事件的和(并)

事件 A 与事件 B 中至少有一个发生的事件,称为事件 A 与事件 B 的和事件,也称为事件 A 与事件 B 的并,记作 $A \cup B$ 或 $A + B$. 即

$$A \cup B = \{A \text{ 发生或 } B \text{ 发生}\} = \{A,B \text{ 中至少有一个发生}\}$$

事件 A、B 的和是由 A 与 B 的样本点合并而成的事件.

类似地,n 个事件的和为 $A_1 \cup A_2 \cup \cdots \cup A_n$,或记为 $\bigcup\limits_{k=1}^{n} A_k$.

3. 事件的积(交)

事件 A 与事件 B 同时发生的事件,称为事件 A 与事件 B 的积事件,也称为事件 A 与事件 B 的交,记作 $A \cap B$ 或 AB. 即

$$A \cap B = \{A \text{ 发生且 } B \text{ 发生}\} = \{A,B \text{ 同时发生}\}$$

事件 A 与 B 的积是由 A 与 B 的公共样本点所构成的事件.

类似地,n 个事件的积为 $A_1 \cap A_2 \cap \cdots \cap A_n$,或记为 $\bigcap\limits_{k=1}^{n} A_k$.

4. 事件的差

事件 A 发生而事件 B 不发生的事件,称为事件 A 关于事件 B 的差事件,记为 $A - B$. 即 $A - B = \{A \text{ 发生而 } B \text{ 不发生}\}$.

事件 A 关于 B 的差是由属于 A 且不属于 B 的样本点所构成的事件.

5. 互不相容事件

如果事件 A 与事件 B 不能同时发生,即 $A \cap B = \Phi$,则称事件 A 与事件 B 互不相容,或称事件 A 与事件 B 互斥.

对 n 个事件 A_1,A_2,$\cdots$,A_n,它们两两互不相容是指这 n 个事件中任意两个都有 $A_i A_j = \Phi(i \neq j;i,j = 1,2,\cdots,n)$.

对可列个事件 $A_1,A_2,\cdots,A_n,\cdots$，它们两两互不相容是指任意两个事件都有 $A_iA_j = \Phi(i \neq j;i,j = 1,2,\cdots)$.

显然，随机试验中基本事件都是两两互不相容的.

6. 对立事件

试验中"A 不发生"这一事件称为 A 的对立事件或 A 的逆事件，记为 $\bar{A}$.

上述定义意味着在一次试验中，A 发生则 $\bar{A}$ 必不发生，而 $\bar{A}$ 发生则 A 必不发生，因此 A 与 $\bar{A}$ 满足关系

$$A \cup \bar{A} = \Omega, \quad A\bar{A} = \Phi$$

由定义可知，两个对立事件一定是互不相容事件；但是，两个互不相容事件不一定为对立事件.

7. 完备事件组

如果 n 个事件 $A_1,A_2,\cdots,A_n$ 互不相容，并且它们的和为必然事件（或样本空间），则称 n 个事件 $A_1,A_2,\cdots,A_n$ 构成一个完备事件组.

即如果事件 $A_1,A_2,\cdots,A_n$ 为完备事件组，则必须满足如下两个条件：

(1) $A_1 \cup A_2 \cup \cdots \cup A_n = \Omega$;

(2) $A_iA_j = \Phi(i \neq j;i,j = 1,2,\cdots,n)$.

显然，$\{A,\bar{A}\}$ 就构成一个完备事件组.

事件间的关系与运算可用维恩（Venn）图（如图 4 - 1 所示）直观地加以表示. 图 4 - 1 中方框表示样本空间 Ω，圆 A 和圆 B 分别表示事件 A 和事件 B.

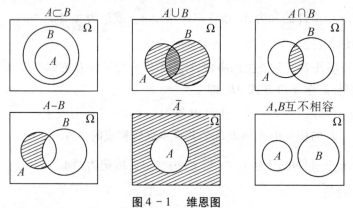

图 4 - 1　维恩图

不难验证事件的运算满足如下关系：

① 交换律.

$$A \cup B = B \cup A$$

② 结合律.

$$(A \cup B) \cup C = A \cup (B \cup C)$$

$$(A \cap B) \cap C = A \cap (B \cap C)$$

③ 分配律.

$$(A \cup B) \cap C = (A \cap C) \cup (B \cap C)$$
$$(A \cap B) \cup C = (A \cup C) \cap (B \cup C)$$

④ 对偶公式.

$$\overline{A \cup B} = \bar{A} \cap \bar{B}$$
$$\overline{A \cap B} = \bar{A} \cup \bar{B}$$

对偶公式还可以推广到多个事件的情况. 一般地, 对 n 个事件 $A_1, A_2, \cdots, A_n$ 有:

$$\overline{A_1 \cup A_2 \cup \cdots \cup A_n} = \bar{A}_1 \cap \bar{A}_2 \cap \cdots \cap \bar{A}_n$$
$$\overline{A_1 \cap A_2 \cap \cdots \cap A_n} = \bar{A}_1 \cup \bar{A}_2 \cup \cdots \cup \bar{A}_n$$

对偶公式表明,"至少有一个事件发生"的对立事件是"所有事件都不发生","所有事件都发生"的对立事件是"至少有一个事件不发生".

例 3 在一次掷骰子的随机试验中, 事件 A 表示"偶数点", 事件 B 表示"点数小于 5", 事件 C 表示"小于 5 的奇数点". 试用集合的例举法表示下列事件:

$(1)\Omega;(2)A;(3)B;(4)C;(5)AB;(6)A \cup B;(7)AC;(8)A - B;(9)A - C;$
$(10)\bar{A} \cup B.$

解 $(1)\Omega = \{1,2,3,4,5,6\};(2)A = \{2,4,6\};(3)B = \{1,2,3,4\};$

$(4)C = \{1,3\};(5)AB = \{2,4\};(6)A \cup B = \{1,2,3,4,6\};$

$(7)AC = \Phi;(8) A - B = \{6\};(9)A - C = \{2,4,6\};$

$(10) \bar{A} \cup B = \{1,2,3,4,5\}.$

例 4 在某省的天气预报中, 若记事件 $A =$ "明天甲城市下雨", $B =$ "明天乙城市下雨". 试用 A,B 及其运算表示下列事件:

(1) 明天甲城市不下雨;

(2) 明天甲城市下雨而乙城市不下雨;

(3) 明天至少有一个城市下雨;

(4) 明天甲、乙两城市都不下雨;

(5) 明天甲、乙两城市中至少有一个城市不下雨.

解(1) 显然"明天甲城市下雨"的对立事件为"明天甲城市不下雨", 故表示为 $\bar{A}$;

(2)"明天甲城市下雨而乙城市不下雨"表示为 $A\bar{B}$ 或 $A - B$;

(3)"明天至少有一个城市下雨"意味着可以是甲乙两城市任意一个城市下雨, 或者是甲乙两城市都不下雨的逆事件, 该事件表示为 $A \cup B$ 或 $\overline{\bar{A}\bar{B}}$;

(4)"明天甲、乙两城市都不下雨"表示为 $\bar{A}\bar{B}$;

(5)"明天甲、乙两城市中至少有一个城市不下雨"意味着甲、乙两城市中任意一个城市不下雨, 或者是甲、乙两城市都下雨的逆事件, 该事件表示为 $\bar{A} \cup \bar{B}$ 或 $\overline{AB}$;

事件的关系及运算与集合的关系及运算是一致的. 对初学概率的读者来说, 要学会用概率论的语言来解释集合间的关系及运算,并能运用它们. 为便于学习,现将事件关系与集合关系比较列表如表4－1所示.

表4－1　　　　　　　　事件关系与集合关系比较列表

记号	概率论	集合论
Ω	样本空间、必然事件	全集
ϕ	不可能事件	空集
ω	样本点、基本事件	点(元素)
A	随机事件	Ω 的子集
$A \subset B$	A 发生导致 B 发生	A 为 B 的子集
$A = B$	两事件相等	两集合相等
$A \cup B$ 或 $A + B$	两事件 A、B 至少发生一个	两集合 A、B 的并集
$A \cap B$ 或 AB	两事件 A、B 同时发生	两集合 A、B 的交集
$A - B$	事件 A 发生而事件 B 不发生	集合 A、B 的差集
$\overline{A}$	事件 A 的对立事件	A 对 Ω 的补集
$AB = \phi$	两事件 A、B 互不相容	两集合 A、B 不相交

第三节　　概率及其性质

一、概率的定义

回到本章之初提到的那个游戏,我们要想得到轿车,就想在主持人打开一扇装着山羊的门之后,怎么选择才能最大可能得到轿车而不是山羊,所以研究随机现象不仅要知道它可能出现的结果,还更要研究各种事件出现的可能性的大小,揭示出现这些事件的内在统计规律. 所以我们把刻画事件发生可能性大小的数量指标称为事件的概率. 事件 A 的概率以 $P(A)$ 表示,并且规定 $0 \leqslant P(A) \leqslant 1$.

在概率论的发展历史上,人们曾对不同的问题从不同的角度给出了概率的定义和计算概率的各种方法. 然而所定义的概率都存在一定的缺陷.

下面我们来看一些试验,这些试验会带给我们一些启示.

例1　大量重复抛掷一枚质地均匀的硬币,观察出现正反面的次数. 表4－2是一些科学家做的试验的部分数据.

表 4 - 2 掷硬币试验

实验者	掷硬币次数	出现正面次数	频率
德摩根	2 048	1 061	0.518
蒲丰	4 040	2 048	0.506 9
皮尔逊	12 000	6 019	0.501 6
皮尔逊	24 000	12 012	0.500 5

我们从试验数据可以看到,出现正面和反面不是一个确定的结果,具有偶然性,但是随着大量重复试验的进行,我们发现出现正面的次数和出现反面的次数基本各占 50%.

例 2　考虑某种子的发芽率,从一大批种子中抽取 10 批种子做发芽试验,其结果如表 4 - 3 所示.

表 4 - 3 种子发芽试验

种子粒数	2	5	10	70	130	310	700	1 500	2 000	3 000
发芽粒数	2	4	9	60	116	282	639	1 339	1 806	2 715
发芽率	1	0.8	0.9	0.857	0.892	0.910	0.913	0.893	0.903	0.905

从表 4 - 3 可以看出,发芽率在 0.9 附近摆动.

从上面的例子可看出,它们有如下特点:当我们考虑事件 A 发生的可能性大小时,只要我们在同一条件组下做大量的重复试验,事件 A 发生的频率(事件 A 发生的次数与试验的总次数之比) 呈现某种稳定性. 一般说来,当试验次数增加时,事件 A 发生的频率总是稳定于某一数附近,而偏离的可能性很小. 频率具有"稳定性"这一事实,说明了刻画事件 A 发生可能性大小的数 —— 概率具有一定的客观存在性.

在处理实际问题时,通常我们是用试验次数足够大时的频率来量度概率的.

定义 4.1　设在相同的条件下,重复进行了 n 次试验,若随机事件 A 在这 n 次试验中发生了 n_A 次,则比值

$$f_n(A) = \frac{n_A}{n}$$

称为事件 A 在 n 次试验中发生的频率,其中 n_A 称为事件 A 发生的频数.

我们用 $f_n(A)$ 作为事件 A 的概率的一个量度,这样计算的概率称为统计概率,我们有如下的概率定义.

定义 4.2　在相同条件下进行 n 次试验,随着 n 增大时,事件 A 的频率 $f_n(A)$ 将稳定地围绕某个常数 p 波动,且波动幅度越来越小. 我们定义这个常数 p 为事件 A 发生的概率,记为 $P(A)$.

我们可以验证,当试验次数 n 固定时,事件 A 发生的频率 $f_n(A)$ 有如下性质:

性质1(非负性)　对任何事件 A,有 $0 \leqslant f_n(A) \leqslant 1$.

性质2(规范性)　$f_n(\Omega) = 1, f_n(\Phi) = 0$.

性质3(可加性)　任意 m 个互不相容事件 $A_1, A_2, \cdots, A_m$ 满足

$$f_n(A_1 \cup A_2 \cup \cdots \cup A_m) = f_n(A_1) + f_n(A_2) + \cdots + f_n(A_m)$$

因此,统计概率满足类似的性质:

性质1(非负性)　$0 \leqslant P(A) \leqslant 1$.

性质2(规范性)　$P(\Omega) = 1, P(\Phi) = 0$

性质3(可加性)　任意 m 个互不相容事件 $A_1, A_2, \cdots, A_m$ 满足

$$P(\bigcup_{i=1}^{m} A_i) = \sum_{i=1}^{m} P(A_i)$$

统计概率同样具有理论上和应用上的缺点. 因为我们没有理由认为,取试验次数为 $n+1$ 来计算频率,总会比取试验次数为 n 来计算频率将会更准确、更逼近所求的概率. 在实际应用上,我们不知道 n 取多大才行,如果 n 要很大,我们不一定能保证每次试验的条件都完全一样.

二、概率的性质

对随机试验 E 及其事件,可以证明概率具有以下基本性质:

性质1　不可能事件的概率为零,即 $P(\Phi) = 0$.

性质2　对任意事件 A,都有 $P(A) \leqslant 1$.

性质3　若事件 A 与事件 B 互不相容,则

$$P(A \cup B) = P(A) + P(B) \tag{4.1}$$

且若 $A_1, A_2, \cdots, A_n$ 为两两互不相容的 n 个事件,则有

$$P(A_1 \cup A_2 \cup \cdots \cup A_n) = P(A_1) + P(A_2) + \cdots + P(A_n)$$

这个性质称为概率的有限可加性.

性质4　对事件 A 及其对立事件 $\bar{A}$,有

$$P(A) = 1 - P(\bar{A}) \tag{4.2}$$

性质5　对任意两个事件 A 与 B,有

$$P(A \cup B) = P(A) + P(B) - P(AB) \tag{4.3}$$

对任意三个事件 A, B, C 有

$$P(A \cup B \cup C) = P(A) + P(B) + P(C) - P(AB) - P(AC) - P(BC) + P(ABC)$$

一般地,对任意 n 个事件 $A_1, A_2, \cdots, A_n$,有

$$P(\bigcup_{i=1}^{n} A_i) = \sum_{i=1}^{n} P(A_i) - \sum_{1 \leqslant i < j \leqslant n} P(A_i A_j) +$$

$$\sum_{1 \leqslant i < j < k \leqslant n} P(A_i A_j A_k) - \cdots + (-1)^{n-1} P(A_1 A_2 \cdots A_n)$$

这个性质称为概率的加法公式.

性质6 对任意两个事件 A 与 B,有

$$P(A - B) = P(A) - P(AB) \tag{4.4}$$

且若 $A \supset B$,则有

$$P(A - B) = P(A) - P(B)$$

这个性质称为概率的减法公式.

例3 若 $AB = \Phi, P(A) = 0.6, P(A \cup B) = 0.8$,求 $P(\bar{B})$ 及 $P(A - B)$.

解 由可加性有

$$P(A \cup B) = P(A) + P(B) - P(AB) = P(A) + P(B),$$

得 $P(B) = P(A \cup B) - P(A) = 0.8 - 0.6 = 0.2$

所以 $P(\bar{B}) = 1 - P(B) = 0.8$.

由减法公式,得 $P(A - B) = P(A) - P(AB) = 0.6 - 0 = 0.6$.

例4 根据上节例4,如果明天甲城市下雨的概率为 0.7,乙城市下雨的概率为 0.2,甲、乙两城市同时下雨的概率为 0.1,分别求上节例4中各个事件的概率.

解 (1) $P(\bar{A}) = 1 - P(A) = 0.3$

(2) $P(A - B) = P(A) - P(AB) = 0.7 - 0.1 = 0.6$

(3) $P(A \cup B) = P(A) + P(B) - P(AB) = 0.7 + 0.2 - 0.1 = 0.8$

(4) $P(\overline{AB}) = P(\overline{A \cup B}) = 1 - P(A \cup B) = 1 - 0.8 = 0.2$

(5) $P(\overline{AB}) = 1 - P(AB) = 1 - 0.9 = 0.1$

三、常见概率模型

1. 古典概型

在现实生活中有一类最简单的随机现象. 这种随机现象具有下列两个特征:

(1) 有限性. 在观察或试验中它的全部可能结果只有有限个,即试验的样本空间中的元素只有有限个,亦即基本事件的数目有限. 不妨设为 n 个,记为 $\omega_1, \omega_2, \cdots, \omega_n$,而且这些事件是两两互不相容的.

(2) 等可能性. 试验中各个基本事件(样本点)$\omega_1, \omega_2, \cdots, \omega_n$ 发生或出现的可能性相同,即它们发生的概率都一样.

这类随机现象是在概率论的发展过程中最早出现的研究对象,通常将这类随机现象的数学模型称为古典概型. 古典概型在概率论中占有相当重要的地位. 一方面,由于它简单,通过对它的讨论有助于理解概率论的许多基本概念;另一方面,古典概型在产品质量抽样检查等实际问题以及理论物理的研究中都有重要的应用.

对于古典概型,若随机试验 E 的样本空间中基本事件(样本点)总数为 n,事件 A 所包含的基本事件(样本点)数为 m,则由等可能性,事件 A 的概率计算如下:

$$P(A) = \frac{m}{n}$$

法国数学家拉普拉斯(Laplace)在 1812 年把上式作为概率的一般定义. 现在通常

称它为概率的古典定义,只适用于古典概型场合.以后我们称上式为古典概型公式.

例5 将一枚匀称的硬币连续掷两次,计算正面只出现一次及正面至少出现一次的概率.

解 该试验共有四个等可能的基本事件,即

$$\Omega = \{(正,正),(正,反),(反,正),(反,反)\}$$

因此,样本空间中基本事件总数为 $n = 4$.

设事件 $A =$ "正面只出现一次", $B =$ "正面至少出现一次",事件 A 所包含的基本事件数 $m_1 = 2$,事件 B 所包含的基本事件数 $m_2 = 3$,由古典概型公式,有

$$P(A) = \frac{m_1}{n} = \frac{2}{4} = \frac{1}{2}, P(B) = \frac{m_2}{n} = \frac{3}{4}.$$

例6(产品的随机抽样问题) 1 箱中有 6 个灯泡,其中 2 个次品 4 个正品,有放回地从中任取两次,每次取一个,试求下列事件的概率:

(1) 取到的两个都是次品;

(2) 取到的两个中正品、次品各一个;

(3) 取到的两个中至少有一个正品.

解 设 $A =$ "取到的两个都是次品", $B =$ "取到的两个中正品、次品各一个", $C =$ "取到的两个中至少有一个正品",其中基本事件总数为 $6^2 = 36$.

(1) 事件 A 包含的基本事件数为 $2^2 = 4$,所以 $P(A) = \frac{4}{36} = \frac{1}{9}$;

(2) 事件 B 包含的基本事件数为 $4 \times 2 + 2 \times 4 = 16$,所以 $P(B) = \frac{16}{36} = \frac{4}{9}$;

(3) 事件 C 的对立事件为"取到的两个中一件正品都没有",因此 C 包含的基本事件数为 $36 - 2 \times 2 = 32$,所以 $P(C) = \frac{32}{36} = \frac{8}{9}$

例7 某接待站在某一周共接待了 12 次来访,已知这 12 次接待都是在某两天进行的,问是否可以推断接待时间是有规定的?

解 先假设接待站的接待时间没有规定,来访者在一周中任一天去接待站是等可能的,都是 $\frac{1}{7}$,而来访者每一次去都可在一周 7 天中任选一天,共有 7 种可能,故 12 次来访总的可能性共有 7^{12} 种,而来访者只在某两天去接待站的可能性有 2^{12} 种,故来访者都在某两天被接待的概率为 $\frac{2^{12}}{7^{12}} \approx 0.000\ 000\ 3$,即约千万分之三.

此概率如此小,让我们想到在接待时间没有规定的情况下,这 12 次来访都是在某两天被接待的几乎是不可能的,可见假设接待时间没有规定是不成立的,即可推断接待站接待时间应该是有规定的.

例 7 中所用的实际推断原理为小概率原理,即概率很小的事件在一次试验中是几乎不发生的.若概率很小的事件在一次试验中竟然发生了,则有理由怀疑假设的

正确性.

2. 几何概型

在概率论发展的早期,就已经注意到只考虑随机现象的可能结果只有有限个基本事件是不够的,还必须计算有无穷个基本事件的情形.

如果我们在一个面积为 S_Ω 的区域 Ω 中,等可能地任意投点(见图 4 - 2). 这里"等可能"的确切意义是这样的:设在区域 Ω 中有任意一个小区域 A,如果它的面积为 S_A,则点落入 A 中的可能性大小与 S_A 成正比,而与 A 的位置及形状无关. 如果"点落入小区域 A"这个随机事件仍然记作 A,则由 $P(\Omega) = 1$ 可得

$$P(A) = \frac{S_A}{S_\Omega}$$

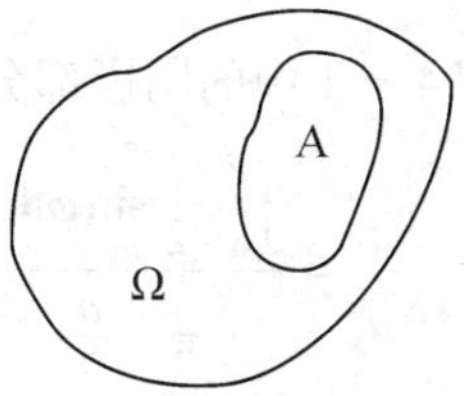

图 4 - 2

注意:如果是在一个线段上投点,那么面积应改为长度;如果在一个立体内投点,则面积应改为体积;其余类推. 它有许多应用,下面有两个例子.

例 8(会面问题)　甲乙两人约定 6 ~ 7 时在某处会面,并约定先到者等候另一个人一刻钟,过时即可离去. 求两人能会面的概率.

解　以 x 和 y 分别表示甲乙两人到达约会地点的时间,则两人能够会面的充要条件是

$$|x - y| \leqslant 15$$

在平面上建立直角坐标系如图 4 - 3 所示,则 (x,y) 的所有可能结果是边长为 60 的正方形,而可能会面的时间由图中的阴影部分所表示,这是一个几何概率问题,由等可能性知

$$P(A) = \frac{S_A}{S_\Omega} = \frac{60^2 - 45^2}{60^2} = \frac{7}{16}$$

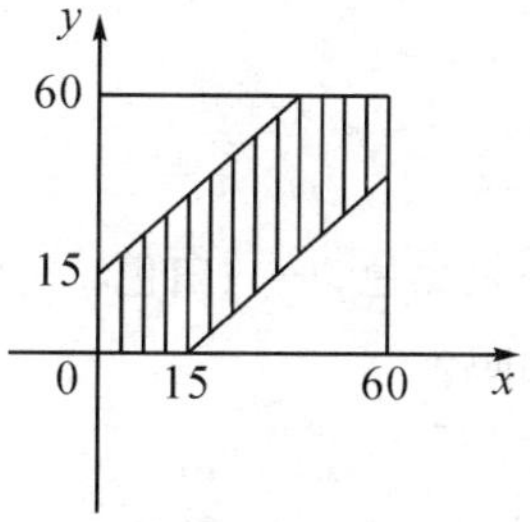

图 4 - 3

例9(普丰投针问题) 在平面上画有等距离为 $a(a>0)$ 的一些平行线,向平面上随意投掷一长为 $l(l<a)$ 的针,试求针与一平行线相交的概率 P.

解 以 x 表示针的中点与最近一条平行线间的距离,又以 φ 表示针与此直线间的交角(见图4-4),易知有

$$0 \leqslant x \leqslant \frac{a}{2}$$

$$0 \leqslant \varphi \leqslant \pi$$

由这两式可以确定 $x-\varphi$ 平面上的一个矩形 Ω. 这时为了针与平行线相交,其充要条件是

$$x \leqslant \frac{l}{2}\sin\varphi$$

由这个不等式表示的区域 A 是图4-4中的阴影部分,由等可能性知

$$P(A) = \frac{S_A}{S_\Omega} = \frac{\int_0^\pi \frac{l}{2}\sin\varphi \mathrm{d}\varphi}{\pi \cdot \frac{a}{2}} = \frac{2l}{\pi a}$$

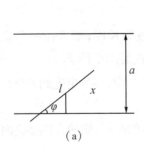

(a)

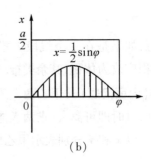

(b)

图4-4

在计算几何概率时,一开始我们就假定点具有所谓"等可能性",这一点在求具体问题中的概率时,必须十分注意,否则可能得出不同或者完全错误的结果.

第四节 条件概率与乘法公式

一、引例:令人费解的鹦鹉

一位女士养了两只鹦鹉,一只黑色,一只白色. 一天,一位来访者问她:

来访者:有一只鹦鹉是公的吗?

主人回答:有.

那么两只鹦鹉都是公的概率是多少呢?(是1/3)

假设来访者这样问她:黑鹦鹉是公的吗?

主人回答:是的.

现在两只鹦鹉都是公的概率上升到了1/2.

这讲不通.为什么问了这个问题就能改变概率呢?

上面这个问题是不是很难理解呢,实际上,这种问题就是条件概率问题.

二、条件概率

在概率论里,我们不仅要研究某事件 B 发生的概率,有时还需要考察在另一个事件 A 已经发生的条件下,事件 B 发生的概率. 一般说来,后者与 $P(B)$ 不同,称它为事件 B 在 A 发生条件下的条件概率,记为 $P(B|A)$. 为明白条件概率的定义,我们先看下面的一个例子.

例1 某个班级有学生40人,其中共青团员15人,全班分成四个小组,第一小组有学生10人,其中共青团员4人,设

$A = \{$在班内任选一学生,该生是共青团员$\}$

$B = \{$在班内任选一学生,该生属于第一小组$\}$

试求:(1)$P(A)$;(2)$P(B)$;(3)$P(AB)$;(4)$P(B|A)$.

解 很显然:

$$P(A) = \frac{15}{40}; P(B) = \frac{10}{40} = \frac{1}{4}; P(AB) = \frac{4}{40}.$$

考虑 $P(B|A)$ 时,在已知要选的这个学生是共青团员的情况下,选择时样本空间就缩减到共青团员这个范畴内了,所以总的基本事件总数就是15个共青团员了,再考察事件 $B = \{$在班内任选一学生,该生属于第一小组$\}$ 时,样本点数就为4个共青团员了,此时若 A 发生,则

$$P(B|A) = \frac{4}{15} = \frac{4/40}{15/40} = \frac{P(AB)}{P(A)}$$

可见,$P(B|A)$ 是在缩减了的样本空间中进行计算的.

显然,$P(B) \neq P(B|A)$,即事件 B 发生的概率与在 A 发生的条件下 B 发生的条件概率不等.

在一般场合,我们将上式作为条件概率的定义.

定义4.3 设 A、B 是两个事件,且 $P(A) > 0$,称

$$P(B|A) = \frac{P(AB)}{P(A)} \tag{4.5}$$

为在事件 A 发生的条件下,事件 B 发生的条件概率.

类似地,当 $P(B) > 0$ 时,可以定义在事件 B 发生的条件下事件 A 发生的条件概率为

$$P(B|A) = \frac{P(AB)}{P(B)} \tag{4.6}$$

例2 一个家庭中有两个小孩,已知其中一个是女孩,问这时另一个小孩也是女

孩的概率为多大?(假定一个小孩是男还是女是等可能的).

解 据题意样本空间为

$\Omega = \{(男,男),(男,女),(女,男),(女,女)\}$

$A = \{已知有一个是女孩\} = \{(男,女),(女,男),(女,女)\}$

$B = \{另一个也是女孩\} = \{(女,女)\}$

于是所求概率为

$$P(B|A) = \frac{P(AB)}{P(A)} = \frac{1/4}{3/4} = \frac{1}{3}$$

例3 某地居民活到60岁的概率为0.8,活到70岁的概率为0.4,问某现年60岁的居民活到70岁的概率是多少?

解 设 $A =$ "活到60岁", $B =$ "活到70岁",所求的概率为 $P(B|A)$. 注意到一居民活到70岁,当然已经活到60岁,因而 B 发生则定有 A 发生,即 $B \subset A$,从而 $AB = B$,由条件概率公式得

$$P(B|A) = \frac{P(AB)}{P(A)} = \frac{P(B)}{P(A)} = \frac{0.4}{0.8} = 0.5$$

现在回到令人费解的鹦鹉问题去,列出这个问题的样本空间,第一个元素表示黑鹦鹉的性别,第二个元素表示白鹦鹉的性别,则样本空间为 $\{(公,公),(公,母),(母,公),(母,母)\}$. 第一个问题中问的是"有一个是公的吗",回答肯定时,再考虑"两只鹦鹉都是公的"这个概率时,这时的样本空间就缩减为 $\{(公,公),(公,母),(母,公)\}$,这时"两只都是公的"概率就为 $\frac{1}{3}$. 而第二问题是"黑鹦鹉是公的吗",回答肯定时,缩减了的样本空间是 $\{(公,公),(公,母)\}$,这时"两只都是公的"概率就为 $\frac{1}{2}$. 现在,这个问题你想清楚了吗?

三、乘法公式

由条件概率的定义,可直接得到下面的公式:

定理4.1(乘法公式) 对于两个事件 A,B ,如果 $P(A) > 0$,则有

$$P(AB) = P(A)P(B|A). \tag{4.7}$$

若 $P(B) > 0$,则有

$$P(AB) = P(B)P(A|B). \tag{4.8}$$

乘法公式用于求积事件的概率非常有效. (4.7)式可推广到多个事件的积事件的情况. 例如,对三个事件 A,B,C ,且 $P(AB) > 0$,则有

$$P(ABC) = P(A) \cdot P(B|A) \cdot P(C|AB)$$

一般地,对于 n 个事件 $A_1,A_2,\cdots,A_n$,如果相应的条件概率都有定义,则有

$$P(A_1A_2\cdots A_n) = P(A_1) \cdot P(A_2|A_1) \cdot P(A_3|A_1A_2)\cdots$$
$$P(A_n|A_1A_2\cdots A_{n-1}) \tag{4.9}$$

例4 为了防止意外,矿井内同时装有甲、乙两种报警设备,已知设备甲单独使用时有效的概率为0.92,设备乙单独使用时有效的概率为0.93,在设备甲失效的条件下,设备乙有效的概率为0.85,求发生意外时至少有一种报警设备有效的概率.

解 设事件 A,B 分别表示设备甲、乙为有效,已知

$P(A) = 0.92, P(B) = 0.93, P(B|\bar{A}) = 0.85$

要求 $P(A \cup B)$,由乘法公式有

$$P(\overline{A \cup B}) = P(\bar{A}\bar{B}) = P(\bar{A}) \cdot P(\bar{B}|\bar{A})$$
$$= P(\bar{A}) \cdot [1 - P(B|\bar{A})] = 0.08 \cdot (1 - 0.85) = 0.012$$

因此可得: $P(A \cup B) = 1 - P(\overline{A \cup B}) = 0.988$

例5 设100件产品中有5件是不合格品,用下列两种方法抽取2件,求2件都是合格品的概率.

(1)不放回抽取;

(2)放回抽取.

解 令 $A = \{$第一次抽的是合格品$\}$,$B = \{$第二次抽的是合格品$\}$

我们的问题是求 $P(AB)$.

(1)由题设,不放回抽取时.

$$P(A) = \frac{95}{100}; P(B|A) = \frac{94}{99}.$$

由(4.7)式计算得

$$P(AB) = P(A)P(B|A) = \frac{95}{100} \cdot \frac{94}{99} \approx 0.902$$

(2)由题设,用放回抽取时.

$$P(A) = \frac{95}{100}; P(B|A) = \frac{95}{100}.$$

由(4.7)式计算得

$$P(AB) = P(A)P(B|A) = \frac{95}{100} \cdot \frac{95}{100} = 0.9025$$

我们再来看(2),在(2)的假设下,我们可以求得 $P(B) = \frac{95}{100}$,它正好等于 $P(B|A)$,即 $P(B) = P(B|A)$.它说明事件 A 发生与否不影响事件 B 发生的概率. 这个结论从(2)的假设可以直接看到,因此第二次抽取时的条件与第一次抽取时完全相同,即第一次抽取的结构,完全不影响第二次抽取.

下面我们来介绍事件的独立性(即一个事件的发生与否,不影响另一事件发生可能性的大小)这一性质.

第五节　事件的独立性

对于事件 A,B，概率 $P(B)$ 与条件概率 $P(B|A)$ 是两个不同的概念. 一般来说，$P(B) \neq P(B|A)$，即事件 A 的发生对事件 B 的发生有影响. 若事件 A 的发生对事件 B 的发生没有影响，则有 $P(B|A) = P(B)$.

定义 4.4　如果两个事件 A、B 满足等式

$$P(AB) = P(A)P(B) \tag{4.10}$$

则称事件 A 与 B 是相互独立的，简称 A 与 B 独立.

按照这个定义，必然事件 Ω 及不可能事件 Φ 与任何事件都是独立的.

推论 1　若事件 A 与 B 独立，且 $P(B) > 0$，则

$$P(B|A) = P(A)$$

证明　由条件概率定义及 (4.5) 式，得

$$P(B|A) = \frac{P(AB)}{P(B)} = \frac{P(A)P(B)}{P(B)} = P(A)$$

因此，若事件 A、B 相互独立，则 A 关于 B 的条件概率等于无条件概率 $P(A)$，即表明事件 B 的发生对事件 A 是否发生没有提供任何消息，独立性正是将这种关系从数学上加以严格定义.

推论 2　设 A 与 B 为两个事件，则下列四对事件：A 与 B，$\bar{A}$ 与 B，A 与 $\bar{B}$，$\bar{A}$ 与 $\bar{B}$ 中，只要有一对事件独立，其余三对也独立.

证明　不妨设 A,B 独立，则有

$$\begin{aligned}
P(\bar{A}B) &= P(B - AB) = P(B) - P(AB) \\
&= P(B) - P(A)P(B) = [1 - P(A)]P(B) \\
&= P(\bar{A})P(B)
\end{aligned}$$

所以 $\bar{A}$ 与 B 相互独立，其他情况很容易推出，请读者自己证明.

在实际问题中，事件的独立性通常不是根据定义来判断，而是由独立性的实际含义，即一个事件的发生对另外一个事件发生是否有影响来判断的.

例 1　甲、乙两炮进行打靶练习. 根据经验知道，甲炮命中率为 0.9，乙炮命中率为 0.8. 现甲、乙两炮各独自同时发射一炮，求：

(1) 甲、乙都命中靶的概率；

(2) 甲、乙至少有一个命中靶的概率.

解　设 $A = $ "甲命中"，$B = $ "乙命中"，根据问题的实际意义，可知甲命中与乙命中互不影响，即认为事件 A 与事件 B 相互独立. 因此

(1) 甲、乙都命中靶的概率

$$P(AB) = P(A)P(B) = 0.9 \times 0.8 = 0.72.$$

（2）甲、乙至少有一个中靶的概率

$$P(A \cup B) = P(A) + P(B) - P(AB)$$
$$= 0.9 + 0.8 - 0.72$$
$$= 0.98.$$

例2 一个家庭中有若干个小孩,假定生男孩和生女孩是等可能的,令

$A = \{$一个家庭中有男孩又有女孩$\}$

$B = \{$一个家庭中最多有一个女孩$\}$

对下述两种情形,讨论 A 与 B 的独立性:

（1）家庭中有两个小孩;

（2）家庭中有三个小孩.

不妨先用直觉来判断一下下面这个问题,然后再看下面的计算.

解 （1）有两个小孩的家庭,这时样本空间为

$$\Omega = \{(男,男),(男,女),(女,男),(女,女)\}$$

它有 4 个基本事件,由等可能概率可知概率各为 $\frac{1}{4}$,这时

$$A = \{(男,女),(女,男)\}$$
$$B = \{(男,女),(女,男),(男,男)\}$$
$$AB = \{(男,女),(女,男)\}$$

于是

$$P(A) = \frac{1}{2}, P(B) = \frac{3}{4}, P(AB) = \frac{1}{2}$$

由此可知

$$P(AB) \neq P(A)P(B)$$

所以事件 A、B 不相互独立.

（3）有三个小孩的家庭,样本空间为

$$\Omega = \{(男,男,男),(男,男,女),(男,女,男),(女,男,男),$$
$$(男,女,女),(女,男,女),(女,女,男),(女,女,女)\}$$

由等可能性知这 8 个基本事件的概率均为 $\frac{1}{8}$,这时 A 中含有 6 个基本事件,B 中含有 4 个基本事件,AB 中含有 3 个基本事件.

于是

$$P(A) = \frac{6}{8} = \frac{3}{4}, P(B) = \frac{4}{8} = \frac{1}{2}, P(AB) = \frac{3}{8}$$

显然有

$$P(AB) = \frac{3}{8} = P(A)P(B)$$

成立,从而事件 A 与 B 是相互独立的.

这个例子说明,我们不能停留在"直觉"上,不要被"直觉"骗了,需要对随即现象做仔细研究.

对三个事件的独立性有下面的定义.

定义 4.5　如果三个事件 A, B, C 满足等式

$$\begin{cases} P(AB) = P(A)P(B) \\ P(BC) = P(B)P(C) \\ P(CA) = P(C)P(A) \end{cases}$$

则称三事件 A, B, C 两两独立.

进一步,若满足 $P(ABC) = P(A)P(B)P(C)$,则称事件 A, B, C 是相互独立的.

例3　三个元件串联的电路中,每个元件发生断电的概率依次为 $0.3, 0.4, 0.6$,各元件是否断电为相互独立事件,求电路断电的概率是多少?

解　设 A_1, A_2, A_3 分别表示第1、第2、第3个元件断电,A 表示电路断电. 因 A_1, A_2, A_3 相互独立,则

$$\begin{aligned} P(A) &= P(A_1 \cup A_2 \cup A_3) \\ &= 1 - P(\overline{A_1 \cup A_2 \cup A_3}) \\ &= 1 - P(\overline{A_1})P(\overline{A_2})P(\overline{A_3}) \\ &= 1 - 0.7 \times 0.6 \times 0.4 = 0.832 \end{aligned}$$

类似地,事件独立性的概念可以推广到有限多个事件.

当事件相互独立的时候,乘法公式变得十分简单,许多概率计算可以大大简化.

例4　假设每个人血清中含有肝炎病毒的概率为 0.4%,混合 100 个人的血清,求此混合血清中含有肝炎病毒的概率?

解　记 $A_i =$ "第 i 个人血清中含有肝炎病毒"$(i = 1, \cdots, 100)$,$B =$ "混合血清中含有肝炎病毒",显然 $B = A_1 \cup A_2 \cup \cdots \cup A_{100}$,且 $A_1, A_2, \cdots, A_{100}$ 相互独立,从而 $\overline{A}_1, \overline{A}_2, \cdots, \overline{A}_{100}$ 也相互独立,所求概率

$$\begin{aligned} P(B) &= P(A_1 \cup A_2 \cup \cdots \cup A_{100}) \\ &= 1 - P(\overline{A_1 \cup A_2 \cup \cdots \cup A_{100}}) \\ &= 1 - P(\overline{A}_1 \overline{A}_2 \cdots \overline{A}_{100}) \\ &= 1 - P(\overline{A}_1)P(\overline{A}_2) \cdots P(\overline{A}_{100}) \\ &= 1 - 0.996^{100} \\ &\approx 0.3302 \end{aligned}$$

【补充知识】

一、全概率公式

在计算某些较复杂事件的概率时,有时还需要将加法公式与乘法公式结合应

用. 全概率公式就是由概率的加法公式和条件概率的定义导出的. 它可使问题化繁为简,得以解决.

例 1 有三个箱子,分别编号为 1、2、3,1 号箱装有 1 个红球 4 个白球,2 号箱装有 2 个红球 3 个白球,3 号箱装有 3 个红球. 现从三箱中任取一箱,再从取到的箱子中任意取出一球,求取得红球的概率.

解 记 A_i = "取到 i 号箱",$i = 1,2,3$;B = "取得红球",B 发生总是伴随着 A_1,A_2,A_3 之一同时发生,即 $B = A_1 B \cup A_2 B \cup A_3 B$,且 $A_1 B,A_2 B,A_3 B$ 两两互不相容,运用加法公式得

$$P(B) = P(A_1 B) + P(A_2 B) + P(A_3 B)$$

对上式右边和式中的每一项运用乘法公式,代入数据计算得:

$$P(B) = P(A_1)P(B \mid A_1) + P(A_2)P(B \mid A_2) + P(A_3)P(B \mid A_3)$$

$$= \frac{1}{3} \times \frac{1}{5} + \frac{1}{3} \times \frac{2}{5} + \frac{1}{3} \times 1 = \frac{8}{15}$$

将此例中所用的方法推广到一般的情形,就得到在概率计算中常用的全概率公式.

定理 4.2(全概率公式) 如果事件 $A_1,A_2,\cdots,A_n$ 构成一个完备事件组,而且 $P(A_i) > 0,i = 1,2,\cdots,n$,则对于任何一个事件 B,有

$$P(B) = \sum_{i=1}^{n} P(A_1)P(B \mid A_i) \tag{4.11}$$

证明 已知 $A_1,A_2,\cdots,A_n$ 构成一个完备事件组,故 $A_1,A_2,\cdots,A_n$ 两两互不相容,且 $A_1 \cup A_2 \cup \cdots \cup A_n = \Omega$,对于任何事件 B,有

$$B = \Omega B = (A_1 \cup A_2 \cup \cdots \cup A_n)B$$

$$= A_1 B \cup A_2 B \cup \cdots \cup A_n B$$

由于 $A_1,A_2,\cdots,A_n$ 两两互不相容,因而 $A_1 B,A_2 B,\cdots,A_n B$ 两两互不相容,根据概率的可加性及乘法公式,有

$$P(B) = P(A_1 B) + P(A_2 B) + \cdots + P(A_n B)$$

$$= P(A_1)P(B \mid A_1) + P(A_2)P(B \mid A_2) + \cdots + P(A_n)P(B \mid A_n)$$

$$= \sum_{i=1}^{n} P(A_i)P(B \mid A_i)$$

使用全概率公式的关键是找出与事件 B 的发生相联系的完备组 $A_1,A_2,\cdots,A_n$,我们经常遇到的比较简单的完备事件组由 2 个或 3 个事件组成,即 $n = 2$ 或 $n = 3$. 另外,从证明中可以看出,事件 $A_1,A_2,\cdots,A_n$ 构成一个完备事件组并不是全概率公式的必要条件,实际上只要 $\bigcup_{i=1}^{n} A_i \supset B$ 且 $A_1 B,A_2 B,\cdots,A_n B$ 两两互不相容甚至更弱的条件即可有全概率公式.

例 2 某高校新生中,北京考生占 30%,京外其他各地考生占 70%,已知在北京考生中,以英语为第一外语的占 80%,而京外学生以英语为第一外语的占 95%,今从全校新生中任选一名学生,求该生以英语为第一外语的概率.

解　设 A 表示"北京考生",B 表示"以英语为第一外语的考生",由题知

$$P(A) = 0.7; P(\bar{A}) = 0.3; P(B|A) = 0.8; P(B|\bar{A}) = 0.95.$$

由全概率公式得

$$\begin{aligned} P(B) &= P(B|A)P(A) + P(B|\bar{A})P(\bar{A}) \\ &= 0.8 \times 0.7 + 0.95 \times 0.3 \\ &= 0.845 \end{aligned}$$

例3　播种用的一等小麦种子中混有 2% 的二等种子,1.5% 的三等种子,1% 的四等种子. 用一、二、三、四等种子长出的穗含 50 颗以上麦粒的概率分别为 0.5,0.15,0.1,0.05,求这批种子所结的穗含 50 颗以上麦粒的概率?

解　设从这批种子中任选一颗是一、二、三、四等种子的事件是 A_1, A_2, A_3, A_4,事件 B = "从这批种子中任选一颗,所结的穗含 50 颗以上麦粒",则由全概率公式得

$$\begin{aligned} P(B) &= \sum_{i=1}^{4} P(A_i)P(B|A_i) \\ &= 95.5\% \times 0.5 + 2\% \times 0.15 + 1.5\% \times 0.1 + 1\% \times 0.05 \\ &= 0.4825 \end{aligned}$$

二、贝叶斯(Bayes)公式

实际应用中还有另外一类问题. 如例 3 中,若已知选到一颗所结的穗含 50 颗以上麦粒的麦种,求该麦种是二等种子的概率?这一类问题在实际中很常见,它是全概率公式的逆问题,需要由贝叶斯公式来解决.

定理 4.3(贝叶斯公式)　如果事件 $A_1, A_2, \cdots, A_n$ 构成一个完备事件组,而且 $P(A_i) > 0, i = 1, 2, \cdots, n$. 对于任何一个事件 B,若 $P(B) > 0$,则有

$$P(A_m|B) = \frac{P(A_m)P(B|A_m)}{\sum\limits_{i=1}^{n} P(A_i)P(B|A_i)} \tag{4.12}$$

由条件概率的定义及全概率公式不难证明上式,请读者自己完成.

该公式于 1763 年由英国数学家 Thomas Bayes 给出,在概率及数理统计中有着许多方面的应用. 假设 $A_1, A_2, \cdots, A_n$ 是导致试验结果即事件 B 发生的原因,因此称 $P(A_i)(i = 1, 2, \cdots, n)$ 为"先验概率",它反映了各种原因发生的可能性大小,一般是以往经验的总结,在此次试验之前就已经知道. 现在试验中事件 B 发生了,这一信息将有助于研究事件发生的各种原因. $P(A_i|B)(i = 1, 2, \cdots, n)$ 是在附加了信息"B 已发生"的条件下 $P(A_i)$ 发生的概率,称为"后验概率",它反映了试验之后对各种原因发生的可能性大小的新的认识. 贝叶斯公式在实际中有很多应用,它可以帮助人们确定某结果(事件 B)发生的最可能原因. 例如在疾病诊断中,医生为了诊断病人到底是患有疾病 $A_1, A_2, \cdots, A_n$ 中的哪一种,对病人进行检查,确定了某一指标 B(如体温、心跳、血液中白细胞数量等)异常,他希望用这一指标来帮助诊断. 这时可以用

贝叶斯 公式来计算有关概率. 首先需要确定先验概率 $P(A_i)$, 这往往由以往的病情资料数据或相关的统计数据来确定人患以上各种疾病的可能性大小; 其次就要确定 $P(B|A_i)$, 这主要依靠医学知识. 有了这些结果, 利用贝叶斯公式就可以算出 $P(A_i|B)$, 显然, 对应于较大 $P(A_i|B)$ 的病因 A_i, 应多加考虑. 实际工作中, 检查的指标 B 往往有多个, 综合所有的后验概率, 当然对诊断大有帮助.

例 4【疾病确诊率问题】 假定用血清甲胎蛋白法诊断肝癌.

已知: $P(A|C) = 0.95$, $P(\bar{A}|\bar{C}) = 0.90$, 其中, C 表示被检测者患有肝癌, A 表示判断被检测者患有肝癌; 又设人群中 $P(C) = 0.000\ 4$. 现在若有一人被此检验诊断为患有肝癌, 求此人确实患有肝癌的概率 $P(C|A)$.

解 由贝叶斯公式

$$P(C|A) = \frac{P(C)P(A|C)}{P(C)P(A|C) + P(\bar{C})P(A|\bar{C})}$$

$$= \frac{0.000\ 4 \times 0.95}{0.000\ 4 \times 0.95 + 0.999\ 6 \times 0.1} \approx 0.003\ 8$$

计算结果表明, 虽然检验法相当可靠, 但被诊断为肝癌的人确实有肝癌的可能性并不大. 故而医生在诊断时, 应采用多种检测手段, 对被检者进行综合诊断, 才能得出较为正确的判断.

例 5 某种新产品投放市场有面临失败(A_1)、勉强成功(A_2)、基本成功(A_3)三种结果. 由以往经验, 同类产品投放市场后面临各种情况的概率是 $P(A_1) = 0.2$, $P(A_2) = 0.3$, $P(A_3) = 0.5$, 而且各种情况下能得到别人大量投资(B)以便作进一步试验的概率分别为 $P(B|A_1) = 0.05$, $P(B|A_2) = 0.3$, $P(B|A_3) = 0.98$, 求:

(1) 试验能获得大量投资的概率;

(2) 已获得大量投资, 产品面临各种情况的概率.

解 (1) 显然, A_1, A_2, A_3 构成一个完备事件组, 由全概率公式有

$$P(B) = \sum_{i=1}^{3} P(A_i)P(B|A_i)$$

$$= 0.2 \times 0.05 + 0.3 \times 0.3 + 0.5 \times 0.98$$

$$= 0.59$$

(2) 由贝叶斯公式有

$$P(A_1|B) = \frac{P(A_1)P(B|A_1)}{P(B)} = \frac{0.2 \times 0.05}{0.59} = 0.017,$$

$$P(A_2|B) = \frac{P(A_2)P(B|A_2)}{P(B)} = \frac{0.3 \times 0.3}{0.59} = 0.153,$$

$$P(A_3|B) = \frac{P(A_3)P(B|A_3)}{P(B)} = \frac{0.5 \times 0.98}{0.59} = 0.830.$$

因为后验概率 $P(A_3|B) = 0.830$, 大于其对应的先验概率 $P(A_3) = 0.5$, 说明通过这个市场试验的研究, 当获得大量投资时新产品基本成功的可能性变大了.

三、解决困惑

学习完本章知识之后,我们来看一下本章开头的游戏中如何运用我们所学的知识去判断究竟是改变主意好还是不改变主意好.

分析与解答 当采用不改变主意时,要想得到车,只有第一次选到车才可能. 而第一次选到车的概率为 $\frac{1}{3}$,因此不改变主意时选到车的概率为 $\frac{1}{3}$.

当采用改变主意时,要想得到车,只有第一次选到山羊才可能. 而第一次选到山羊的概率为 $\frac{2}{3}$,因此改变主意时选到车的概率为 $\frac{2}{3}$.

结论 采用改变主意更好.

用事件表达为:设 A_1 表示第一次选到轿车,A_2 表示第一次选到山羊,B 表示最终选到轿车. 则由题有

$$P(A_1) = \frac{1}{3}, P(A_2) = \frac{2}{3}$$

你的策略有两种,一种是不改变以前的选择,另一种是改变以前的选择.

(1) 当不改变选择时,第一次选择到轿车时最终也一定选到轿车,故 $P(B|A_1) = 1$,则

$$P_1(B) = P(A_1)P(B|A_1) = \frac{1}{3}$$

(2) 当选择山羊改变选择时,当第一次山羊时,改变主意必然选到轿车,则 $P(B|A_2) = 1$,则

$$P_2(B) = P(A_2)P(B|A_2) = \frac{2}{3}$$

显然,$P_2(B) = \frac{2}{3} > \frac{1}{3} = P_1(B)$.

【相关背景】

概率论的产生背景

概率论最早源于赌博. 德·梅勒是一位军人、语言学家、古典学者,同时也是一个有能力、有经验的赌徒,他经常玩骰子和纸牌. 1653 年,德·梅勒写信向当时法国最具声望的数学家帕斯卡请教一个赌资分配问题:假设两个赌博者(德·梅勒和他的一个朋友)每人出30个金币,两人各自选取一个点数进行掷骰子,谁选择的点数首先被掷出三次,谁就赢得全部的赌注,在游戏进行了一会儿后,德·梅勒选择的点数"5"出现了两次而他朋友选择的点数"3"只出现了一次,这时候,德·梅勒由于一件紧急事

情必须离开,游戏不得不停止. 他们该如何分配赌桌上的 60 个金币的赌注呢?德·梅勒及他的朋友都说出了他们各自的理由,并为此而争论不休. 帕斯卡对此也很感兴趣,又写信告诉了费马. 于是在这两位伟大的法国数学家之间开始了具有划时代意义的通信. 由此,一个新的数学分支 —— 概率论产生了.

这样,人们就开始了对随机现象的研究,在这些研究中建立了概率论的一些基本概念,如事件、概率、随机变量、数学期望等. 当时研究的模型较简单,现在称其为古典概型.

其后,由于许多社会问题和工程技术问题,如人口统计、保险理论、天文观测、误差理论、产品检验和质量控制等问题的提出,更进一步地促使人们就概率论的极限理论方面进行深入研究,起初主要针对伯努利试验概型进行,后来推广到更为一般的场合. 极限定理的研究在 18 世纪到 19 世纪近乎 200 年间成了概率论研究的中心课题,直到 20 世纪初,由于新的数学方法的引入,这些问题才得到了较好的解决. 其间,伯努利、隶莫弗、拉普拉斯、高斯、泊松、切比雪夫、马尔可夫等著名数学家都对概率论的发展做出了杰出的贡献.

尽管概率论在各个领域获得了大量成果,但是它的严格的数学基础的建立、理论研究和实际应用的极大发展主要是 20 世纪以后的事情. 1917 年苏联科学家伯恩斯坦首先给出了概率论的公理体系. 1933 年柯尔莫哥洛夫又以更完整的形式提出了概率论的公理结构,从此,现代意义上的完整的概率论臻于完成.

20 世纪以来,由于物理学、生物学、工程技术、农业技术和军事技术发展的推动,概率论得到了飞速发展,理论课题不断扩大与深入,应用范围大大拓宽. 在最近几十年中,概率论的方法被引入各个工程技术学科和社会学科. 目前,概率论在近代物理、自动控制、地震预报和气象预报、工厂产品质量控制、农业试验和公用事业等方面都得到了重要应用. 以下给出近现代概率论应用的一些实例:

（1）在遗传学中用于描述变异的模型,以使获得自然的变异倾向;

（2）在大气动力学理论中,用于描述气体运动的或然性;

（3）用于设计和分析计算机的操作系统,因为系统里各种队列的长度是随机的;

（4）用于电子设备和通信系统中噪声的处理,因为噪声是随机的;

（5）大气湍流的研究中大量用到概率论;

（6）在营运研究中,对商品库存的需求通常看作是随机的;

（7）精算,如保险公司所用到的保险精算,大量用到概率论;

（8）用于研究复杂系统的可靠性,如商用或军用飞行器等.

诸如此类还有很多,现在越来越多的概率论方法被引入到经济、金融和管理科学. 概率论的思想渗入各个学科成为近代科学发展明显的特征之一. 与之同时,由于生物学和农业实验的推动,数理统计学也获得了很大的发展,它以概率论为理论基础,为概率论的应用提供了强有力的工具,两者相互推动、迅速发展. 而概率论本身的研究则转入以随机过程为中心课题,在理论上和应用上都取得了重要的成果.

习题四

A 组习题

1. 选择题.

(1) 设事件 A 与事件 B 互不相容,则(　　).

A. $P(\overline{AB}) = 0$ 　　　　　　B. $P(AB) = P(A)P(B)$

C. $P(A) = 1 - P(B)$ 　　　　　D. $P(\overline{A} + \overline{B}) = 1$

(2) 从一批产品中随机抽取两件,以 A 表示事件"所取的两件都是正品",B 表示事件"所取的两件中至少有一件次品",则下列关系式正确的是(　　).

A. $A \subset B$ 　　　　　　　　B. $B \subset A$

C. $A = B$ 　　　　　　　　　D. $A = \overline{B}$

(3) 设事件 A 与事件 B 互为对立事件,且 $P(A) > 0, P(B) > 0,$,则下列各式错误的是(　　).

A. $P(A) = 1 - P(B)$ 　　　　　B. $P(AB) = P(A)P(B)$

C. $P(\overline{AB}) = 1$ 　　　　　　D. $P(A + B) = 1$

(4) 设事件 A 与事件 B 互不相容,则下列各式错误的是(　　).

A. $P(AB) = 0$ 　　　　　　　　B. $P(A + B) = P(A) + P(B)$

C. $P(AB) = P(A)P(B)$ 　　　　D. $P(B - A) = P(B)$

(5) 将一枚硬币抛掷两次,以 A 表示事件"掷第一次出现正面",B 表示事件"掷第二次出现正面",C 表示事件"正反面各出现一次",D 表示事件"正面出现两次",则有(　　).

A. 事件 A,B,C 相互独立 　　　B. 事件 B,C,D 相互独立

C. 事件 A,B,C 两两独立 　　　D. 事件 B,C,D 两两独立

(6) 设 A,B 为随机事件,且 $P(B) > 0, P(A|B) = 1$,则必有 (　　).

A. $P(A + B) > P(A)$ 　　　　　B. $P(A + B) > P(B)$

C. $P(A + B) = P(A)$ 　　　　　D. $P(A + B) = P(B)$

(7) 以 A 表示事件"甲种产品畅销,乙种产品滞销",则其对立事件 $\overline{A}$ 为(　　).

A. "甲种产品滞销,乙种产品畅销"

B. "甲、乙两种产品均畅销"

C. "甲种产品滞销"

D. "甲种产品滞销或乙种产品畅销"

(8) 在电炉上安装了4个温控器,其显示温度的误差是随机的。在使用过程中,

只要有两个温控器显示的温度不低于临界温度 t_0，电炉就断电。以 A 表示事件"电炉断电"，而 $T_1 \leqslant T_2 \leqslant T_3 \leqslant T_4$ 为 4 个温控器显示的递增顺序排列的温度值，则事件 A 等于(　　).

  A. $\{T_1 \geqslant t_0\}$ B. $\{T_2 \geqslant t_0\}$

  C. $\{T_3 \geqslant t_0\}$ D. $\{T_4 \geqslant t_0\}$

（9）设 $0 < P(A) < 1, 0 < P(B) < 1, P(A|B) + P(\bar{A}|\bar{B}) = 1$，则(　　).

  A. 事件 A 和 B 互不相容   B. 事件 A 和 B 互相对立

  C. 事件 A 和 B 不独立   D. 事件 A 和 B 独立

（10）同时抛掷 3 枚均匀硬币，则至多 1 枚硬币正面朝上的概率为(　　).

  A. $\dfrac{1}{8}$ B. $\dfrac{1}{6}$

  C. $\dfrac{1}{4}$ D. $\dfrac{1}{2}$

（11）设事件 A, B, C 两两独立，则 A, B, C 相互独立的充分必要条件是(　　).

  A. A 与 BC 独立   B. AB 与 $B + C$ 独立

  C. AB 与 AC 独立   D. $A + B$ 与 $A + C$ 独立

2. 填空题.

（1）设事件 A 与 B 互不相容，且 $P(B) = 0.2$，则 $P(\bar{A}B) = $ _____.

（2）设事件 A 与 B 互相独立，且 $P(A) = 0.2, P(B) = 0.4$，则 $P(A + B) = $ _____.

（3）设事件 A 与 B 是两个随机事件，已知 $P(A) = 0.4, P(B) = 0.6$，且 $P(A + B) = 0.7$，则 $P(\bar{A}B) = $ _____.

（4）设三次独立试验中，每一次事件 A 出现的概率都相等，若已知 A 至少出现一次的概率为 $\dfrac{19}{27}$，则事件 A 在一次试验中出现的概率为_____.

（5）盒中有 4 个棋子，其中白子 2 个、黑子 2 个，现从盒中随机取出 2 个棋子，则这 2 个棋子颜色相同的概率为_____.

（6）从 0, 1, 2, 3, 4 这五个数中任取三个数，则这三个数中不含 0 的概率为_____.

（7）袋中有 50 个乒乓球，其中 20 个是黄球、30 个是白球. 今有两人依次随机地从袋中各取一个球，取后不放回，则第二个人取得黄球的概率是_____.

（8）设有两箱同种零件：第一箱内装 10 件，其中仅有 6 件一等品；第二箱内装 10 件，其中仅有 4 件一等品. 现从两箱中随机挑出一箱，然后从该箱中先后随机取出两个零件（取出的零件均不放回），则先取出的零件是一等品的概率为_____；在先取出的零件是一等品的条件下，后取出的零件仍然是一等品的条件概率为_____.

B 组习题

1. 写出下列随机试验的样本空间.

（1）观察某商场某日开门半小时后场内的顾客数；

（2）生产某种产品直至得到 10 件正品为止，记录生产产品的总件数；

（3）讨论某地区气温；

（4）已知某批产品中有 1、2、3 等品及不合格品，从中任取一件观察其等级；

（5）一口袋中装有 2 只红球、3 只白球，从中任取 2 球，不计顺序，观察其结果.

2. 在计算机系的学生中任意选一名学生，设事件 A = "被选学生是男生"，事件 B = "被选学生是一年级学生"，事件 C = "被选学生是运动员".

（1）叙述事件 $AB\bar{C}$ 的含意.

（2）在什么条件下 $ABC = C$ 成立？

（3）什么时候关系式 $C \subseteq B$ 是正确的？

（4）什么时候 $\bar{A} = B$ 成立？

3. 设 A,B,C 是某一试验的三个事件，用 A,B,C 的运算关系表示下列事件.

（1）A,B,C 都发生；

（2）A,B,C 都不发生；

（3）A 与 B 发生，而 C 不发生；

（4）A 发生，而 B 与 C 不发生；

（5）A,B,C 中至少有一个发生；

（6）A,B,C 中不多于一个发生；

（7）A 与 B 都不发生；

（8）A 与 B 不都发生.

4. 甲、乙、丙三人各进行一次试验，事件 A_1,A_2,A_3 分别表示甲、乙、丙试验成功，说明下列事件所表示的试验结果：

$\bar{A}_1$，$A_1 \cup A_2$，$\overline{A_2 A_3}$，$\bar{A}_2 \cup \bar{A}_3$，$A_1 A_2 A_3$，$A_1 A_2 \cup A_2 A_3 \cup A_1 A_3$.

5. 设 A,B 为两个事件，指出下列等式中哪些成立，哪些不成立？

（1）$A \cup B = A\bar{B} \cup B$；　　　　　　（2）$A - B = A\bar{B}$；

（3）$(AB)(A\bar{B}) = \Phi$；　　　　　　　（4）$(A - B) + B = A$.

6. 两个事件互不相容与两个事件对立有何区别？请举例说明.

7. 设事件 A,B 互不相容，$P(A) = p$，$P(B) = q$，计算 $P(\bar{A}B)$.

8. 设 $P(A) = 0.4$，$P(A \cup B) = 0.7$

（1）若事件 A,B 互不相容，计算 $P(B)$；

（2）若事件 A,B 独立，计算 $P(B)$.

9. 若 $P(A) = 0.6$，$P(A \cup B) = 0.8$，$P(AB) = 0.1$，求 $P(\bar{B})$，$P(A - B)$.

10. 设 A,B,C 是三个事件，且 $P(A)=P(B)=P(C)=\dfrac{1}{4}$，$P(AB)=P(BC)=0$，$P(AC)=\dfrac{1}{8}$，求 A,B,C 至少有一个发生的概率.

11. 3 人独立地破译一密码，已知他们能破译的概率分别为 $\dfrac{1}{5}$，$\dfrac{1}{3}$，$\dfrac{1}{4}$，求三人中至少有一人能将密码破译的概率.

12. 根据天气预报，明天甲城市下雨的概率为 0.7，乙城市下雨的概率为 0.2，甲、乙两城市同时下雨的概率为 0.1. 求下列事件的概率：

（1）明天甲城市下雨而乙城市不下雨；

（2）明天至少有一个城市下雨；

（3）明天甲、乙两城市都不下雨；

（4）明天至少有一城市不下雨.

13. 某学生宿舍有 6 名学生，问：

（1）6 人生日都在星期天的概率是多少？

（2）6 人生日都不在星期天的概率是多少？

（3）6 人生日不都在星期天的概率是多少？

14. 某工人同时看管三台机器，在一小时内，这三台机器需要看管的概率分别为 0.2，0.3，0.1，假设这三台机器是否需要看管是相互独立的，试求在一小时内：

（1）三台机器都不需要看管的概率；

（2）至少有一台机器需要看管的概率.

15. （产品的随机抽样问题）1 箱中有 6 个灯泡，其中 2 个次品、4 个正品，从中任取两次，每次取一个，且取后不放回，试求下列事件的概率：

（1）取到的两个都是次品；

（2）取到的两个中正、次品各一个；

（3）取到的两个中至少有一个次品.

16. 某类灯泡使用 1 000 小时以上的概率为 0.3，求 3 个灯泡在使用 1 000 小时以后：

（1）都没有坏的概率；

（2）坏了一个的概率；

（3）最多只有一个坏了的概率.

17. 已知 $P(A)=\dfrac{1}{4}$，$P(B\mid A)=\dfrac{1}{3}$，$P(A\mid B)=\dfrac{1}{2}$，求 $P(A\cup B)$.

18. 盒中装有 10 个小球，其中红球 3 个、白球 7 个. 现从中不放回地取两次，每次任取一个球. 求第一次取到红球的概率和在第一次取到红球的条件下第二次取到红球的概率.

19. 有 100 名学生，其中 96 名数学考试及格，90 名外语考试及格，88 名数学、外语考试都及格. 现从中任挑一名学生，已知其外语考试及格，问他数学考试及格的可能性有多大?

20. 设某班 30 位同学仅有一张电影票,抽签决定谁拥有. 试问:每人抽取此票的机会是否均等?

21. 设事件 A 与 B 相互独立,判断下列结论是否正确.

(1) $P(A \mid B) = P(B)$;

(2) $P(A \mid B) = P(B \mid A)$;

(3) $P(\overline{A}\overline{B}) = P(\overline{A})P(\overline{B})$;

(4) $P(AB) = 0$.

22. 设事件 A 与 B 相互独立,$P(A) = 0.3$,$P(B) = 0.4$,计算 $P(A \cup B)$,$P(AB)$.

23. 某产品的生产过程要经过三道相互独立的工序. 已知第一道工序的次品率为 3%,第二道工序的次品率为 5%,第三道工序的次品率为 2%. 问:该种产品的次品率是多大?

24. 电路由电池 A 和两个并联的电池 B 和 C 串联而成. 设电池 A,B,C 损坏的概率分别是 0.3、0.2、0.2. 求电路发生断电的概率.

25. 某商家对其销售的数码相机作出如下承诺:若一年内数码相机出现重大质量问题,商家保证免费予以更换. 已知此种数码相机一年内出现重大质量问题的概率为 0.005. 试计算该商家每月销售 200 台数码相机中一年内须免费予以更换不超过 1 台的概率.

26. 有位朋友从远方来,他乘火车、轮船、汽车、飞机来的概率分别是 0.3、0.2、0.1、0.4. 如果他乘火车、轮船、汽车来的话,迟到的概率分别是 $\frac{1}{4}$、$\frac{1}{3}$、$\frac{1}{12}$,而乘飞机则不会迟到. 求:

(1) 他迟到的概率为多少?

(2) 他迟到了,问他是乘火车来的概率是多少?

27. 某保险公司把被保险人分成三类:"谨慎的""一般的""冒失的",他们在被保险人中依次占 20%、50%、30%. 统计资料表明,上述三种人在一年内发生事故的概率分别为 0.05、0.15 和 0.30. 现有某被保险人在一年内出事故了,求其是"谨慎的"客户的概率.

28. 一种传染病在某市的发病率为 0.04,医院采用某种检验法检查这种传染病,该方法能使 98% 的患有此病的患者被检出阳性,但亦会有 3% 的未患此病的人被检出阳性. 现某人被用此法检出阳性,求此人确实患有这种传染病的概率.

第五章　随机变量与数字特征

两个有趣的问题

问题1

星期天,老张、老王、老李和老赵凑在一起打麻将.开始打麻将,要先找头,即找"庄家".他们的做法是,随便哪一位掷两个质体均匀的骰子,观察出现的点数之和.若点数之和为5和9,则掷骰子本人为"庄家";若点数之和为3、7或11,则掷骰子者对面为"庄家";若点数之和为2、6或10,则掷骰子者的下一家为"庄家";若点数之和为4、8或12,则掷骰子者的上一家为"庄家".

这种方法已成为一种习惯,可谁也没有注意到这样找"庄家"是否公平呢?也就是说,这4个人"坐庄"的机会是否相等呢?如果不公平,用什么方法找庄家最公平呢?

问题2

高等学校的招生考试从1993年起在部分省(自治区、直辖市)试行"将原始分数换算为标准分,并公布标准分为录取的依据",在试验成功的基础上,参考、借鉴国外的先进做法,当时的国家教委制定了《普通高校全国统一考试建立标准分数制度实施方案》,并逐步推向全国.近几年来,不仅高考考试试行标准分,而且中考以及有些中学的期中、期末成绩也都换算成标准分.那么,什么是标准分呢?为什么说标准分更合理、更科学?

你想解决这些问题吗?学习完下面的知识就可以解决这些问题.

第一节　随机变量

为了对随机试验进行全面和深入的研究,揭示出其中客观存在的规律性,我们常把随机试验的结果与实数对应起来,即把随机试验的结果数量化,从而引入随机变量的概念.随机变量是概率论中最重要的概念之一,用它描述随机现象是概率论中最重要的方法.它使概率论从事件及其概率的研究推进到随机变量及其概率分布的研究,从而可以应用近代数学工具,如微积分、线性代数等研究概率问题.

一、随机变量

对于随机试验,其结果可以是数量性的,也可以是非数量性的,对这两种情况,都可以把结果数量化. 让我们先看两个例子.

例1 设有 10 件产品, 其中正品 5 件, 次品 5 件. 现从中任取 3 件产品, 问这 3 件产品中的次品件数是多少?

显然, 次品件数可以是 0, 1, 2, 3, 即试验结果是数量性的. 用 X 表示取到的 3 件产品中的次品件数, 这里 X 是一个变量, 它究竟取什么值与试验的结果有关, 即与样本空间中的基本事件有关. 记 $\Omega = \{\omega\} = \{$ 没有次品, 有 1 件次品, 有 2 件次品, 有 3 件次品 $\}$, 则可把变量 X 看作定义在样本空间 Ω 上的函数:

$$X = X(\omega) = \begin{cases} 0, & \omega = \text{"没有次品"} \\ 1, & \omega = \text{"有 1 件次品"} \\ 2, & \omega = \text{"有 2 件次品"} \\ 3, & \omega = \text{"有 3 件次品"} \end{cases}$$

例2 抛掷一枚硬币, 观察出现正反面的情况.

该试验有两个可能结果, 即 $\Omega = \{\omega\} = \{$ 出现正面, 出现反面 $\}$, 试验结果是非数量性的. 为了便于研究, 可以将试验结果数量化, 如用 1 代表出现正面, 用 0 代表出现反面, 则可得到如下的变量

$$X = X(\omega) = \begin{cases} 1, & \omega = \text{"出现正面"} \\ 0, & \omega = \text{"出现反面"} \end{cases}$$

上面的例子中, 变量 X 的取值都依赖于试验的结果, 具有随机性, 我们称之为随机变量.

定义 5.1 设 Ω 是随机试验的样本空间, 对 Ω 中的每一个样本点 ω, 有且仅有一个实数 $X(\omega)$ 与之对应, 则称 X 为定义在 Ω 上的随机变量.

简言之, 随机变量是定义在 Ω 上的一个单值实函数, 即 $X = X(\omega), \omega \in \Omega$.

需要注意, 随机变量与普通函数有差别: 普通函数是定义在实数轴上的, 而随机变量是定义在样本空间上的, 样本空间中的元素不一定是实数. 另外, 随机变量取值依试验结果而定, 由于试验的各个结果的发生有一定的概率, 随机变量取各个值也有一定的概率.

例3 某人向某一目标射击, 直到命中为止. 用 X 表示射击的总次数, 则 X 是一个随机变量, X 的可能取值为 $1, 2, 3, \cdots$.

上例中 X 的取值为可列无穷多个. 一般地, 能够与整数集一一对应的集合称为可列无穷集合, 称其元素个数为可列的.

例4 某公共汽车站每十分钟就有一辆车通过, 一位乘客在任一时间到达车站都是等可能的, 那么他的候车时间 X 是一个随机变量, 即 X 的取值区间为 $[0, 10]$.

引入随机变量以后, 随机事件可以用随机变量的取值来表示. 如例 4 中, $\{X > 2\}$、$\{X \leqslant 5\}$ 都是随机事件, 分别表示候车时间多于 2 分钟和不超过 5 分钟.

随机变量按其取值情况分为两大类: 离散型和非离散型. 离散型随机变量的所有可能取值为有限个; 非离散型随机变量的情况比较复杂, 其中的一种称为连续型

随机变量,其取值范围是一个或若干个有限或无限区间. 本书只讨论离散型和连续型这两种随机变量.

二、离散型随机变量

定义 5.2 如果随机变量 X 只可能取有限个或至多可列个值,则称 X 为离散型随机变量.

例1、例2 中的随机变量 X 所有可能取值是有限个,是属于有限个值的情况. 例3中,随机变量为击中该目标时的射击次数,它所有可能取值为 $1,2,3,\cdots$,是属于可列个值的情况,它们都是离散型随机变量.

定义 5.3 设 X 为离散型随机变量,它的一切可能取值为 $x_1,x_2,\cdots,x_n,\cdots$,记 X 取值为 x_i 的概率,即事件 $\{X = x_i\}$ 的概率为

$$P\{X = x_i\} = p_i (i = 1,2,\cdots) \tag{5.1}$$

称 (5.1) 式为离散型随机变量 X 的概率分布或分布律.

为了直观,通常也将一个离散型随机变量的概率分布用一个表来表示(见表 $5-1$).

表 $5-1$ 离散型随机变量概率分布

X	x_1	x_2	$\cdots$	x_n	$\cdots$
P	p_1	p_2	$\cdots$	p_n	$\cdots$

在这里,事件 $X = x_1, X = x_2, \cdots, X = x_n, \cdots$ 构成一个完备事件组,因此,离散型随机变量 X 的概率分布 (5.1) 式具有下面两条基本性质:

$(1) p_i \geqslant 0 \quad i = 1,2,\cdots$

$(2) \sum_{i=1}^{\infty} p_i = 1$

凡满足上述两条性质的任意一组数 $\{p_i, i = 1,2,\cdots\}$,都可以成为一个离散型随机变量的概率分布,我们称它为离散型概率分布,对于集合 $\{x_i, i = 1,2,\cdots\}$ 中的任何一个子集 A,事件" X 在 A 中取值"即" $X \in A$ "的概率为

$$P\{X \in A\} = \sum_{x_i \in A} p_i$$

例5 投掷一颗质地均匀的骰子,以 X 表示出现的点数,写出随机变量 X 的概率分布.

解 X 有 $1,2,3,4,5,6$ 六个可能取值. 由于骰子是质地均匀的,因此每个点数出现的机会都相同,即有

$$P\{X = n\} = \frac{1}{6} (其中 n = 1,2,3,4,5,6)$$

X 的概率分布表如表 $5-2$ 所示.

表 5 - 2

X	1	2	3	4	5	6
P	1/6	1/6	1/6	1/6	1/6	1/6

例 6　例 5 中若设 A 表示出现奇数点,则

$$
\begin{aligned}
P(A) &= P\{X \in A\} \\
&= P\{X = 1\} + P\{X = 3\} + P\{X = 5\} \\
&= \frac{1}{2}
\end{aligned}
$$

例 7　有 10 件产品,其中有 2 件次品,现从中不放回任取 2 件产品,设 X 为抽取到的次品数,求 X 的概率分布列.

解　X 的可能取值为 $0,1,2$. 它对应的概率计算为

$$
P(X = 0) = \frac{C_8^2}{C_{10}^2} = \frac{28}{45}, P(X = 1) = \frac{C_8^1 C_2^1}{C_{10}^2} = \frac{16}{45}, P(X = 2) = \frac{C_2^2}{C_{10}^2} = \frac{1}{45}
$$

这就是 X 的概率分布,它还可以用表 5 - 3 表示出来.

表 5 - 3

X	0	1	2
P	28/45	16/45	1/45

三、连续型随机变量

前面我们介绍了离散型随机变量,在那里随机变量只取有限个或可列个值,这当然有很大的局限性. 在例 4 中的候车时间取值就是一个区间 $[0,10]$. 对于这一类可以在某一区间内任意取值的随机变量,由于它的值不是集中在有限个或可列无穷个点上. 因此,只有确知取值于任一区间上的概率 $P\{a < X < b\}$(其中 $a < b$ 为任意实数),才能掌握它取值的概率分布情况.

定义 5.4　对于随机变量 X,如果存在一个非负可积函数 $f(x)$,使得 X 取值在任意区间 (a,b) 内的概率为

$$
P\{a < X < b\} = \int_a^b f(x)\, \mathrm{d}x \tag{5.2}
$$

则称 X 为连续型随机变量,其中 $f(x)$ 称为 X 的概率密度函数,简称密度函数.

X 的概率密度 $f(x)$ 具有下面两条基本性质:

(1) $f(x) \geq 0$,对任何 $x \in (-\infty, +\infty)$

(2) $\int_{-\infty}^{+\infty} f(x)\, \mathrm{d}x = 1$

凡满足上述两条性质的函数 $f(x)$,均可以称为某一连续型随机变量的概率密度

函数.

注意:从定义 5.4 易知,对于任何实数 $c,P\{X = c\} = 0$.

一个连续型随机变量 X 取任何一个数值的概率都是 0,这正是连续型随机变量与离散型随机变量最大的区别. 当讨论连续型随机变量 X 在某一区间上取值情况时,由于该区间是否包含端点不影响其概率的值,对开区间与闭区间不再仔细区分. 而对于离散型随机变量,若考虑它在一个区间上取值情况时,则不能忽略端点处的概率取值.

例 8 已知连续型随机变量的概率密度为 $f(x) = \begin{cases} \lambda e^{-2x}, & x \geqslant 0 \\ 0, & x < 0 \end{cases}$

确定常数 λ,并计算 $P\{X > 2\}$.

解 由概率密度的性质,有

$$\int_{-\infty}^{+\infty} f(x)\,\mathrm{d}x = \int_0^{+\infty} \lambda e^{-2x}\,\mathrm{d}x = \frac{\lambda}{2} = 1$$

从而 $\lambda = 2$.

$$P\{X > 2\} = \int_2^{+\infty} f(x)\,\mathrm{d}x = \int_2^{+\infty} 2e^{-2x}\,\mathrm{d}x = e^{-4}$$

或

$$\begin{aligned} P\{X > 2\} &= 1 - P\{X \leqslant 2\} \\ &= 1 - \int_{-\infty}^2 f(x)\,\mathrm{d}x \\ &= 1 - \int_0^2 2e^{-2x}\,\mathrm{d}x \\ &= e^{-4} \end{aligned}$$

例 9 已知连续型随机变量 X 的概率密度为

$$f(x) = \begin{cases} ax + b, & 0 < x < 2 \\ 0, & \text{其他} \end{cases}$$

且 $P\{1 < X < 3\} = 0.25$. 确定常数 a 和 b,并求 $P\{X > 1.5\}$.

解 由概率密度的性质及定义,有

$$\int_{-\infty}^{+\infty} f(x)\,\mathrm{d}x = \int_0^2 (ax + b)\,\mathrm{d}x = 2a + 2b = 1$$

$$\begin{aligned} P\{1 < X < 3\} &= \int_1^3 f(x)\,\mathrm{d}x \\ &= \int_1^2 (ax + b)\,\mathrm{d}x \\ &= 1.5a + b = 0.25 \end{aligned}$$

解方程组

$$\begin{cases} 2a + 2b = 1 \\ 1.5a + b = 0.25 \end{cases}$$

得到 $a = -0.5, b = 1$. 因而

$$P\{X > 1.5\} = \int_{1.5}^{+\infty} f(x)\,dx = \int_{1.5}^{2} (-0.5x + 1)\,dx = 0.062\,5$$

第二节　随机变量的分布函数

一、分布函数的定义

由上面所述,离散型随机变量取值的概率分布情况可用分布律来描述. 对于连续型随机变量,其取值的概率分布情况则用密度函数的积分来描述. 但是除了这两种随机变量外,还有连续取值而非连续型的(即密度函数不存在)或混合型的. 为了理论研究的方便,必须给出一个描述随机变量取值的概率分布情况的统一方法. 一个常用且较为简单的方法是引入分布函数,以用于描述包括离散型和连续型在内的一切类型的随机变量.

定义 5.5　设 X 是一个随机变量,x 是任意实数,称函数

$$F(x) = P\{X \leqslant x\} \tag{5.3}$$

为随机变量 X 的分布函数.

分布函数的函数值表示随机变量 X 在区间 $(-\infty, x]$ 上取值的概率,故分布函数 $F(x)$ 的定义域为 $(-\infty, +\infty)$,值域为实数集 $[0,1]$. 可见,$F(x)$ 为一普通实函数,通过它可以让我们运用微积分等工具来研究随机变量.

由(5.3)式,对任意实数 $a < b$,显然有

$$P\{a < X \leqslant b\} = P\{X \leqslant b\} - P\{X \leqslant a\} = F(b) - F(a) \tag{5.4}$$

可见,若已知 X 的分布函数,就可得到 X 落在任一区间 $(a, b]$ 上的概率,从这个意义上来说,分布函数完整地描述了随机变量的统计规律性. 对于分布函数有以下结论:

定理 5.1　设 $F(x)$ 为随机变量 X 的分布函数,则

(1) $F(x)$ 是单调不降函数,即当 $a < b$ 时,有 $F(a) \leqslant F(b)$;

(2) $0 \leqslant F(x) \leqslant 1$,且 $F(-\infty) = \lim\limits_{x \to -\infty} F(x) = 0, F(+\infty) = \lim\limits_{x \to +\infty} F(x) = 1$;

(3) $F(x)$ 右连续,即 $F(x_0 + 0) = \lim\limits_{x \to x_0^+} F(x) = F(x_0)$.

证明　(1) 由(5.4)式及概率的非负性即得.

(2) 由概率的性质即知 $0 \leqslant F(x) \leqslant 1$. 从直观上看,若 $x \to -\infty$,"随机变量 X 在 $(-\infty, x]$ 内取值"这一事件渐趋于不可能事件,其概率不断变小渐趋为 0,即 $F(-\infty) = 0$;若 $x \to +\infty$,"随机变量 X 在 $(-\infty, x]$ 内取值"这一事件趋于必然事件,其概率逐渐增大渐趋为 1,即 $F(+\infty) = 1$. 其严格证明略.

(3) 证明超出本书范围,略去.

利用分布函数可以得到:

$P\{X > b\} = 1 - F(b)$,

$P\{X < b\} = F(b - 0)$,

$P\{X = b\} = F(b) - F(b - 0)$.

二、离散型随机变量的分布函数

例1 设离散型随机变量 X 的概率分布由表 5 - 4 给出,求 X 的分布函数.

表 5 - 4

X	-1	0	2
P	0.4	0.4	0.2

解 由(5.3)式,有

$$F(x) = \begin{cases} 0, & x < -1 \\ 0.4, & -1 \leqslant x < 0 \\ 0.8, & 0 \leqslant x < 2 \\ 1, & x \geqslant 2 \end{cases}$$

$F(x)$ 的图形如图 5 - 1 所示.

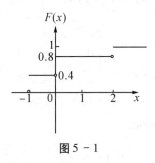

图 5 - 1

由例 1 可以看出,离散型随机变量 X 的分布函数 $F(x)$ 是阶梯函数,其图形是由若干直线组成的阶梯形的不连续曲线,在 X 的取值 $x_i(i = 1,2,\cdots)$ 处,$F(x)$ 的图形都有一个跳跃,而跳跃高度恰好等于 X 取值 x_i 的概率 p_i,即

$$F(x_i) - F(x_i - 0) = P(X = x_i) = p_i$$

一般地,设离散型随机变量 X 的概率分布为 $P(X = x_i) = p_i(i = 1,2,\cdots)$,则 X 的分布函数为

$$F(x) = P\{X \leqslant x\} = \sum_{x_i \leqslant x} P(X = x_i) = \sum_{x_i \leqslant x} p_i \tag{5.5}$$

三、连续型随机变量的分布函数

对于连续型随机变量 X,如果概率密度为 $f(x)$,由(5.2)式和(5.3)式可得下列

性质：

性质1　$F(x) = P\{X \leqslant x\} = \int_{-\infty}^{x} f(t)\,\mathrm{d}t.$

性质2　$f(x) = F'(x).$

由性质 2，分布函数 $F(x)$ 与概率密度 $f(x)$ 可以相互确定.

例2　已知随机变量 X 的概率密度函数为

$$f(x) = \begin{cases} \dfrac{A}{\sqrt{x}}, & 0 < x < 1 \\[2mm] 0, & \text{其他} \end{cases}$$

确定系数 A，并求出 X 的分布函数 $F(x)$.

解　由概率密度的性质，有

$$\int_{-\infty}^{+\infty} f(x)\,\mathrm{d}x = \int_{0}^{1} \frac{A}{\sqrt{x}}\,\mathrm{d}x = 2A = 1$$

得到 $A = \dfrac{1}{2}$.

当 $x \leqslant 0$ 时，$F(x) = 0$；

当 $0 < x < 1$ 时，$F(x) = \int_{-\infty}^{x} f(t)\,\mathrm{d}t = \int_{-\infty}^{0} 0\,\mathrm{d}t + \int_{0}^{x} \frac{1}{2\sqrt{t}}\,\mathrm{d}t = \sqrt{x}$；

当 $x \geqslant 1$ 时，$F(x) = \int_{-\infty}^{0} 0\,\mathrm{d}t + \int_{0}^{1} f(x)\,\mathrm{d}x + \int_{1}^{x} 0\,\mathrm{d}t = 1.$

因此

$$F(x) = \begin{cases} 0, & x < 0 \\[1mm] \sqrt{x}, & 0 \leqslant x < 1 \\[1mm] 1, & x \geqslant 1 \end{cases}$$

$F(x)$ 的图形如图 5 - 2 所示.

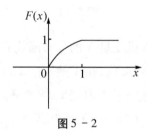

图 5 - 2

例3　设随机变量 X 的分布函数 $F(x) = \begin{cases} 1 - e^{-x}, & x > 0 \\ 0, & x \leqslant 0 \end{cases}$

（1）求概率密度 $f(x)$；

（2）计算 $P\{X < 2\}$ 和 $P\{X > 3\}$.

解　（1）由 $f(x) = F'(x)$ 得：

$$f(x) = \begin{cases} e^{-x}, & x > 0 \\ 0, & x \leqslant 0 \end{cases}$$

$(2) P\{X < 2\} = F(2) = 1 - e^{-2}$

$P\{X > 3\} = 1 - P\{X \leqslant 3\} = 1 - F(3) = 1 - 1 + e^{-3} = e^{-3}.$

第三节　几种重要的概率分布

一、几种重要的离散型分布

1. 两点分布

定义 5.6　如果随机变量 X 只可能取 1 和 0 两个值,且它的概率分布为

$$P\{X = 1\} = p, P\{X = 0\} = 1 - p = q \tag{5.6}$$

或概率分布如表 5 - 5 所示.

表 5 - 5

X	0	1
P	$1 - p$	p

则称 X 服从参数为 p 的两点分布.

　　两点分布也称为 $(0 - 1)$ 分布,用来描述只有两种对立结果的试验. 习惯上,把这种试验中的一种结果称作"成功",另一种结果称作"失败". 若用 X 表示一次试验中成功的次数,它有两个取值 0 和 1,则 X 服从 $(0 - 1)$ 分布,参数 p 是试验成功的概率. 例如,抛掷一枚硬币的试验,对新生儿男、女性别的观察,检验一个产品合格与否等都可以用服从 $(0 - 1)$ 分布的随机变量描述.

　　例 1　设 X 服从参数为 p 的 $0 - 1$ 分布,求 X 的分布函数.

　　解　由 $P\{X = 1\} = p, P\{X = 0\} = 1 - p$,有

$$F(x) = \begin{cases} 0, & x < 0 \\ q, & 0 \leqslant x < 1 \\ 1, & x \geqslant 1 \end{cases}$$

2. 二项分布

　　在前面学习了事件的独立性,我们就可以进一步理解试验的独立性与伯努利试验.

　　定义 5.7　若在相同条件下,将试验 E 重复进行 n 次,若各次试验的结果互不影响,即每次试验结果出现的概率都不依赖于其他各次试验的结果,则称这 n 次试验是相互独立的.

定义 5.8　在 n 次试验中,样本空间都相同,有关事件的概率保持不变,并且各次试验是相互独立的,则称这 n 次试验为**重复独立试验**.

例如在相同条件下,投掷一枚硬币 n 次.显然,试验中前后投掷硬币的结果,无论是出现"正面"或"反面",均不会影响当前投掷出"正面"或"反面"的结果,即此 n 次试验是重复独立试验.又如从一批灯泡中,任取 n 只进行寿命试验.可知,每一只灯泡的寿命结果都不影响其他灯泡的寿命结果,即此亦为 n 次重复独立试验.重复独立试验作为"在相同条件下重复试验"的数学模型,在概率论中占有重要地位,因为随机现象的统计规律性只有在大量重复试验中才会显现出来.

在许多实际问题中,我们只注意试验 E 中的某一事件 A 是否发生.例如,在产品质量抽查中只注意是否抽到次品;考察天气时只注意是否下雨等.这类问题中试验 E 的样本空间就可以表示为 $\Omega = \{A, \bar{A}\}$,并称出现事件 A 为"成功",出现 $\bar{A}$ 为"失败".这种只有两个可能结果的试验称为**伯努利试验**.伯努利试验是一类最简单的重复独立试验.将这样的重复独立试验在相同条件下重复进行 n 次,即为下述的伯努利概型.

定义 5.9　设试验 E 的结果只有两个,即 A 或 $\bar{A}$,且 $P(A) = p$,$P(\bar{A}) = 1 - p = q$,其中 $0 < p < 1$,将 E 独立地重复进行 n 次,则称其为 **n 重伯努利试验**,或称为 **n 重伯努利概型**.

伯努利概型是一种很重要的概率模型,它是"在相同条件下进行重复试验或观察"的一种数学模型.历史上,伯努利概型是概率论中最早研究的模型之一,也是研究得较多的模型之一,在理论上具有重要意义;同时,它也有着广泛的应用,如在工业产品质量检查中及在群体遗传学中都有重要应用.

有时尽管试验 E 有很多种不同的结果,但我们都能将这些结果分为两类,即转化为伯努利概型.例如,在电报传输中,既要传送数码 $0, 1, 2, \cdots, 9$,又要传送其他字符,如果我们只注意数码在传输中的百分比,而不再区分它传送的是哪些数码,这时我们就把传送数码当成事件 A,而传送其他字符当成事件 $\bar{A}$,使其成为伯努利概型.又如灯泡的寿命可以是不小于零的任一数值,我们若只注意寿命是否大于 500 小时,则可令寿命大于 500 小时的事件为 A,不大于 500 小时的事件为 $\bar{A}$,则每一次测试,只有 A 或 $\bar{A}$ 发生,独立地进行 n 次测试,即为伯努利概型.

定义 5.10　在伯努利概型中,令 X 表示 n 重伯努利试验中事件 A 发生的次数(往往把 A 发生看作成功),事件 A 在每次试验中发生的概率为 p,随机变量 X 的取值为 $0, 1, 2, \cdots, n$,并且

$$P\{X = k\} = C_n^k p^k (1 - p)^{n-k}, k = 0, 1, 2, \cdots, n \tag{5.7}$$

则称 X 服从参数为 n, p 的二项分布,记为 $X \sim B(n, p)$.

特别地,当 $n = 1$ 时,$X \sim B(1, p)$,即为 $0 - 1$ 分布.

二项分布的分布函数为

$$F(x) = P\{X \leqslant x\} = \sum_{0 \leqslant k \leqslant x} P\{X = k\} = \sum_{0 \leqslant k \leqslant x} C_n^k p^k (1 - p)^{n-k} \tag{5.8}$$

关于二项分布概率的计算,很多软件可以直接求出,有时也可通过查表得到. 查表时,对于较小的 n,p,可以直接查表得到 $F(x)$ 的值,如果 p 较大,利用下面定理先转化为 p 较小的二项分布再去查表计算(当然有些 p 的值表中没有列出).

定理 5.2 如果随机变量 $X \sim B(n,p)$,且 $Y = n - X$,则 $Y \sim B(n,1-p)$.

证明略.

例 2 某织布车间有 30 台自动织布机,由于检修、上纱等各种工艺上的原因,每台织布机经常停车. 设各台织布机是否停车相互独立. 如果每台织布机在任一时刻停车的概率为 $\frac{1}{3}$,试求在任一时刻里有 10 台织布机停车的概率.

解 因为每台织布机在任一时刻停车的概率为 $\frac{1}{3}$,且各台织布机是否停车相互独立,设 X 表示在任一时刻停车的织布机数,则 $X \sim B(30, \frac{1}{3})$,有

$$P\{X = 10\} = C_{30}^{10} \left(\frac{1}{3}\right)^{10} \left(\frac{2}{3}\right)^{20} \approx 0.153$$

由此可见,尽管每台织布机有 $\frac{1}{3}$ 的可能停车,但并不表明所有的织布机在每一时刻都有 $\frac{1}{3}$ 的台数停车,上例计算表明,有 10 台同时停车只有 15.3% 的可能.

例 3 从甲地到乙地需经过 3 个红绿灯路口,假设每个路口的红绿灯独立工作,出现红灯的概率都为 $\frac{1}{4}$,设 X 表示途中遇到红灯的次数,求随机变量 X 的分布律,以及 $P\{X \leq 1\}$.

解 由题意可知 $X \sim B(3, \frac{1}{4})$,则有

其分布律为 $P\{X = k\} = C_3^k \left(\frac{1}{4}\right)^k \left(1 - \frac{1}{4}\right)^{3-k}, k = 0,1,2,3$

或概率分布如表 5 - 6 所示.

表 5 - 6

X	0	1	2	3
P	$\frac{27}{64}$	$\frac{27}{64}$	$\frac{9}{64}$	$\frac{1}{64}$

故有

$$P\{X \leq 1\} = P\{X = 0\} + P\{X = 1\} = \frac{27}{64} + \frac{27}{64} = \frac{27}{32}.$$

例 4 某厂自称产品的次品率不超过 0.5%,经抽样检查,任抽 200 件产品就查出了 5 件次品,试问:上述的次品率是否可信?

解 如果该厂的次品率为 0.5%,若任取一件检查的结果只有两个,即次品与非

次品,且每次检查的结果相互不受影响,看作是独立的,即视为伯努利概型,$n = 200$,$p = 0.005$,设 X 表示 200 件中次品的件数,则 $X \sim B(200,0.005)$,查出 5 件次品的概率为:

$$P\{X = 5\} = C_{200}^{5}(0.005)^{5}(0.995)^{195} \approx 0.002\,98$$

这个概率相当小,可以说在一次抽查中是不大可能发生的,因而该厂产品的次品率不超过 0.5% 是不可信的,很可能次品率在 0.5% 以上.

例 5(血清试验)　设在家畜中感染某种疾病的概率是 30%,新发现一种血清可能对预防此疾病有效. 为此对 20 只健康动物注射这种血清. 若注射后只有一只动物受感染,应对此血清的作用如何评价?

解　令 X 表示 20 只健康动物注射这种血清后受感染的动物数量. 假定这种血清无效,注射这种血清后动物受感染率还应是 30%,此时有 $X \sim B(20,0.3)$. 这 20 只动物中发生只有一只动物受感染的概率为:

$$P\{X = 1\} = C_{20}^{1} \times 0.3^{1} \times 0.7^{19} \approx 0.006\,8$$

这个概率相当小,因此不能认为血清毫无价值.

3. 泊松(Poisson) 分布

泊松分布是一种离散型分布,它在各个领域中有着极为广泛的应用,例如在一定时间间隔内某电话交换台收到的电话呼叫次数,一本书一页中的印刷错误数,某个交通路口在一段时间内的汽车流量,在一个时间间隔内某种放射性物质放射出的 α 粒子数,大地震后的余震次数,某商场一天中到达的顾客人数,保险公司在一定时间内被索赔的次数,母鸡下蛋数等,都服从泊松分布. 一般说来,泊松分布是常用来描述大量随机试验中稀有事件发生次数的概率模型.

定义 5.11　设随机变量 X 的分布律为

$$P(X = k) = \frac{\lambda^{k}}{k!}e^{-\lambda},k = 0,1,2,\cdots,\lambda > 0 \tag{5.9}$$

则称 X 服从参数为 λ 的泊松分布,记为 $x \sim p(\lambda)$.

泊松分布的分布函数为

$$F(x) = P\{X \leqslant x\} = \sum_{0 \leqslant k \leqslant x} P\{X = k\} = \sum_{0 \leqslant k \leqslant x} \frac{\lambda^{k}e^{-\lambda}}{k!} \tag{5.10}$$

泊松分布的概率值可以通过查表或利用相关软件得到.

泊松分布实际上是二项分布的极限形式,因此泊松分布的一个重要应用是用作二项分布的近似计算.

当 n 比较大,p 比较小的时候,在 n 次试验中事件 A 发生的次数就近似服从参数为 $\lambda = np$ 的泊松分布,即

$$P\{X = k\} = C_{n}^{k}p^{k}(1 - p)^{n-k} \approx \frac{\lambda^{k}}{k!}e^{-\lambda} \tag{5.11}$$

实际计算时,当 $n \geqslant 100,p < 0.1$ 时就可用泊松分布近似计算二项分布的概率.

例 6　某电话总机每分钟接到的呼叫次数服从参数为 5 的泊松分布,求

（1）每分钟恰好接到 7 次呼叫的概率；

（2）每分钟接到的呼叫次数大于 4 的概率.

解 设每分钟总机接到的呼叫次数为 X，则 $X \sim P(5)$，$\lambda = 5$.

（1）$P\{X = 7\} = \dfrac{5^7}{7!}e^{-5}$，

由附录 2 可以查到，其值为 0.104 44.

（2）$P\{X > 4\} = 1 - P\{X \leqslant 4\}$

$\qquad\qquad\quad = 1 - [P\{X = 0\} + P\{X = 1\} + P\{X = 2\}$

$\qquad\qquad\qquad\quad + P\{X = 3\} + P\{X = 4\}]$

由附录 2 可以查到

$P\{X = 0\} = 0.006\ 73$，

$P\{X = 1\} = 0.033\ 69$，

$P\{X = 2\} = 0.084\ 22$，

$P\{X = 3\} = 0.140\ 37$，

$P\{X = 4\} = 0.175\ 47$，

从而 $P\{X > 4\} = 0.559\ 52$.

例 7 每个粮仓内老鼠数目服从泊松分布，若已知一个粮仓内，有一只老鼠的概率为有两只老鼠的概率的两倍，求粮仓内无老鼠的概率.

解 设每个粮仓内老鼠数目为 X，则 $X \sim P(\lambda)$，由条件知

$$P\{X = 1\} = 2P\{X = 2\}$$

$$\frac{\lambda}{1!}e^{-\lambda} = 2\frac{\lambda^2}{2!}e^{-\lambda}$$

$$\lambda = 1$$

则粮仓内无老鼠的概率为 $P\{X = 0\} = e^{-1}$.

例 8 有 2 500 名小学生参加保险公司举办的平安保险，每个参加保险的小学生一年交付保险费 12 元，若在一年内出现意外伤害事故，保险公司一次性赔付 2 000 元. 设一年内每名小学生出事故的概率为 0.002，试求：

（1）保险公司亏本的概率；

（2）保险公司获利不少于 10 000 元的概率.

解 设 $A = \{$保险公司亏本$\}$，$B = \{$保险公司获利不少于 10 000 元$\}$

设 X 表示一年内出现意外的学生人数，则 $X \sim B(2\ 500, 0.002)$.

（1）若一年内有 X 名小学生出事故，则保险公司应赔付 $2\ 000X$ 元，事件 A 发生的概率为

$$P(A) = P\{2\ 000X > 2\ 500 \times 12\}$$

$$= P\{X > 15\}$$

$$= 1 - P\{X \leqslant 15\}$$

$$\approx 1 - \sum_{k=0}^{15} \frac{5^k}{k!} e^{-5}$$

$$= 0.000\ 069$$

由此可见,该保险公司在一年内亏本的概率极小.

（2）由题设有

$$P(B) = P\{30\ 000 - 2\ 000X \geqslant 10\ 000\}$$

$$= P\{X \leqslant 10\}$$

$$\approx \sum_{k=0}^{10} \frac{5^k}{k!} e^{-5}$$

$$= 0.986\ 305$$

该保险公司获利不少于 10 000 元的概率达 98% 以上.

二、几种重要的连续型分布

1. 均匀分布

均匀分布在理论上和应用上都是非常有用的一种连续型分布. 例如,计算机在进行计算时,对末位数字要进行"四舍五入",如对小数点后第一位数字进行四舍五入时,那么一般认为舍入误差服从区间[−0.5,0.5] 上的均匀分布;在区间[a,b] 上随机地掷质点,质点的坐标也可看作是服从在区间[a,b] 上的均匀分布.

定义 5.12　如果随机变量 X 的概率密度为

$$f(x) = \begin{cases} \dfrac{1}{b-a}, & a \leqslant x \leqslant b \\ 0, & \text{其他} \end{cases} \tag{5.12}$$

则称 X 服从[a,b] 上的均匀分布,记作 $X \sim U[a,b]$.

若随机变量 $X \sim U[a,b]$,则对任意长度为 l 的子区间$(c,c+l) \subset [a,b]$,有

$$P\{c < X \leqslant c+l\} = \int_c^{c+l} f(x)\mathrm{d}x = \int_c^{c+l} \frac{1}{b-a}\mathrm{d}x = \frac{l}{b-a}$$

即 X 落在[a,b] 的任一子区间内的概率只依赖于该子区间的长度,而与子区间的位置无关.

容易计算均匀分布的分布函数如下:

当 $x < a$ 时,$F(x) = \displaystyle\int_{-\infty}^x 0\mathrm{d}t = 0$;

当 $a \leqslant x < b$ 时,$F(x) = \displaystyle\int_{-\infty}^x f(t)\mathrm{d}t = \int_a^x \frac{1}{b-a}\mathrm{d}t = \frac{x-a}{b-a}$;

当 $x \geqslant b$ 时,$F(x) = \displaystyle\int_a^b f(t)\mathrm{d}t = 1.$

因此

$$F(x) = \begin{cases} 0, & x < a \\ \dfrac{x-a}{b-a}, & a \leqslant x \leqslant b \\ 1, & x \geqslant b \end{cases}$$

均匀分布的概率密度与分布函数的图形如图 5 - 3、图 5 - 4 所示.

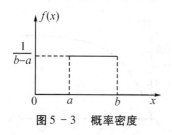

图 5 - 3　概率密度

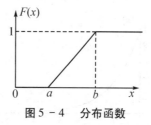

图 5 - 4　分布函数

例 9　设某种灯泡的使用寿命(单位:小时)X 是一随机变量,且 $X \sim U[1\,000, 1\,200]$,求 X 的概率密度以及 X 取值于 1 060 ~ 1 150 小时的概率.

解　$a = 1\,000, b = 1\,200, X$ 的概率密度为

$$f(x) = \begin{cases} \dfrac{1}{200}, & 1\,000 \leqslant x \leqslant 1\,200 \\ 0, & \text{其他} \end{cases}$$

$$P\{1\,060 \leqslant X \leqslant 1\,150\} = \int_{1\,060}^{1\,150} \frac{1}{200}dx = \frac{90}{200} = \frac{9}{20}.$$

例 10　某观光电梯从上午 8 时起,每半小时运行一趟. 某人在上午 8 ~ 9 点到达,试求他等候时间少于 5 分钟的概率.

解　设 X 表示某人到达的时间(单位:分钟),则 $X \sim U[0,60]$,其密度函数为

$$f(x) = \begin{cases} \dfrac{1}{60}, & 0 \leqslant x \leqslant 60 \\ 0, & \text{其他}. \end{cases}$$

为了使等候时间少于 5 分钟,此人应在电梯运行前 5 分钟之内到达,所求概率为:

$$P\{25 < X \leqslant 30\} + P\{55 < X \leqslant 60\} = \int_{25}^{30} \frac{1}{60}dx + \int_{55}^{60} \frac{1}{60}dx = \frac{1}{6}$$

2. 指数分布

指数分布是一种连续型分布,常用作各种"寿命"分布的近似,比如随机服务系统中的服务时间,一些消耗性产品(电子元器件)的使用寿命等多近似服从指数分布. 指数分布在排队论和可靠性理论研究中有着重要的应用.

定义 5.13　如果随机变量 X 的概率密度为

$$f(x) = \begin{cases} \lambda e^{-\lambda x}, & x > 0 \\ 0, & x \leqslant 0 \end{cases} \tag{5.13}$$

其中 $\lambda > 0$,则称 X 服从参数为 λ 的指数分布,记为 $X \sim E(\lambda)$.

指数分布的分布函数,是连续型随机变量中少数的有简单表达式的分布函数之一. 不难求得

$$F(x) = \begin{cases} 1 - e^{-\lambda x}, & x \geqslant 0 \\ 0, & x < 0 \end{cases}$$

参数 $\lambda = 1$ 的指数分布的概率密度如图 $5-5$ 所示,分布函数如图 $5-6$ 所示.

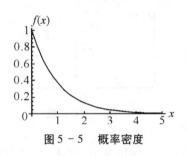

图 $5-5$ 概率密度

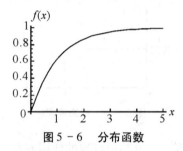

图 $5-6$ 分布函数

例 11 某种产品的使用寿命(单位:小时)X 服从参数为 $\dfrac{1}{1\,000}$ 的指数分布,求该产品使用 1 000 小时以上的概率.

解 由于参数 $\lambda = \dfrac{1}{1\,000}$,$X$ 的分布函数为

$$F(x) = \begin{cases} 0, & x < 0 \\ 1 - e^{-\frac{x}{1\,000}}, & x \geqslant 0 \end{cases}$$

$P\{X > 1\,000\} = 1 - P\{X \leqslant 1\,000\} = 1 - F(1\,000) = e^{-1} = 0.368$

例 12 上题中若发现该产品使用了 500 小时没有损坏,求它还可以继续使用 1 000 小时的概率.

解 接上题,

$P\{X > 500\} = 1 - F(500) = e^{-0.5}$

$P\{X > 1\,500\} = 1 - F(1\,500) = e^{-1.5}$

$$P\{X > 1\,500 \mid X > 500\} = \frac{P\{X > 500, X > 1\,500\}}{P\{X > 500\}}$$

$$= \frac{P\{X > 1\,500\}}{P\{X > 500\}}$$

$$= \frac{e^{-1.5}}{e^{-0.5}} = e^{-1}$$

计算结果表明:$P\{X > 1\,500 \mid X > 500\} = P\{X > 1\,000\}$,即在已使用了 500 小时未损坏的条件下,可以继续使用 1 000 小时的条件概率,等于其寿命不小于 1 000 小时的无条件概率. 这种性质叫做"无后效性",也就是说,产品以前曾经无故障使用的时间,不影响它以后使用寿命的统计规律. 在连续型分布中只有指数分布具有这种性质,这决定了指数分布在排队论及可靠性理论中的重要地位.

例 13 顾客在某银行窗口等待服务的时间 X 服从参数为 0.2 的指数分布，X 的计时单位为分钟，求该顾客在 10 分钟内能接受服务的概率.

解 由于参数为 0.2，所以 X 的密度函数为

$$f(x) = \begin{cases} 0.2e^{-0.2x}, & x \geqslant 0 \\ 0, & x < 0 \end{cases}$$

因此

$$P\{X \leqslant 10\} = \int_0^{10} 0.2e^{-0.2x}\mathrm{d}x = 1 - e^{-2}$$

3. 正态分布

正态分布是自然界中最为常见的一种连续型概率分布. 例如人的许多生理特征如身高、体重，一个地区考生的考试分数，炮弹的弹落点，测量误差，电子管噪声电流，射击误差等都服从正态分布. 试验观察表明，如果一个量受到大量相互独立的随机因素的影响，而每一个别因素的影响又不显著，即在总影响中所起的作用不是很大，则这种量通常都服从或近似服从正态分布. 因此正态分布在概率论与数理统计乃至随机过程的理论及应用中，都占有特别重要的地位. 正态分布是数学家高斯（Gauss）在研究天文观测数据的误差分布时"发明"的，是高斯对数学和统计学最伟大的贡献之一. 因此正态分布又称为高斯分布.

定义 5.14 若随机变量 X 具有概率密度

$$f(x) = \frac{1}{\sqrt{2\pi}\sigma}e^{-\frac{(x-\mu)^2}{2\sigma^2}}, x \in R \tag{5.14}$$

其中 μ, σ 都是常数，$\sigma > 0$，则称 X 服从参数为 μ, σ^2 的正态分布，记为 $X \sim N(\mu, \sigma^2)$，相应地，称 X 为正态变量.

$f(x)$ 的图形如图 5 - 7 所示，从图形可以看出：

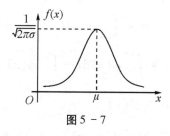

图 5 - 7

（1）$f(x)$ 的图形呈钟形曲线，关于 $x = \mu$ 对称.

（2）$f(x)$ 在 $x = \mu$ 处取得最大值 $\frac{1}{\sqrt{2\pi}\sigma}$，在 $(-\infty, \mu)$ 内单调增加，在 $(\mu, +\infty)$ 内单调减少，以 x 轴为渐近线.

（3）参数 μ 决定曲线的位置，参数 σ^2 决定曲线的形状. 当 σ^2 较大时，曲线较平坦，当 σ^2 较小时，曲线较陡峭，即参数 σ^2 反映了随机变量取值的分散程度，见图 5 - 8、图 5 - 9.

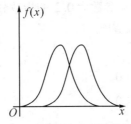
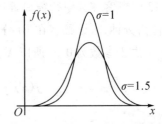

图 5-8 μ 对 $f(x)$ 图形的影响 　　　　图 5-9 α 对 $f(x)$ 图形的影响

X 的分布函数为(如图 5-10 所示)

$$F(x) = \frac{1}{\sqrt{2\pi}\,\sigma} \int_{-\infty}^{x} e^{-\frac{(t-\mu)^2}{2\sigma^2}} \mathrm{d}t, x \in R \qquad (5.15)$$

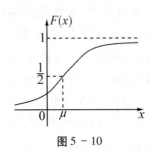

图 5-10

特别地,当 $\mu = 0, \sigma = 1$ 时,即 $X \sim N(0,1)$,称 X 服从标准正态分布.

其概率密度为 $\varphi(x) = \dfrac{1}{\sqrt{2\pi}} e^{-\frac{x^2}{2}}, x \in R$,

分布函数为 $\Phi(x) = \dfrac{1}{\sqrt{2\pi}} \int_{-\infty}^{x} e^{-\frac{t^2}{2}} \mathrm{d}t, x \in R.$

$\Phi(x)$ 的值可以查表得到. 对 $X \sim N(0,1)$,有

$$P\{a < X < b\} = \int_{a}^{b} \phi(x)\mathrm{d}x = \int_{-\infty}^{b} \phi(x)\mathrm{d}x - \int_{-\infty}^{a} \phi(x)\mathrm{d}x = \Phi(b) - \Phi(a)$$

$$P\{x > a\} = \int_{a}^{\infty} \phi(x)\mathrm{d}x = \int_{-\infty}^{+\infty} \phi(x)\mathrm{d}x - \int_{-\infty}^{a} \phi(x)\mathrm{d}x = 1 - \Phi(a)$$

$$P\{x < b\} = \int_{-\infty}^{b} \phi(x)\mathrm{d}x = \Phi(b)$$

在附表中,只对 $x \geq 0$ 时给出了 $\Phi(x)$ 的数值;当 $x < 0$ 时,可以使用下面的公式计算 $\Phi(x)$ 的值.

定理 5.3 　$\Phi(-x) = 1 - \Phi(x).$

证明 　由定义知 $\Phi(-x) = \dfrac{1}{\sqrt{2\pi}} \int_{-\infty}^{-x} e^{-\frac{t^2}{2}} \mathrm{d}t,$

作变量代换,令 $t = -y$,得

$$\Phi(-x) = -\frac{1}{\sqrt{2\pi}} \int_{\infty}^{x} e^{-\frac{y^2}{2}} \mathrm{d}y$$

$$= \frac{1}{\sqrt{2\pi}} \int_x^\infty e^{-\frac{y^2}{2}} \mathrm{d}y$$

$$= 1 - \Phi(x)$$

对于一般正态分布,设 $X \sim N(\mu, \sigma^2)$,概率密度为 $f(x)$,于是

$$P\{a < X < b\} = \int_a^b f(x)\mathrm{d}x = \frac{1}{\sqrt{2\pi}\sigma} \int_a^b e^{-\frac{(x-\mu)^2}{2\sigma^2}} \mathrm{d}x$$

作变量代换,令 $t = \dfrac{x-\mu}{\sigma}$,则有

$$\frac{1}{\sqrt{2\pi}\sigma} \int_a^b e^{-\frac{(x-\mu)^2}{2\sigma^2}} \mathrm{d}x = \frac{1}{\sqrt{2\pi}} \int_{\frac{a-\mu}{\sigma}}^{\frac{b-\mu}{\sigma}} e^{-\frac{t^2}{2}} \mathrm{d}t$$

$$= \int_{\frac{a-\mu}{\sigma}}^{\frac{b-\mu}{\sigma}} \phi(t)\mathrm{d}t$$

$$= \Phi(\frac{b-\mu}{\sigma}) - \Phi(\frac{a-\mu}{\sigma})$$

于是得到关于一般正态分布的计算公式

$$P\{a < X < b\} = \Phi(\frac{b-\mu}{\sigma}) - \Phi(\frac{a-\mu}{\sigma})$$

特别地:

$$P\{X > a\} = 1 - \Phi(\frac{a-\mu}{\sigma})$$

$$P\{X < b\} = \Phi(\frac{b-\mu}{\sigma})$$

例 14 设 $X \sim N(0,1)$,计算

(1) $P\{1 < X < 2\}$; (2) $P\{X < 1.96\}$; (3) $P\{|X| < 1.96\}$.

解

(1) $P\{1 < X < 2\} = \Phi(2) - \Phi(1) = 0.9772 - 0.8413 = 0.1359$

(2) $P\{X < 1.96\} = \Phi(1.96) = 0.975$.

(3) $P\{|X| < 1.96\} = P\{-1.96 < X < 1.93\}$

$$= \Phi(1.96) - \Phi(-1.96)$$

$$= \Phi(1.96) - [1 - \Phi(1.96)]$$

$$= 0.95$$

例 15 设 $X \sim N(2,4)$,计算

(1) $P\{-1 < X < 2\}$; (2) $P\{|X| > 1\}$.

解 使用正态分布的计算公式,可得

(1) $P\{-1 < X < 2\} = \Phi(\frac{2-2}{2}) - \Phi(\frac{-1-2}{2})$

$$= \Phi(0) - \Phi(-1.5)$$

$$= \Phi(0) - [1 - \Phi(1.5)]$$
$$= 0.433 \; 2$$

$$(2)P\{|X| > 1\} = 1 - P\{|X| \leqslant 1\}$$
$$= 1 - P\{-1 \leqslant X \leqslant 1\}$$
$$= 1 - \left[\Phi\left(\frac{1-2}{2}\right) - \Phi\left(\frac{-1-2}{2}\right)\right]$$
$$= 1 - \left[\Phi(-0.5) - \Phi(-1.5)\right]$$
$$= 1 - \left[\Phi(1.5) - \Phi(0.5)\right]$$
$$= 0.758 \; 3$$

例 16 设 $X \sim N(\mu, \sigma^2)$，试求：

$(1)P\{|X - \mu| < \sigma\}$；

$(2)P\{|X - \mu| < 2\sigma\}$；

$(3)P\{|X - \mu| < 3\sigma\}$.

解

$$(1)P\{|X - \mu| < \sigma\} = P\{\mu - \sigma < X < \mu + \sigma\} = \Phi\left(\frac{\mu + \sigma - \mu}{\sigma}\right) -$$
$$\Phi\left(\frac{\mu - \sigma - \mu}{\sigma}\right)$$
$$= \Phi(1) - \Phi(-1) = 2\Phi(1) - 1 = 0.682 \; 6;$$

$(2)P\{|X - \mu| < 2\sigma\} = 2\Phi(2) - 1 = 0.954 \; 5;$

$(3)P\{|X - \mu| < 3\sigma\} = 2\Phi(3) - 1 = 0.997 \; 3.$

由此可见，正态变量 X 落在以 μ 为中心，半径为 3σ 的对称区间内的概率达到了 0.997 3，因而落在 $(\mu - 3\sigma, \mu + 3\sigma)$ 之外的可能性非常小，几乎不可能发生，这就是实际应用中的"3σ"原则. 例如工业生产上用的控制图和一些产品的质量指数都是根据"3σ"原则来制定的.

例 17 某人从酒店乘车去机场，现有两条路线可供选择. 走第一条路线，穿过市区，路程较短，但道路拥堵，所需时间 X_1（单位：分钟），$X_1 \sim N(40, 10^2)$；走第二条路线，通过高架桥，路程较长，但交通畅通，所需时间 X_2（单位：分钟），$X_2 \sim N(45, 4^2)$. 当离停止办理登机手续还有 45 分钟和 50 分钟时，请问选择哪条路线较好？

解 两种情形下，都应选择能准时到达概率较大的路线.

$$(1)P\{X_1 \leqslant 45\} = \Phi\left(\frac{45 - 40}{10}\right) = \Phi(0.5),$$

$$P\{X_2 \leqslant 45\} = \Phi\left(\frac{45 - 45}{4}\right) = \Phi(0),$$

$\Phi(0.5) > \Phi(0)$，故选第一条路线较好；

$(2)P\{X_1 \leqslant 50\} = \Phi(\frac{50-40}{10}) = \Phi(1),$

$P\{X_2 \leqslant 50\} = \Phi(\frac{50-45}{4}) = \Phi(1.25),$

$\Phi(1) < \Phi(1.25)$,故选第二条路线较好.

例18 假设新生入学考试成绩 $X \sim N(72,\sigma^2)$,已知96分以上的考生占2.3%,现任意抽取一份试卷,求该试卷的成绩在 $60 \sim 84$ 分的概率.

解 由题意知:

$P\{X > 96\} = 0.023$

又因新生入学考试成绩 $X \sim N(72,\sigma^2)$,则

$$P\{X \leqslant 96\} = 0.977$$

$$P\{\frac{X-72}{\sigma} \leqslant \frac{96-72}{\sigma}\} = 0.977$$

由 $\Phi(\frac{24}{\sigma}) = 0.977$,查表得 $\frac{24}{\sigma} = 2$,

所以 $\sigma = 12$.

则该试卷的成绩 $60 \sim 84$ 分的概率为

$$P\{84 < X < 60\} = \Phi(\frac{84-72}{12}) - \Phi(\frac{60-72}{12})$$

$$= \Phi(1) - \Phi(-1)$$

$$= 2\Phi(1) - 1$$

$$= 0.682$$

第四节　随机变量的数字特征

随机变量的分布全面地描述了随机现象的统计规律,然而对许多实际问题,随机变量的分布并不容易求得.另外,对有些实际问题,往往并不需要知道随机变量的分布,而只需要知道它的某些特征.例如,在气象分析中常常考察某一时段的气温、雨量、湿度、日照时间的平均值、极差值等以判断气象情况,不必掌握每个气象变量的分布函数情况.又如在检查一批棉花质量时,只关心纤维的平均长度及纤维的长度与平均长度的偏离程度,平均长度较大,偏离程度较小,质量就较好.这些与随机变量有关的某些数值,如平均值、偏差值等,虽然不能完整地描述随机变量的分布,但是能够刻画随机变量某些方面的性质特征.这些能够刻画随机变量某些方面的性质特征的量称为随机变量的数字特征.数学特征由概率分布唯一确定,所以也称为某种分布的数字特征.比较常用的数字特征有数学期望、方差、协方差和相关系数等.

一、数学期望

1. 数学期望的概念

例 1　某射击运动员进行 100 次实弹射击,命中 8 环、9 环、10 环的次数分别是 30 次、50 次、20 次,求他命中环数的平均值.

解　命中环数的平均值显然是

$(8 \times 30 + 9 \times 50 + 10 \times 20) \div 100 = 8 \times 0.3 + 9 \times 0.5 + 10 \times 0.2 = 8.9$

这与命中环数的简单平均 $(8 + 9 + 10) \div 3 = 9$ 不同,是命中环数的加权平均,权数 0.3、0.5、0.2 正是各命中环数的频率,如果射击次数很大,频率接近概率,若以概率作加权平均,平均值更加可靠.

一般地,设 X 为随机变量,X 可能取许多值,这些取值以概率为权重的加权平均数,称为 X 的数学期望,记为 $E(X)$,数学期望也可称为随机变量的均值.

2. 离散型随机变量的数学期望

定义 5.15　设离散型随机变量 X 的分布律为

$$P\{X = x_i\} = p_i, i = 1,2,\cdots$$

若级数 $\sum\limits_{i=1}^{\infty} x_i p_i$ 绝对收敛,即 $\sum\limits_{i=1}^{\infty} |x_i| p_i < +\infty$,则称 $\sum\limits_{i=1}^{\infty} x_i p_i$ 的值为随机变量 X 的数学期望,简称为期望或均值,记为 $E(X)$,即

$$E(X) = \sum_{i=1}^{\infty} x_i \cdot p_i \tag{5.16}$$

若级数 $\sum\limits_{i=1}^{\infty} |x_i| p_i$ 发散,则称 X 的数学期望不存在.

对于离散型随机变量 X,它的期望 $E(X)$ 就是 X 的各种可能取值与其对应概率乘积之和.形式上 $E(X)$ 就是 X 的各种可能取值的加权平均.因此,$E(X)$ 也被称为 X 的均值或分布的均值.

例 2　甲乙两人在相同条件下进行射击,击中的环数分别记为 X,Y,概率分布如下:

$P\{X = 8\} = 0.3, P\{X = 9\} = 0.1, P\{X = 10\} = 0.6$

$P\{Y = 8\} = 0.2, P\{Y = 9\} = 0.5, P\{Y = 10\} = 0.3$

试比较两人谁的成绩好.

解

$E(X) = 8 \times 0.3 + 9 \times 0.1 + 10 \times 0.6 = 9.3$

$E(Y) = 8 \times 0.2 + 9 \times 0.5 + 10 \times 0.3 = 9.1$

因此可以认为甲比乙的成绩好.

例 3　如何确定投资决策方向?

某人有 10 万元现金,想投资于某项目,预估成功的机会为 30%,可得利润 8 万

元,失败的机会为 70%,将损失 2 万元. 若存入银行,同期间的利率为 5%. 问是否做此项投资?

解 设 X 为投资利润,则 X 的概率分布如表 5 - 7 所示.

表 5 - 7

X	8	- 2
P	0.3	0.7

因此有

$$E(X) = 8 \times 0.3 - 2 \times 0.7 = 1(万元)$$

存入银行的利息为

$$10 \times 5\% = 0.5(万元)$$

故应选择投资.

例 4 一批产品中有一、二、三等品及废品 4 种,相应比例分别为 60%、20%、10%、10%. 若各等级产品的产值分别为 6 元、4.8 元、4 元、0 元,求该产品的平均产值.

解 设一件产品的产值为 X 元,依题意可知,X 的概率分布如表 5 - 8 所示.

表 5 - 8

X	6	4.8	4	0
p	0.6	0.2	0.1	0.1

由(5.16)式有

$$E(X) = 6 \times 0.6 + 4.8 \times 0.2 + 4 \times 0.1 + 0 \times 0.1 = 4.96$$

故该产品的平均产值为 4.96 元.

3. 连续型随机变量的数学期望

定义 5.16 设连续型随机变量 X 的密度函数为 $f(x)$,如果积分 $\int_{-\infty}^{+\infty} xf(x)\mathrm{d}x$ 绝对收敛,则称该积分值为 X 的数学期望,记为 $E(X)$,即

$$E(X) = \int_{-\infty}^{+\infty} xf(x)\mathrm{d}x \tag{5.17}$$

例 5 设连续型随机变量 X 的概率密度 $f(x) = \begin{cases} 2x, & 0 < x < 1 \\ 0, & 其他 \end{cases}$,求 $E(X)$.

解 由数学期望的定义(5.17)式,得

$$E(X) = \int_{-\infty}^{+\infty} xf(x)\mathrm{d}x = \int_{0}^{1} 2x^2\mathrm{d}x = \frac{2}{3}x^3 \Big|_{0}^{1} = \frac{2}{3}.$$

例 6 设顾客在某银行的窗口等待服务的时间 X(以分计) 服从指数分布,其概率密度为

$$p(x) = \begin{cases} \dfrac{1}{5}e^{-x/5}, & x > 0 \\ 0, & x \leq 0 \end{cases}$$

试求顾客等待服务的平均时间.

解　$E(X) = \displaystyle\int_{-\infty}^{\infty} xp(x)\,\mathrm{d}x = \int_0^\infty x \cdot \dfrac{1}{5}e^{-x/5}\,\mathrm{d}x = 5$

因此,顾客平均等待 5 分钟就可得到服务.

例7　设随机变量 X 的概率密度是 $f(x) = \begin{cases} ax + b, & 0 \leq x \leq 1 \\ 0, & \text{其他} \end{cases}$,且 $E(X) = $

$\dfrac{1}{3}$,求常数 a 与 b 的值.

解　由密度函数的性质有

$$\int_{-\infty}^{+\infty} f(x)\,\mathrm{d}x = \int_0^1 (ax + b)\,\mathrm{d}x = \frac{1}{2}a + b = 1$$

又

$$E(X) = \int_{-\infty}^{+\infty} xf(x)\,\mathrm{d}x = \int_0^1 x(ax + b)\,\mathrm{d}x = \frac{1}{3}a + \frac{1}{2}b = \frac{1}{3}$$

解关于 a 与 b 的方程组,得

$$a = -2, b = 2$$

4. 数学期望的性质

随机变量的数学期望具有以下重要性质(假定下面所讨论的随机变量的期望均存在):

性质1　设 c 是常数,则有 $E(c) = c$.

性质2　设 X 是随机变量,c 是常数,则 $E(cX) = cE(X)$.

性质3　设 X、Y 是两个随机变量,则 $E(X + Y) = E(X) + E(Y)$.

性质4　设 X、Y 是两个相互独立的随机变量,则 $E(XY) = E(X) \cdot E(Y)$.

证明略.

例8　设随机变量 X 的数学期望为 $E(X) = -2$,求 $E\left(-\dfrac{1}{2}X + 3\right)$.

解　由期望的性质,得

$$E\left(-\frac{1}{2}X + 3\right) = -\frac{1}{2}E(X) + 3 = 4$$

例9　设某一电路中电流 I 与电阻 R 是两个相互独立的随机变量,其概率密度分别为

$$f(i) = \begin{cases} 2i, & 0 \leq i \leq 1 \\ 0, & \text{其他} \end{cases}, \quad g(r) = \begin{cases} \dfrac{r^2}{9}, & 0 \leq r \leq 3 \\ 0, & \text{其他} \end{cases}$$

求该电路电压 $V = IR$ 的数学期望.

解 $E(V) = E(IR) = E(I) \cdot E(R)$

$$= \left[\int_{-\infty}^{+\infty} i f(i) \mathrm{d}i \right] \cdot \left[\int_{-\infty}^{+\infty} r g(r) \mathrm{d}r \right]$$

$$= \left[\int_{0}^{1} 2i^2 \mathrm{d}i \right] \cdot \left[\int_{0}^{3} \frac{r^3}{9} \mathrm{d}r \right]$$

$$= \frac{3}{2}$$

5. 随机变量的函数的数学期望

对于随机变量 X 的某一函数 $Y = g(X)$，如果知道随机变量 Y 的概率分布，则可直接求出 Y 的期望；如果不知道 Y 的概率分布，也可由 X 的概率分布来求出 Y 的期望.

定理5.4   设 Y 是随机变量 X 的连续函数 $Y = g(X)$，且 Y 的数学期望存在，那么

（1）若 X 是离散型随机变量，其概率分布为 $P\{X = x_i\} = p_i, i = 1, 2, \cdots$，则有

$$E(Y) = E(g(X)) = \sum_{i=1}^{\infty} g(x_i) p_i \tag{5.18}$$

（2）若 X 是连续型随机变量，其概率密度为 $f(x)$，则有

$$E(Y) = E(g(X)) = \int_{-\infty}^{+\infty} g(x) f(x) \mathrm{d}x \tag{5.19}$$

此定理的证明略.

例 10   随机变量 X 的概率分布如表 5-9 所示，且 $Y = X^2$，求 $E(Y)$.

表 5-9

X	1	2	3	4
P	0.4	0.3	0.2	0.1

解   由 (5.18) 式得到

$$E(Y) = \sum_{n=1}^{4} x_n^2 p_n = 1^2 \times 0.4 + 2^2 \times 0.3 + 3^2 \times 0.2 + 4^2 \times 0.1 = 5$$

例 11   已知 $X \sim f(x)$，$Y = X^2$，并且 $f(x) = \begin{cases} x + \dfrac{1}{2}, & 0 \leqslant x \leqslant 1 \\ 0, & 其他 \end{cases}$

求 $E(Y)$.

解   由 (5.19) 式得到

$$E(Y) = \int_{-\infty}^{+\infty} x^2 f(x) \mathrm{d}x$$

$$= \int_{0}^{1} x^2 \left(x + \frac{1}{2} \right) \mathrm{d}x$$

$$= \frac{5}{12}$$

二、方差

数学期望刻画了随机变量取值的平均情况,在很多情况下,仅仅知道期望是不够的,还需了解一个随机变量相对于期望的离散程度,即随机变量取值偏离其平均值的程度. 例如,考察一批棉花的纤维长度,如果有些很长,有些又很短,即使其平均长度达到合格标准,也不能认为这批棉花合格. 又如一名射击选手,在若干次射击试验中,如果他每次射击的平均命中环数高,说明他命中精度高,准确性好;但若他有时命中环数很高,有时又很低,则表明他的稳定性不好,因而不能认为他是一名高水平的射击选手. 由此可见,研究随机变量与其期望的偏离程度是很必要的.

1. 方差的概念

设 X 是随机变量,且期望 $E(X)$ 存在,我们称 $X - E(X)$ 为 X 的离差. 显然,离差有正有负,且有 $E[X - E(X)] = E(X) - E(X) = 0$,即任意一个随机变量的离差的期望都为 0,故离差的和不能反应随机变量与其期望的偏离程度.

不难看到 $E\{|X - E(X)|\}$ 能够反映随机变量与其期望的偏离程度. 但因为带有绝对值符号,数学处理不方便. 我们通常是用 $E\{[X - E(X)]^2\}$ 来度量随机变量 X 与其期望的偏离程度,从而我们有下面的定义.

定义 5.17　设 X 是一个随机变量,若 $E\{[X - E(X)]^2\}$ 存在,则称 $E\{[X - E(X)]^2\}$ 为随机变量 X 的方差,记为 $D(X)$ 或 $Var(X)$,即

$$D(X) = Var(X) = E\{[X - E(X)]^2\} \tag{5.20}$$

记 $\sigma(X) = \sqrt{D(X)}$,称为随机变量 X 的标准差或均方差.

由定义可知,方差就是随机变量 X 的函数 $g(X) = [X - E(X)]^2$ 的数学期望,则对于离散型随机变量 X,设其概率分布为 $P\{X = x_i\} = p_i(i = 1,2,\cdots)$,有

$$D(X) = \sum_{i=1}^{\infty} [x_i - E(X)]^2 p_i \tag{5.21}$$

对于连续型随机变量 X,设其密度函数为 $f(x)$,有

$$D(X) = \int_{-\infty}^{+\infty} [x - E(X)]^2 f(x)\,\mathrm{d}x \tag{5.22}$$

此外,还有一个计算方差的重要公式,使用期望的性质,有

$$E([X - EX]^2) = E\{X^2 - 2XE(X) + [E(X)]^2\}$$
$$= E(X^2) - 2E(X)E(X) + [E(X)]^2$$
$$= E(X^2) - [E(X)]^2$$

所以通常情况下随机变量的方差按下面公式计算:

$$D(X) = E(X^2) - (E(X))^2$$

例 12　设离散型随机变量 X 的概率分布如表 5 - 10 所示.

表 5 − 10

X	0	1	2
p	0.2	0.5	0.3

求 $D(X)$.

解

$E(X) = 0 \times 0.2 + 1 \times 0.5 + 2 \times 0.3 = 1.1$

$E(X^2) = 0^2 \times 0.2 + 1^2 \times 0.5 + 2^2 \times 0.3 = 1.7$

$D(X) = 1.7 - 1.1^2 = 0.49$

例 13　设连续性随机变量 X 的概率密度为

$$f(x) = \begin{cases} 2x, & 0 \leqslant x \leqslant 1 \\ 0, & 其他 \end{cases}$$

求 $D(X)$.

解

$$E(X) = \int_{-\infty}^{\infty} xf(x)\,dx = \int_0^1 2x^2\,dx = \frac{2}{3}$$

$$E(X^2) = \int_{-\infty}^{\infty} x^2f(x)\,dx = \int_0^1 2x^3\,dx = \frac{1}{2}$$

$$D(X) = E(X^2) - (E(x))^2 = \frac{1}{2} - \left(\frac{2}{3}\right)^2 = \frac{1}{18}$$

2. 方差的简单性质

假设以下所遇到的随机变量的方差都存在,则方差具有以下性质:

性质 1　$D(c) = 0$,c 为常数.

性质 2　$D(X + C) = D(X)$,c 为常数.

性质 3　$D(kX) = k^2 \cdot D(X)$,k 为常数.

性质 4　若随机变量 X、Y 相互独立,则 $D(X + Y) = D(X) + D(Y)$.

证明略.

例 14　设随机变量 X 的方差 $D(X) = 2$,求 $D(-2X + 3)$.

解　由方差的性质,可得

$$D(-2X + 3) = D(-2X) = (-2)^2 \cdot D(X) = 8$$

例 15　设 X 为随机变量,且 $E\left(\frac{X}{2} - 1\right) = 1$,$D\left(-\frac{X}{2} + 1\right) = 2$,求 $E(X^2)$.

解　由期望及方差的性质,有

$$E\left(\frac{X}{2} - 1\right) = \frac{1}{2} \cdot E(X) - 1 = 1$$

$$D\left(-\frac{X}{2} + 1\right) = \left(-\frac{1}{2}\right)^2 \cdot D(X) = 2$$

解得
$$E(X) = 4, D(X) = 8$$

因此
$$E(X^2) = D(X) + (E(X))^2 = 8 + 4^2 = 24$$

三、几种重要分布的随机变量的期望与方差

1. 两点分布

如果随机变量 X 的概率分布如表 5 - 11 所示：

表 5 - 11

X	0	1
P	q	p

其中 $0 < p < 1, q = 1 - p$，则
$$E(X) = 0 \cdot q + 1 \cdot p = p$$
$$E(X^2) = 0^2 \cdot q + 1^2 \cdot p = p$$
$$D(X) = E(X^2) - (EX)^2 = p - p^2 = p(1 - p) = pq$$

2. 二项分布 $B(n, p)$

设 $X \sim B(n, p)$，其分布律为
$$p\{X = k\} = p_k = C_n^k p^k q^{n-k}, k = 0, 1, \cdots, n$$

其中 $0 < p < 1, q = 1 - p$，则有
$$E(X) = \sum_{k=0}^{n} k p_k = \sum_{k=1}^{n} k C_n^k p^k q^{n-k}$$
$$= np \sum_{k=1}^{n} C_{n-1}^{k-1} p^{k-1} q^{n-k} \overset{(\diamond k'=k-1)}{=} np \sum_{k'=0}^{n} C_{n-1}^{k'} p^{k'} q^{(n-1)-k'}$$
$$= np(p + q)^{n-1} = np$$
$$E(X^2) = \sum_{k=0}^{n} k^2 p_k = \sum_{k=1}^{n} k^2 \cdot \frac{n!}{k!(n-k)!} p^k q^{n-k}$$
$$= \sum_{k=1}^{n} k \cdot \frac{n!}{(k-1)!(n-k)!} p^k q^{n-k}$$
$$= \sum_{k=1}^{n} (k-1) \cdot \frac{n!}{(k-1)!(n-k)!} p^k q^{n-k}$$
$$+ \sum_{k=1}^{n} \frac{n!}{(k-1)!(n-k)!} p^k q^{n-k}$$
$$= n(n-1)p^2 \cdot \sum_{k=2}^{n} \frac{(n-2)!}{(k-2)!(n-k)!} p^{k-2} q^{n-k} + np$$
$$= n(n-1)p^2 + np$$

因而

$$D(X) = E(X^2) - (E(X))^2 = n(n-1)p^2 + np - (np)^2 = np(1-p) = npq$$

或把 X 看作 n 个相互独立且都服从 $0-1$ 分布的随机变量的和,我们有结论:设 $X_1, X_2, \cdots, X_n (n \geq 2)$ 相互独立且都服从参数为 p 的 $0-1$ 分布,则 $X = \sum_{i=1}^{n} X_i$ 服从 $B(n,p)$ 分布. 由前面已知 $E(X_i) = pD(X_i) = p(1-p), i = 1, 2, \cdots, n$,所以应用期望与方差的性质可得

$$E(X) = E(\sum_{i=1}^{n} X_i) = \sum_{i=1}^{n} E(X_i) = np$$

$$D(X) = D(\sum_{i=1}^{n} X_i) = \sum_{i=1}^{n} D(X_i) = \sum_{i=1}^{n} p(1-p) = np(1-p)$$

3. 泊松分布 $P(\lambda)$

设 $X \sim P(\lambda)$,其分布律为

$$P\{X = k\} = \frac{\lambda^k e^{-\lambda}}{k!}, k = 0, 1, 2, \cdots, \lambda > 0$$

其数学期望为

$$E(X) = \sum_{k=0}^{+\infty} k \cdot \frac{\lambda^k}{k!} e^{-\lambda} = \lambda e^{-\lambda} \cdot \sum_{k=1}^{+\infty} \frac{\lambda^{k-1}}{(k-1)!} = \lambda e^{-\lambda} \cdot e^{\lambda} = \lambda$$

由于

$$E(X^2) = E(X(X-1)) + E(X) = E(X(X-1)) + \lambda$$

而

$$E(X(X-1)) = \sum_{k=0}^{+\infty} k(k-1) \cdot \frac{\lambda^k}{k!} e^{-\lambda}$$

$$= \lambda^2 e^{-\lambda} \cdot \sum_{k=2}^{+\infty} \frac{\lambda^{k-2}}{(k-2)!} = \lambda^2 e^{-\lambda} \cdot e^{\lambda} = \lambda^2$$

所以 $E(X^2) = \lambda^2 + \lambda$,

故方差为

$$D(X) = E(X^2) - [E(X)]^2 = \lambda^2 + \lambda - \lambda^2 = \lambda$$

4. 均匀分布 $U[a,b]$

设 $X \sim U[a,b]$,其分布函数为

$$f(x) = \begin{cases} \dfrac{1}{b-a}, & a \leq x \leq b \\ 0, & \text{其他} \end{cases}$$

其数学期望为

$$E(X) = \int_a^b \frac{x}{b-a} \mathrm{d}x = \frac{1}{2}(a+b).$$

其方差

$$E(X^2) = \int_{-\infty}^{+\infty} x^2 f(x)\,\mathrm{d}x = \int_a^b \frac{x^2}{b-a}\mathrm{d}x = \frac{1}{3}(a^2 + ab + b^2),$$

$$D(X) = \frac{1}{12}(b-a)^2$$

5. 指数分布 $E(\lambda)$

设 $X \sim E(\lambda)$，其密度函数为

$$f(x) = \begin{cases} \lambda e^{-\lambda x}, & x > 0 \\ 0, & x \leqslant 0 \end{cases} \quad (\lambda > 0)$$

则有

$$E(X) = \int_{-\infty}^{+\infty} xf(x)\,\mathrm{d}x = \int_0^{+\infty} \lambda x e^{-\lambda x}\,\mathrm{d}x = (-xe^{-\lambda x})\big|_0^{+\infty} + \int_0^{+\infty} e^{-\lambda x}\,\mathrm{d}x = \frac{1}{\lambda}$$

$$E(X^2) = \int_{-\infty}^{+\infty} x^2 f(x)\,\mathrm{d}x = \int_0^{+\infty} \lambda x^2 e^{-\lambda x}\,\mathrm{d}x = (-x^2 e^{-\lambda x})\big|_0^{+\infty} + 2\int_0^{+\infty} xe^{-\lambda x}\,\mathrm{d}x = \frac{2}{\lambda^2}$$

$$D(X) = E(X^2) - (E(X))^2 = \frac{1}{\lambda^2}$$

6. 正态分布 $N(\mu,\sigma^2)$

设 $X \sim N(\mu,\sigma^2)$，其密度函数为

$$f(x) = \frac{1}{\sqrt{2\pi}\sigma} e^{-\frac{(x-\mu)^2}{2\sigma^2}}, \sigma > 0, -\infty < x < +\infty$$

则有

$$E(X) = \int_{-\infty}^{\infty} xf(x)\,\mathrm{d}x = \int_{-\infty}^{\infty} x \cdot \frac{1}{\sqrt{2\pi}\sigma} e^{-\frac{(x-\mu)^2}{2\sigma^2}}\,\mathrm{d}x$$

$$\xlongequal{t = \frac{x-\mu}{\sigma}} \frac{1}{\sqrt{2\pi}} \int_{-\infty}^{\infty} (\sigma t + \mu) e^{-\frac{z^2}{2}}\,\mathrm{d}t = \frac{\mu}{\sqrt{2\pi}} \int_{-\infty}^{\infty} e^{-\frac{z^2}{2}}\,\mathrm{d}t = \mu$$

$$D(X) = E(X - E(X))^2 = \int_{-\infty}^{\infty} (x-\mu)^2 \cdot \frac{1}{\sqrt{2\pi}\sigma} \cdot e^{-\frac{(x-\mu)^2}{2\sigma^2}}\,\mathrm{d}x$$

$$\xlongequal{t = \frac{x-\mu}{\sigma}} \frac{\sigma^2}{\sqrt{2\pi}} \int_{-\infty}^{\infty} t^2 \cdot e^{-\frac{t^2}{2}}\,\mathrm{d}t$$

$$= \frac{\sigma^2}{\sqrt{2\pi}} \Big[-te^{-\frac{t^2}{2}}\big|_{-\infty}^{\infty} + \int_{-\infty}^{\infty} e^{-\frac{t^2}{2}}\,\mathrm{d}t \Big]$$

$$= \frac{\sigma^2}{\sqrt{2\pi}} \int_{-\infty}^{\infty} e^{-\frac{t^2}{2}}\,\mathrm{d}t = \sigma^2$$

从以上计算结果可知，常见重要分布的期望与方差都与该分布的参数有关. 一般地，若已知随机变量服从某种概率分布，通常可以由数字特征确定它的具体分布. 因此，研究随机变量的数字特征在理论上及实际应用上都有着重要的意义. 现将以上计算结果列表如表 5 - 12 所示.

表 5 - 12

分布及参数	期望 $E(X)$	方差 $D(X)$
两点分布	p	pq
二项分布 $B(n,p)$	np	$np(1-p)$
泊松分布 $P(\lambda)$	λ	λ
均匀分布 $U[a,b]$	$\dfrac{a+b}{2}$	$\dfrac{(b-a)^2}{12}$
指数分布 $E(\lambda)$	$\dfrac{1}{\lambda}$	$\dfrac{1}{\lambda^2}$
正态分布 $N(\mu,\sigma^2)$	μ	σ^2

【补充知识】

一、解决困惑

1. 问题 1 的解决

首先,我们假设以 X 和 Y 分别表示第一颗骰子和第二颗骰子出现的点数,我们要解决"坐庄"的机会是否相等,就要算出每个人坐庄的概率是多大,下面我们列出各个骰子出现各个点数的概率.

随机变量 X 和 Y 相互独立,且 (X,Y) 联合概率分布如表 5 - 13 所示.

表 5 - 13

	1	2	3	4	5	6
1	$\dfrac{1}{36}$	$\dfrac{1}{36}$	$\dfrac{1}{36}$	$\dfrac{1}{36}$	$\dfrac{1}{36}$	$\dfrac{1}{36}$
2	$\dfrac{1}{36}$	$\dfrac{1}{36}$	$\dfrac{1}{36}$	$\dfrac{1}{36}$	$\dfrac{1}{36}$	$\dfrac{1}{36}$
3	$\dfrac{1}{36}$	$\dfrac{1}{36}$	$\dfrac{1}{36}$	$\dfrac{1}{36}$	$\dfrac{1}{36}$	$\dfrac{1}{36}$
4	$\dfrac{1}{36}$	$\dfrac{1}{36}$	$\dfrac{1}{36}$	$\dfrac{1}{36}$	$\dfrac{1}{36}$	$\dfrac{1}{36}$
5	$\dfrac{1}{36}$	$\dfrac{1}{36}$	$\dfrac{1}{36}$	$\dfrac{1}{36}$	$\dfrac{1}{36}$	$\dfrac{1}{36}$
6	$\dfrac{1}{36}$	$\dfrac{1}{36}$	$\dfrac{1}{36}$	$\dfrac{1}{36}$	$\dfrac{1}{36}$	$\dfrac{1}{36}$

记 $Z = X + Y$,那么 Z 的概率分布率如表 5 - 14 所示.

表 5 - 14

Z	2	3	4	5	6	7	8	9	10	11	12
P	$\frac{1}{36}$	$\frac{2}{36}$	$\frac{3}{36}$	$\frac{4}{36}$	$\frac{5}{36}$	$\frac{6}{36}$	$\frac{5}{36}$	$\frac{4}{36}$	$\frac{3}{36}$	$\frac{2}{36}$	$\frac{1}{36}$

那么,如果是坐"北"的一家掷骰子,则 4 家"坐庄"的概率分别为

"北家":$P(Z = 5) + P(Z = 9) = \frac{8}{36}$

"西家":$P(Z = 2) + P(Z = 6) + P(Z = 10) = \frac{9}{36}$

"南家":$P(Z = 3) + P(Z = 7) + P(Z = 11) = \frac{10}{36}$

"东家":$P(Z = 4) + P(Z = 8) + P(Z = 12) = \frac{9}{36}$

由此可见,4 家坐庄的机会不相等,所以利用上述方法找庄家是不公平的.

用什么方法找庄家最公平呢?方法应该是有的,如果这 4 家分别为 2、5、9 点,7、10 点,3、6、11 点,4、8、12 点时坐庄,根据二维随机变量的联合分布和二维随机变量函数的概率分布,准确计算掷两个质体均匀的骰子出现点数的概率,则机会均等,均为 $\frac{1}{4}$. 当然,还有其他的找庄家的方法,此不赘述.

通常 4 家被选为庄家的概率是不相等的. 然而,人们一直采用这种方法,而且被认为是最公平的方法. 有些约定俗成的规则、习惯和做法,有时是不合理的,甚至是不科学的,只有养成对问题认真思考的习惯,才有可能发现一些不合理的现象,然后加以改进.

2. 问题 2 的解决

我们在学习正态分布时提到,学生的考试成绩是服从正态分布的,所以这里我们设每科考试的卷面分数 $X \sim N(\mu, \sigma^2)$,其中 μ 反映了该科考试卷面的平均分,σ^2 反映了该科考试卷面分数的离散程度. 利用线性变换 $Y = \frac{X - \mu}{\sigma}$,变换以后的分数就是标准分,$Y \sim N(0,1)$.

标准分是卷面分换算得来的,根据标准分就能较准确判断任一考试成绩在考生群体中的位置.

若 $Y < 0$,说明考试成绩低于平均分;

若 $Y = 0$,说明考试成绩等于平均分;

若 $Y > 0$,说明考试成绩高于平均分.

不仅如此,还可以根据平均分来判断考试成绩在全体考生中的位置,如某人参加考试的标准分为 $Y = 1$,则 $P(Y < 1) = 0.8413$,说明在全体考生中有 84.13% 的考生成绩比他低;如某人参加某项考试的标准分为 $Y = -0.5$,则 $P(Y < -0.5) =$

0.308 5,说明在全体考生中只有30.85%的考生成绩比他低等.

　　在高考成绩中,由于每一科目的考生都在数万人之上,为了便于区分,故增大正态分布的标准差,对卷面成绩进行换算 $Z = \dfrac{(X - \mu) \times 100}{\sigma} + 500$,可以证明 $E(Z) = 500$,$D(Z) = 100^2$,换算后的标准分服从均值500,标准差为100的正态分布,即 $Z \sim N(500,100^2)$. 由于正态分布以均值为中心,以 $\sigma,2\sigma,3\sigma,4\sigma$ 为半径的范围内取值的概率可达到0.682 6、0.954 5、0.997 3、0.999 94,所以标准分在100～900分几乎是必然的,即高考成绩每一门的标准分都是以500分为平均分且在100～900分.

　　若标准分大于500分,说明高于平均分;

　　若标准分小于500分,说明低于平均分.

　　例如某一位同学某一科的标准分是618分,那么可以计算 $P(Z > 618) = 0.119$,即他所在省该科考试成绩高于该同学的约占考生总数的11.9%. 所以当考生知道了标准分以后,就能知道他的"名次". 这就是采用标准分的一个重要意义.

　　由于各类考试的人数众多,每科考试的卷面分数服从正态分布是完全合理的. 标准分的另一个重要意义是,将原始分换算为标准分以后,可以消除不同科目难易程度对总成绩的影响,它比传统的计算卷面总分更科学. 因为不论每一科目的难易程度如何,将其转换成标准分以后,都服从正态分布 $N(500,100^2)$.

　　高考成绩的综合分是由各科标准分加权平均后再进行折算的,综合分仍服从正态分布,其均值仍为500分,但其标准差就不一定是100分了. 根据正态分布、标准正态分布和正态分布的标准化可以解决构造任意形式的标准分的问题. 某一现象受诸多因素的影响,而每一因素都不能起到特别突出的作用,那么这一现象就可以用正态分布来表述. 研究不同的正态分布的概率分布,可以通过将其进行标准化的方法,然后进行相关概率的计算,在标准分问题上表现得尤为突出.

二、矩的概念

　　矩是比数学期望和方差更广的一类数字特征. 在数理统计部分的参数估计中,要用到矩的概念.

　　定义5.18　对随机变量 X,若 $E(X^k)$,$k = 1,2,\cdots$ 存在,则称它为 X 的 k 阶原点矩,简称为 k 阶矩,记为 v_k,即

$$v_k = E(X^k),k = 1,2,\cdots$$

　　定义5.19　对随机变量 X,若 $E(X - E(X))^k$,$k = 1,2,\cdots$ 存在,则称

$$\mu_k = E(X - E(X))^k = E(X - v_1)^k,k = 1,2,\cdots$$

为随机变量 X 的 k 阶中心距.

　　易知,X 的期望 $E(X)$ 是 X 的一阶原点矩 v_1. 方差 $D(X)$ 是二阶中心矩 μ_2.

【相关背景】

一、正态分布的发展背景

正态分布是最重要的一种概率分布. 正态分布的概念是由德国的数学家和天文学家 Moivre 于 1733 年首次提出的,但由于德国数学家高斯率先将其应用于天文学研究,故正态分布又叫高斯分布. 高斯这项工作对后世的影响极大,他使正态分布同时有了"高斯分布"的名称,后世之所以多将最小二乘法的发明权归之于他,也是出于这一工作. 高斯是一个伟大的数学家,重要的贡献不胜枚举. 现今德国 10 马克的钞票还印有高斯的头像,其上还印有正态分布的密度曲线. 这传达了一种想法:在高斯的一切科学贡献中,其对人类文明影响最大者,就是这一项. 在高斯做出这个发现之初,也许人们还只能从其理论的简化上来评价其优越性,其全部影响还不能充分看出来,直到 20 世纪正态小样本理论充分发展起来以后. 拉普拉斯得知高斯的工作,并马上将其与他发现的中心极限定理联系起来,为此,他在发表的一篇文章(发表于1810 年)上加上了一点补充,指出如若误差可看成许多量的叠加,根据他的中心极限定理,误差理应有高斯分布. 这是历史上第一次提到所谓"元误差学说"—— 误差是由大量的、种种原因产生的元误差叠加而成. 1837 年,海根(G. Hagen)在一篇论文中正式提出了这个学说.

其实,海根提出的形式有相当大的局限性:把误差设想成个数很多的、独立同分布的"元误差"之和,按狄莫佛的中心极限定理,立即就得出误差(近似地)服从正态分布. 拉普拉斯所指出的这一点有重大的意义,在于他给误差的正态理论一个更自然合理、更令人信服的解释. 因为,高斯的说法有一点循环论证的气味:由于算术平均是优良的,推出误差必须服从正态分布;反过来,由后一结论又推出算术平均及最小二乘估计的优良性,故必须认定这二者之一(算术平均的优良性,误差的正态性)为出发点. 但算术平均到底并没有自行成立的理由,以它作为理论中一个预设的出发点,终觉有其不足之处. 拉普拉斯的理论把这断裂的一环连接起来,使之成为一个和谐的整体,实有着极重大的意义.

正态分布有极其广泛的实际背景,生产与科学实验中很多随机变量的概率分布都可以近似地用正态分布来描述. 例如,在生产条件不变的情况下,产品的强力、抗压强度、口径、长度等指标;同一种生物体的身长、体重等指标;同一种种子的重量;测量同一物体的误差;弹着点沿某一方向的偏差;某个地区的年降水量;理想气体分子的速度分量,等等. 一般来说,如果一个量是由许多微小的独立随机因素影响的结果,那么就可以认为这个量具有正态分布(见中心极限定理). 从理论上看,正态分布具有很多良好的性质 ,许多概率分布可以用它来近似;还有一些常用的概率分布是由它直接导出的,例如对数正态分布、t 分布、F 分布等.

二、正态分布中的哲学理论

在联系自然、社会和思维的实践背景下，我们以正态分布的本质为基础，以正态分布曲线及面积分布图为表征，进行抽象与提升，抓住其中的主要哲学内涵，归纳正态分布论（正态哲学）的主要内涵如下：

1. 整体论

正态分布启示我们，要用整体的观点来看事物."系统的整体观念或总体观念是系统概念的精髓."正态分布曲线及面积分布图由基区、负区、正区三个区组成，各区比重不一样.用整体来看事物才能看清楚事物的本来面貌，才能得出事物的根本特性.不能只见树木不见森林，也不能以偏概全.此外整体大于部分之和，在分析各部分、各层次的基础上，还要从整体看事物，这是因为整体有不同于各部分的特点.用整体观来看世界，就是要立足在基区，放眼负区和正区.既要看到主要方面还要看到次要方面，既要看到积极的方面还要看到事物消极的一面，看到事物前进的一面还要看到落后的一面.片面看事物必然看到的是偏态或者是变态的事物，不是真实的事物本身.

2. 重点论

正态分布曲线及面积分布图非常清晰的展示了重点，那就是基区占 68.27%，是主体，要重点抓，此外 95%、99% 则展示了正态的全面性.认识世界和改造世界一定要住重点，因为重点就是事物的主要矛盾，它对事物的发展起主要的、支配性的作用.抓住了重点才能一举其纲，万目皆张.事物和现象纷繁复杂，在千头万绪中不抓住主要矛盾，就会陷入无限琐碎之中.由于我们时间和精力的相对有限性，出于效率的追求，我们更应该抓住重点.在正态分布中，基区占了主体和重点.如果我们结合 20/80 法则，我们更可以大胆的把正区也可以看做是重点.

3. 发展论

联系和发展是事物发展变化的基本规律.任何事物都有其产生、发展和灭亡的历史，如果我们把正态分布看做是任何一个系统或者事物的发展过程的话，我们明显的看到这个过程经历着从负区到基区再到正区的过程.无论是自然、社会还是人类的思维都明显的遵循这样一个过程.准确的把握事物或者事件所处的历史过程和阶段极大的有助于掌握我们对事物、事件的特征和性质，是我们分析问题、采取对策和解决问题的重要基础和依据.发展的阶段不同，性质和特征也不同，分析和解决问题的办法要与此相适应，这就是具体问题具体分析，也是解放思想、实事求是、与时俱进的精髓.正态发展的特点还启示我们，事物发展大都是渐进的和累积的，走渐进发展的道路是事物发展的常态.例如，遗传是常态，变异是非常态.

总之，正态分布论是科学的世界观，也是科学的方法论，是我们认识和改造世界的最重要和最根本的工具之一，对我们的理论和实践有重要的指导意义.以正态哲学认识世界，能更好地认识和把握世界的本质和规律；以正态哲学来改造世界，能更好地在尊重和利用客观规律的基础上,更有效地改造世界.

习题五

A 组习题

1. 选择题.

(1) 对一批次品率为 $p(0 < p < 1)$ 的产品逐一检测,则第二次或第二次后才检测次品的概率为( ).

    A. p B. $1 - p$

    C. $(1 - p)p$ D. $(2 - p)p$

(2) 一批产品共有 1 000 个,其中有 50 个次品,从中随机有放回地抽取 500 个产品,以 X 表示抽到的次品数,则 $P\{X = 3\} = ($).

    A. $\dfrac{C_{50}^3 C_{950}^{497}}{C_{1\,000}^{500}}$ B. $\dfrac{A_{50}^3 A_{950}^{497}}{A_{1\,000}^{500}}$

    C. $C_{500}^3 (0.05)^3 (0.95)^{497}$ D. $\dfrac{3}{500}$

(3) 要使 $f(x) = cosx$ 可以成为随机变量 X 的密度函数,则 X 的可能取值区间为( ).

    A. $\left[0, \dfrac{\pi}{2}\right]$ B. $\left[\dfrac{\pi}{2}, \pi\right]$

    C. $[0, \pi]$ D. $\left[\dfrac{3\pi}{2}, \dfrac{7\pi}{4}\right]$

(4) 下列各函数可以作为某随机变量的密度函数的是( ).

    A. $f(x) = \begin{cases} 2x, & 0 < x < 1 \\ 0, & \text{其他} \end{cases}$ B. $f(x) = \begin{cases} \dfrac{1}{2}, & 0 < x < 1, \\ 0, & \text{其他} \end{cases}$

    C. $f(x) = \begin{cases} 3x^2, & 0 < x < 1 \\ -1, & \text{其他} \end{cases}$ D. $f(x) = \begin{cases} 4x^3, & -1 < x < 1 \\ 0, & \text{其他} \end{cases}$

(5) 下列各函数可以作为某随机变量的分布函数的是( ).

    A. $F(x) = \begin{cases} 2x, & 0 \leqslant x \leqslant 1 \\ 0, & \text{其他} \end{cases}$ B. $F(x) = \begin{cases} 0, & x < 0 \\ x, & 0 \leqslant x < 1 \\ 1, & x \geqslant 1 \end{cases}$

    C. $F(x) = \begin{cases} -1, & x < -1 \\ x, & -1 \leqslant x < 1 \\ 1, & x \geqslant 1 \end{cases}$ D. $F(x) = \begin{cases} 0, & x < 0 \\ 2x, & 0 \leqslant x < 1 \\ 2, & x \geqslant 1 \end{cases}$

(6) 设随机变量 X 的概率密度为 $f(x) = \begin{cases} \dfrac{|x|}{4}, & -2 < x < 2 \\ 0, & \text{其他} \end{cases}$, 则 $P\{-1 < X < 1\} = ($ $)$.

A. $\dfrac{1}{4}$ B. $\dfrac{1}{2}$

C. $\dfrac{3}{4}$ D. 1

(7) 设 $F(x)$ 和 $f(x)$ 分别是某随机变量的分布函数和密度函数, 则必有( ).

A. $f(x)$ 单调不减   B. $\int_{-\infty}^{+\infty} F(x)\,\mathrm{d}x = 1$

C. $F(-\infty) = 0$ D. $F(x) = \int_{-\infty}^{+\infty} f(x)\,\mathrm{d}x$

(8) 设离散型随机变量 X 的可能取值为 $x_1 < x_2 < \cdots < x_k < \cdots$, 其分布函数为 $F(x)$, 则 $P\{X = x_k\} = ($ $)$.

A. $P\{x_{k-1} \leqslant X \leqslant x_k\}$ B. $F(x_{k+1}) - F(x_{k-1})$

C. $P\{x_{k-1} < X < x_k\}$ D. $F(x_k) - F(x_{k-1})$

(9) 已知随机变量 X 服从二项分布, 且 $E(X) = 2.4$, $D(X) = 1.44$, 则二项分布的参数 n,p 的值为( ).

A. $n = 4, p = 0.6$ B. $n = 6, p = 0.4$

C. $n = 8, p = 0.3$ D. $n = 24, p = 0.1$

(10) 对于任意两个随机变量 X 和 Y, 若 $E(XY) = E(X) \cdot E(Y)$, 则( ).

A. $D(XY) = D(X) \cdot D(Y)$ B. $D(X + Y) = D(X) + D(Y)$

C. X 和 Y 独立   D. X 和 Y 不独立

(11) 设两个相互独立的随机变量 X 和 Y 的方差分别为 4 和 2, 则随机变量 $3X - 2Y$ 的方差是( ).

A. 8 B. 16

C. 28 D. 44

2. 填空题.

(1) 已知随机变量 X 的分布列见表1.

表1

X	1	2	3	4	5
P	$2a$	0.1	0.3	a	0.3

则常数 $a = $ _____.

(2) 设随机变量 X 的分布列为

$$P\{X = k\} = \frac{a}{3^k}, k = 0,1,2,\cdots$$

则常数 $a =$ _____.

（3）设随机变量 X 的密度函数为 $f(x) = \begin{cases} a|x|, & -2 < x < 2 \\ 0, & 其他 \end{cases}$，则常数 a

= _____.

（4）若 $P\{X \leqslant x_2\} = 1 - \beta, P\{X > x_1\} = 1 - \alpha$，其中 $x_1 < x_2$，则 $P\{x_1 < X \leqslant x_2\} =$ _____。

（5）设 X 为连续型随机变量，c 为任意常数，则 $P\{X = c\} =$ _____.

B 组习题

1. 一箱产品 20 件，其中有 5 件优质品，不放回抽取，每次一件，共抽取两次，求取到的优质品件数 X 的概率分布.

2. 第 1 题中若采取放回抽取，其他条件不变，求随机变量 X 的概率分布.

3. 第 1 题中若改为放回抽取，每次一件，直到取得优质品为止，求抽取次数 X 的概率分布.

4. 盒内有 12 个乒乓球，其中 9 个是新球、3 个是旧球，采取不放回抽取，每次一个，直到取得新球为止，求下列随机变量的概率分布.

（1）抽取次数 X；

（2）取到的旧球个数 Y.

5. 第 4 题中盒中球的组成不变，若一次取出 3 个，求取到的新球数目 X 的概率分布.

6. 设随机变量 X 的概率分布为 $P\{X = k\} = ak (k = 1,2,3,4,5)$，确定常数 a.

7. 设随机变量 X 的概率分布为 $P\{X = k\} = \frac{a}{2^k} (k = 1,2,\cdots)$，确定常数 a.

8. 一条公共汽车路线的两个站之间，有四个路口处设有信号灯，假定汽车经过每个路口时遇到绿灯可顺利通过，其概率为 0.6，遇到红灯或黄灯则停止前进，其概率为 0.4，求汽车开出站后，在第一次停车之前已通过的路口信号灯数目 X 的概率分布.

9. 设 $f(x) = \begin{cases} \sin x, & x \in [a,b] \\ 0, & 其他 \end{cases}$，问 $f(x)$ 是否为一个概率密度函数，为什么？如果（1）$a = 0, b = \frac{\pi}{2}$；（2）$a = 0, b = \pi$；（3）$a = \pi, b = \frac{3}{2}\pi$.

10. 设 $f(x) = \begin{cases} 2x, & a < x < a + 2 \\ 0, & 其他 \end{cases}$，问 $f(x)$ 是否为一个概率密度函数，若是，确

定 a 的值,若不是,说明理由.

11. 设随机变量 X 的概率密度为 $f(x) = \dfrac{A}{1+x^2}(-\infty < x < +\infty)$,确定常数 A,并求 $P\{-1 < x < 1\}$.

12. 某种电子元件的寿命 X 是随机变量,概率密度为 $f(x) = \begin{cases} \dfrac{100}{X^2}, & x \geqslant 100 \\ 0, & x < 100 \end{cases}$,

3 个这种元件串联在一个线路中,计算这 3 个元件使用了 150 小时后仍能使线路正常工作的概率.

13. 随机变量 X 的概率密度为 $f(x) = \begin{cases} \dfrac{c}{\sqrt{1-x^2}}, & |x| < 1 \\ 0, & 其他 \end{cases}$,确定常数 c,计算 $P\{|X| \leqslant \dfrac{1}{2}\}$.

14. 一个事件的概率等于零,这个事件一定是不可能事件,这种说法对吗?为什么?

15. 设连续型随机变量 X 的分布函数 $F(x) = \begin{cases} 0, & x < 0 \\ A\sqrt{x}, & 0 \leqslant x \leqslant 1 \\ 1, & x \geqslant 1 \end{cases}$,确定常数 A,

计算 $P\{0 \leqslant X \leqslant 0.25\}$,求概率密度函数 $f(x)$.

16. 函数 $\dfrac{1}{1+x^2}$ 可否为连续型随机变量的分布函数,为什么?

17. 设随机变量 X 的概率密度为 $f(x) = \begin{cases} 2(1-x), & 0 < x < 1 \\ 0, & 其他 \end{cases}$,

(1) 求 X 的分布函数 $F(x)$;(2) 计算 $P\{\dfrac{1}{3} \leqslant X \leqslant 2\}$ 和 $P\{X \geqslant 4\}$.

18. 设随机变量 X 的分布函数 $F(x) = \begin{cases} 1-e^{-x}, & x > 0 \\ 0, & x \leqslant 0 \end{cases}$,

(1) 求概率密度 $f(x)$;(2) 计算 $P\{X < 2\}$ 和 $P\{X > 3\}$.

19. 计算第 1、2、4 各题中的随机变量的期望.

20. 已知随机变量 X 的概率分布为 $P\{X=n\} = \dfrac{c}{n}(n=1,2,3,4,5)$,确定 c 的值并计算 $E(X)$.

21. 设随机变量 X 取值为 $-1,0,1$,且相应概率的比为 $1:2:3$,计算 $E(X)$.

22. 设随机变量 X 的概率密度为 $f(x) = \begin{cases} \dfrac{3}{\pi \sqrt{1-x^2}}, & |x| < \dfrac{1}{2} \\ 0, & 其他 \end{cases}$,求 $E(X)$.

23. 随机变量 X 的概率密度为 $f(x) = \begin{cases} cx^b, & 0 \leqslant x \leqslant 1 \\ 0, & \text{其他} \end{cases}$，$b$、$c$ 均大于 0，问 $E(X)$ 可否等于 1，为什么？

24. 计算第 20 题中随机变量的方差.

25. 计算第 15、17 题中随机变量的期望和方差.

26. 已知随机变量 X 的分布函数为 $F(x) = \begin{cases} 0, & x < -1 \\ \dfrac{1}{2} + x + \dfrac{x^2}{2}, & -1 \leqslant x < 0 \\ \dfrac{1}{2} + x - \dfrac{x^2}{2}, & 0 \leqslant x < 1 \\ 1, & x \geqslant 1 \end{cases}$，

计算 $E(X)$ 和 $D(X)$.

27. 已知随机变量 X 的概率分布为
$$P\{X = -2\} = 0.4, P\{X = 0\} = 0.3, P\{X = 2\} = 0.3$$
求 $E(X), E(X^2)$ 和 $E(3X^2 + 5)$.

28. 已知随机变量 X 的概率密度为 $f(x) = \begin{cases} e^{-x}, & x > 0 \\ 0, & x \leqslant 0 \end{cases}$.
求：$(1) Y = 2X$ 的期望；$(2) Y = e^{-x}$ 的期望.

29. 已知随机变量 X 的期望 $E(X)$，方差 $D(X)$，随机变量 $Y = \dfrac{X - E(X)}{\sqrt{D(X)}}$，求 $E(Y)$ 和 $D(Y)$.

30. 设随机变量 X 的概率密度为 $f(x) = \begin{cases} x, & 0 \leqslant x \leqslant 1 \\ 2 - x, & 1 < x \leqslant 2 \\ 0, & \text{其他} \end{cases}$，求 $D(X)$.

31. 设随机变量 X 服从参数为 0.8 的 $0 - 1$ 分布，通过计算说明 $E(X^2)$ 是否等于 $[E(X)]^2$.

32. 设随机变量 $Y_n \sim B(n, \dfrac{1}{4})$，分别就 $n = 1, 2, 4$，列出 Y_n 的概率分布表.

33. 设某人每次投篮的命中率为 0.7，求此人投篮 10 次恰有 3 次命中的概率及至少命中 3 次的概率.

34. 10 门炮同时向一敌舰各射击一发炮弹，当有不少于两发炮弹击中时，敌舰将被击沉. 设每门炮弹射击一发炮弹的命中率为 0.6，求敌舰被击沉的概率.

35. 已知随机变量 $X \sim B(n, p)$，并且 $E(X) = 3, D(X) = 2$，写出 X 的全部可能取值，并计算概率 $P\{X \leqslant 8\}$.

36. 设 X 服从泊松分布，并且已知 $P\{X = 1\} = P\{X = 2\}$，求 $P\{X = 4\}$.

37. 每个粮仓内老鼠数目服从泊松分布，若已知一个粮仓内，有一只老鼠的概率

为有两只老鼠的概率的两倍,求粮仓内无老鼠的概率.

38. 设书籍中每页的印刷错误服从泊松分布,经统计发现在某本书上,有一个印刷错误的页数与有 2 个印刷错误的页数相同,求任意检查 4 页,每页上都没有印刷错误的概率.

39. 某种产品每件表面上的疵点数服从泊松分布,平均每件上有 0.8 个疵点,若规定疵点数不超过 1 个为一等品,价值 10 元;疵点数大于 1 不多于 4 为二等品,价值 8 元;4 个以上者为废品,求:

(1) 产品的废品率;

(2) 产品价值的平均值.

40. 设随机变量 X 服从 $[2,3]$ 上的均匀分布,计算 $E(2X)$,$D(2X)$,$D(2X)^2$.

41. 设 $X \sim N(0,1)$,求:(1)$P\{1.4 < X < 2.4\}$;(2)$P\{X \leqslant -1\}$;
(3)$P\{|X| < 1.3\}$.

42. 随机变量 X 服从标准正态分布,确定下列各概率等式中的 a 的数值.

(1)$P\{X \leqslant a\} = 0.9$　　　　　　　(2)$P\{|X| \leqslant a\} = 0.9$

(3)$P\{X \leqslant a\} = 0.977\ 25$　　　　　(4)$P\{|X| \leqslant a\} = 0.1$

43. 设 $X \sim N(3,4)$,求:(1)$P\{2 < X \leqslant 5\}$;(2)$P\{|X| > 2\}$;(3) 决定 c,使 $P\{X > c\} = P\{X \leqslant c\}$.

44. 若随机变量 $X \sim N(\mu, \sigma^2)$,且 $P\{X < 9\} = 0.975$,$P\{X < 2\} = 0.062$,计算 μ 和 σ 的值,求 $P\{X > 6\}$.

45. 某地区的年降雨量 X(毫米)服从 $N(1\ 000, 100^2)$,设各年降雨量相互独立,求从今年起的连续 10 年内有 9 年的年降雨量不超过 1 250 毫米的概率.

46. 设打一次电话所用的时间 X(分钟)服从参数 $\lambda = 0.1$ 的指数分布,如果某人刚好在你前面走进电话间,求你等待的时间:

(1) 超过 10 分钟的概率;

(2)10 ～ 20 分钟的概率.

第六章　数理统计初步

在实际应用中,大多数随机现象都可以用随机变量来描述,但随机变量的分布和数字特征往往又是未知的. 因此,如何通过大量重复试验所得到的统计数据来确定随机变量的分布,乃至于它的期望、方差等数字特征,成为人们的研究重点,因此统计学应运而生.

数理统计是一门应用性极强的学科,它以概率论为理论基础,研究如何通过实验或观察收集数据资料,在设定的统计模型下,对这些数据进行分析,从而对所关心的问题进行估计或检验. 本章介绍数理统计的一些基本概念和理论,并简要介绍 Excel 软件中的统计功能.

两个问题:

1. 大学生的生活费用是多少?

大学生的日常生活水平随着整个时代的变迁发生着巨大的变化. 给你一个任务,请你统计得出 21 世纪的大学生的日常生活费支出及生活费的来源状况.

2. 吸烟对血压的影响

医生都说:"吸烟有害健康",但是,还是有很多人不信,很多人都在吸烟,而且是在公共场所. 请你做一个统计调查,看一下吸烟对人体的影响,主要是看吸烟对人体血压的影响.

为了解决以上两个问题,我们必须学习本章的基本知识,当然本章知识也是不够的. 大家还需要继续学习其他知识,这里只是做一个简单介绍.

第一节　　数理统计的基本概念

一、总体

在数理统计中,把按研究目的而确定的同类事物或对象的全体称之为总体;而把组成总体的每个基本单元,即每一个研究对象称之为个体. 例如在全国人口普查中,全国人口就是总体,而其中每一个人就是一个个体;对某厂生产的汽车做质量检查时,该厂生产的全部汽车就是总体,而其中每一辆汽车就是一个个体.

总体中所含个体的数量,称为总体容量. 其中,容量有限的总体称为有限总体;否则,称之为无限总体. 例如,某学校对学生男女比例进行考查,全校学生为总体,且为有限总体. 又如,测量两点距离,每次测量可视为从 $(0, \infty)$ 上取一个数,这里

（0，∞）显然是无限总体.

在研究总体性质时，我们关心的往往是总体的一个或几个数量指标，如检查汽车质量时关心的是"汽车的使用寿命"。这些数量指标是通过每一个个体共同表现出来的，由于每个个体在某一数量指标上取值不尽相同，从总体中任取一个个体，其取值都是不能预先确定的，因此刻画总体的数量指标 X 可看作一个随机变量。为了研究方便，我们通常把随机变量 X 取值的全体当作总体，称为总体 X。如果要研究的数量指标不止一个，那么可分为几个总体来研究，如用总体 X、Y、Z 等表示。对总体 X，我们把其中第 i 个个体的指标记为 X_i，其具体的取值记为 x_i，称为 X 的一个观察值。我们研究的就是总体 X 的分布情况。

二、样本

要了解总体的性质，就必须对其中的个体进行观测。若对总体中全部个体逐个进行观测，虽然可以达到了解总体的目的，但往往是困难的或不可能做到的，有时也是不必要的。因此人们处理具体问题时，总是从总体中按一定方法抽取一部分个体，再根据这些个体提供的信息来推断总体的性质。因此，把从总体 X 中按一定方法抽取 n 个个体 $X_1,X_2,\cdots,X_n$ 进行观测或试验，以获取对总体进行统计推断的信息的方法称为抽样；抽取的这 n 个个体 $X_1,X_2,\cdots,X_n$ 称为样本或子样，其中 n 为样本容量。在一次试验结束后，每个样本对应的具体观测值用 $x_1,x_2,\cdots,x_n$ 表示，称为样本值。

按抽样的方法，抽样分为随机抽样和非随机抽样。总体中每个个体都以大于零的相同概率被抽中的抽样为随机抽样；人们根据对总体的了解或经验，凭主观意愿从总体中有目的地选择一些个体作为样本的抽样称为非随机抽样。

因为抽样的目的是要用样本提供的信息对总体性质进行估计与推断，所以希望样本能很好反映和代表总体。如果样本满足以下条件：

（1）样本中个体 $X_1,X_2,\cdots,X_n$ 相互独立；

（2）样本中每个个体 $X_1,X_2,\cdots,X_n$ 都与总体 X 分布相同。

则称这样的抽样是简单随机抽样，抽取的样本是简单随机样本。以后，凡未做特别声明，所提到的样本，均指简单随机样本。

值得注意的是，对有限总体采用有放回（即取出后放回）的重复抽样，得到的是简单随机样本；但若采取不放回抽样（即取出后不放回），得到的一般不是简单随机样本（因为抽取每个个体的概率不同）。但是，当总体容量 N 很大，抽取的样本容量 n 较小（$N \gg n$）时，因为概率变化很少，一般也可近似看作简单随机样本。对于无限总体，随机取样得到的都是简单随机样本。

三、统计量

样本反映了总体的特性，同时也是统计推断的依据。但对于确定的总体，人们关心的结论并非直接从样本所提供的原始数据就可以得出，因此更多需要对原始数据进行加工处理,由此产生了统计量.

定义 6.1　设 $X_1,X_2,\cdots,X_n$ 是总体 X 的一个容量为 n 的样本,$g = g(X_1,X_2,\cdots,X_n)$ 是连续函数,如果 g 中不包含任何未知参数,则称 $g(X_1,X_2,\cdots,X_n)$ 为统计量.

若 $x_1,x_2,\cdots,x_n$ 为样本的一次观察值,则统计量 g 取值 $g(x_1,x_2,\cdots,x_n)$.

在用子样 $X_1,X_2,\cdots,X_n$ 的信息来对总体 X 作估计与推断时,往往根据不同的需要来构造子样的各种函数,即各种统计量.

例 1　设 $X_1,X_2,\cdots,X_n$ 是总体 X 的一个样本,下列函数中哪些是统计量?

(1) $\dfrac{1}{n}\sum_{i=1}^{n} X_i$
(2) $\dfrac{1}{n}\sum_{i=1}^{n} (X_i - \mu)^2$

(3) $\dfrac{1}{\sigma^2}\sum_{i=1}^{n} X_i^2$
(4) $\dfrac{1}{nD(X)}\sum_{i=1}^{n} (X_i - E(X_i))^2$

解　(1) 函数中只有变量 X_i 和 n,其中 X_i 为子样,而 n 为样本容量,不含有未知参数,所以它为统计量.

(2) 和(3) 中除了样本 X_i 和样本容量 n 外,还含有 μ 和 σ^2.如果 μ 和 σ^2 已知,则(2)、(3) 为统计量;如果未知,则不是统计量.

(4) 中除了样本 X_i 和样本容量 n 外,还有总体方差 $D(X)$ 和样本期望值 $E(X_i)$,因为样本为简单随机样本与总体具有相同分布,所以 $E(X_i) = E(X)$.当总体 X 期望与方差已知时,(4) 为统计量;否则,不是统计量.

第二节　常用统计量

一、样本均值与方差

定义 6.2　设 $X_1,X_2,\cdots,X_n$ 是总体 X 的容量为 n 的一个样本,记

$$\bar{X} = \frac{1}{n}\sum_{i=1}^{n} X_i, \qquad S^2 = \frac{1}{n-1}\sum_{i=1}^{n} (X_i - \bar{X})^2$$

则 $\bar{X}$ 及 S^2 都是统计量,分别称 $\bar{X}$ 及 S^2 为样本 $X_1,X_2,\cdots,X_n$ 的样本均值及样本方差(或修正样本方差).

统计量 $S = \sqrt{\dfrac{1}{n-1}\sum_{i=1}^{n} (X_i - \bar{X})^2}$ 称为样本标准差.

注意:样本的 k 阶原点矩 $v_k = \dfrac{1}{n}\sum_{i=1}^{n} X_i^k \quad k = 1,2,\cdots$

当 $k = 1$ 时,一阶原点矩就是样本均值.

样本的 k 阶中心矩 $\mu_k = \dfrac{1}{n}\sum_{i=1}^{n} (X_i - \bar{X})^k$

当 $k = 2$ 时,称为未修正样本方差,只与样本方差相差一个常数倍,即 $\mu_2 = \dfrac{n-1}{n}S^2$.

当样本容量 n 较大时, $\mu_2 \approx S^2$.

定理6.1 设 $X_1, X_2, \cdots, X_n; Y_1, Y_2, \cdots, Y_n$ 分别是总体 X, Y 的一个容量为 n 的样本,则

(1) 若 $Y_i = aX_i + b$,则 $\bar{Y} = a\bar{X} + b$;

(2) $E(\bar{X}) = E(X)$, $D(\bar{X}) = \dfrac{1}{n}D(X)$.

证明 (1) $\bar{Y} = \dfrac{1}{n}\sum_{i=1}^{n}(aX_i + b) = \dfrac{1}{n}(a\sum_{i=1}^{n}X_i + nb) = a\bar{X} + b$

(2) 由样本的独立同分布性,可得

$$E(\bar{X}) = E\left(\frac{1}{n}\sum_{i=1}^{n}X_i\right) = \frac{1}{n}E\left(\sum_{i=1}^{n}X_i\right) = \frac{1}{n}\sum_{i=1}^{n}E(X_i) = E(X)$$

$$D(\bar{X}) = D\left(\frac{1}{n}\sum_{i=1}^{n}X_i\right) = \frac{1}{n^2}D\left(\sum_{i=1}^{n}X_i\right) = \frac{1}{n^2}\sum_{i=1}^{n}D(X_i) = \frac{D(X)}{n}$$

* **定理6.2** 设 $X_1, X_2, \cdots, X_n; Y_1, Y_2, \cdots, Y_n$ 分别是总体 X, Y 的一个容量为 n 的样本,则

(1) 设 $Y_i = aX_i + b$,则有 $S_y^2 = a^2 S_x^2$,其中 S_x^2 为 X 的样本方差, S_y^2 为 Y 的样本方差.

(2) $E(S_x^2) = D(X)$.

(3) 对任意常数 c,有 $\sum_{i=1}^{n}(X_i - \bar{X})^2 \leqslant \sum_{i=1}^{n}(X_i - c)^2$,仅当 $c = \bar{X}$ 时等式成立.

证明 (1) 因为

$$\sum_{i=1}^{n}(Y_i - \bar{Y})^2 = \sum_{i=1}^{n}[(aX_i + b) - (a\bar{X} + b)]^2$$

$$= \sum_{i=1}^{n}[a(X_i - \bar{X})]^2$$

$$= a^2\sum_{i=1}^{n}(X_i - \bar{X})^2$$

所以

$$S_y^2 = \frac{1}{n-1}\sum_{i=1}^{n}(Y_i - \bar{Y})^2 = a^2 S_x^2$$

(2) $E\left(\sum_{i=1}^{n}(X_i - \bar{X})^2\right) = E\left(\sum_{i=1}^{n}[(X_i - E(X)) + (E(X) - \bar{X})]^2\right)$

$$= E\left\{\sum_{i=1}^{n}(X_i - E(X))^2 - n[\bar{X} - E(X)]^2\right\}$$

$$= \sum_{i=1}^{n}E[(X_i - E(X))]^2 - nE[\bar{X} - E(X)]^2$$

$$= nD(X) - nD(\bar{X})$$

$$= nD(X) - n \cdot \frac{D(X)}{n} = (n-1)D(X)$$

因此

$$E(S_x^2) = E\left(\frac{1}{n-1}\sum_{i=1}^{n}(X_i - \bar{X})^2\right) = \frac{1}{n-1}E\left(\sum_{i=1}^{n}(X_i - \bar{X})^2\right) = D(X)$$

$$(3) \sum_{i=1}^{n}(X_i - c)^2 = \sum_{i=1}^{n}(X_i - \bar{X} + \bar{X} - c)^2$$

$$= \sum_{i=1}^{n}\left((X_i - \bar{X})^2 + 2(X_i - \bar{X})(\bar{X} - c) + (\bar{X} - c)^2\right)$$

$$= \sum_{i=1}^{n}(X_i - \bar{X})^2 + 2\sum_{i=1}^{n}(X_i - \bar{X})(\bar{X} - c) + n\sum_{i=1}^{n}(\bar{X} - c)^2$$

$$= \sum_{i=1}^{n}(X_i - \bar{X})^2 + n\sum_{i=1}^{n}(\bar{X} - c)^2$$

$$\geq \sum_{i=1}^{n}(X_i - \bar{X})^2$$

例1 某高校进行全校男生身高调查,从全校男生中抽取 10 人,所得数值(单位:米) 为 1.70,1.67,1.75,1.65,1.68,1.83,1.75,1.76,1.75,1.79. 求其样本均值和方差.

解 设总体为 X,样本为 $X_1,\cdots,X_{10}$,则

$$\bar{X} = \frac{1.70 + 1.67 + 1.75 + 1.65 + 1.68 + 1.83 + 1.75 + 1.76 + 1.75 + 1.79}{10}$$

$$= 1.733$$

$$S_x^2 = \frac{1}{9}\sum_{i=1}^{10}(X_i - \bar{X})^2 = \frac{1}{9}\left(\sum_{i=1}^{10}X_i^2 - 10\bar{X}^2\right) \approx 0.003\,223$$

二、其他常用统计量

除了样本均值与样本方差之外,常见的统计量还有平均数,按照不同的计算方法可将之分为数值平均数和位置平均数两类. 其中数值平均数包括算术平均数、几何平均数,位置平均数包括中位数和众数.

1. 算术平均数

设 $X_1,X_2,\cdots,X_n$ 是总体 X 的容量为 n 的一个样本,其中 $x_1,x_2,\cdots,x_n$ 为样本取值,则称 $\bar{x} = \frac{1}{n}\sum_{i=1}^{n}x_i$ 为算术平均数.

如考查某公司的平均工资水平,则可以得到:

平均工资 = 公司所有雇员工资总额 ÷ 公司雇员人数

在这儿可以看到,平均数与样本均值是一致的.

在上述情况中,每位雇员的工资数对工资总额的影响是一样的,但是在某些情况里面我们需要考虑权重的问题.

例2 考虑某公司的月平均工资水平,假定公司的月工资水平分四类,如表6-1所示.

表 6 - 1   月平均工资

	管理人员	技术人员	销售人员	辅助人员
工资 / 万元	1.2	0.9	0.7	0.4
人数	5	80	50	50

因此平均工资水平为:

$$\bar{x} = \frac{1}{n}\sum_{i=1}^{n} x_i = \frac{1.2 \times 5 + 0.9 \times 80 + 0.7 \times 50 + 0.4 \times 50}{185} = 0.718$$

在上例中可以看到算术平均数的计算公式可改为:

$$\bar{x} = \frac{x_1 f_1 + x_2 f_2 + \cdots + x_n f_n}{f_1 + f_2 + \cdots + f_n}$$

其中 f_i 称为 x_i 权重,此平均数称为加权算术平均数.

特别地,$f_1 = f_2 = \cdots = f_n$ 时,加权算术平均数与平均数一样.

2. 几何平均数

设 $X_1, X_2, \cdots, X_n$ 是总体 X 的容量为 n 的一个样本,其中 $x_1, x_2, \cdots, x_n$ 为样本取值,则称 $\bar{x} = \sqrt[n]{x_1 x_2 \cdots x_n} = \sqrt[n]{\prod_{i=1}^{n} x_i}$ 为几何平均数.

例 3   某产品生产总共需要经过五道工序,其中每道工序产品出产合格率分别为 95%、92%、90%、85%、80%,整个产品生产的平均合格率为多少?

解 $\bar{x} = \sqrt[n]{x_1 x_2 \cdots x_n} = \sqrt[5]{0.95 \times 0.92 \times 0.9 \times 0.85 \times 0.8}$

$= \sqrt[5]{0.534\ 9} = 88.24\%$

加权几何平均数的计算公式为:

$$\bar{x} = \sqrt[f_1 + f_2 + \cdots + f_n]{x_1^{f_1} x_2^{f_2} \cdots x_n^{f_n}}$$

例 4   某银行以复利记利息,近 10 年来的年利率中有 4 年为 3%,3 年为 2%,2 年为 5%,1 年为 4%,求这 10 年的平均年利率?

解 $\bar{x} = \sqrt[f_1 + f_2 + \cdots + f_n]{x_1^{f_1} x_2^{f_2} \cdots x_n^{f_n}}$

$= \sqrt[10]{1.03^4 \times 1.02^3 \times 1.05^2 \times 1.04} - 1$

$\approx 3.19\%$

3. 平均差

设 $X_1, X_2, \cdots, X_n$ 是总体 X 的容量为 n 的一个样本,其中 $x_1, x_2, \cdots, x_n$ 为样本取值,记

$$A.D = \frac{\sum_{i=1}^{n} |x_i - \bar{x}|}{n} \quad 或 \quad A.D = \frac{\sum |x - \bar{x}| f}{\sum f}$$

为平均差.

例5　设对某班学生考试成绩进行统计,如表6－2所示.

表6－2

成绩	组中值 x	学生人数 f	$\|x-\bar{x}\|$	$\|x-\bar{x}\|f$
60 分及以下	50	2	24	48
61 ~ 70 分	67	15	7	105
71 ~ 80 分	74	19	0	0
81 ~ 90 分	86	15	12	180
91 ~ 100 分	94	4	20	80
合计		55		413

成绩平均差为:

$$A. D = \frac{\sum |x-\bar{x}|f}{\sum f} = \frac{413}{55} = 7.50$$

三、抽样分布基础

统计量是进行统计分析的基础,统计量的分布称为抽样分布.

定理 6.3　设 $X_1, X_2, \cdots, X_n$ 为总体 X 的一个容量为 n 的样本.

(1) 若总体 X 的概率分布函数为 $F(x)$,则 $X_1, X_2, \cdots, X_n$ 的联合分布函数为:

$$F(x_1, x_2, \cdots, x_n) = F(x_1)F(x_2)\cdots F(x_n)$$

(2) 若 X 为离散型总体,$P(X=k)=P_k(k=1,2,\cdots)$,则 $X_1, X_2, \cdots, X_n$ 的联合概率分布为:

$$P(X_1 = k_1, X_2 = k_2, \cdots, X_n = k_n)$$

$$= P(X_1 = k_1)P(X_2 = k_2)\cdots P(X_n = k_n) = \prod_{i=1}^{n} P_{k_i}$$

(3) 若 X 为连续型总体,且其概率密度函数为 $f(x)$,则 $X_1, X_2, \cdots, X_n$ 的联合密度函数为:

$$f(x_1, x_2, \cdots, x_n) = f(x_1)f(x_2)\cdots f(x_n) = \prod_{i=1}^{n} f(x_i)$$

例6　设某射击运动员的命中率为0.8,对该运动员进行采样,样本容量为8,求样本中恰有5次击中的概率.

解　设 $x_1, x_2, \cdots, x_8$ 为8次采样的结果,其中 $x_{i_1}=1, x_{i_2}=1, \cdots, x_{i_5}=1$,其余样本值为0,则其概率为:

$$P(x_{i_1}=1, x_{i_2}=1, \cdots, x_{i_5}=1, x_{i_6}=0, \cdots, x_{i_8}=0) = 0.8^5 \times 0.2^3$$

从而 $P(x_1, x_2, \cdots, x_8$ 中恰有5次中$) = C_8^5 0.8^5 \times 0.2^3 \approx 0.147$

定理 6.4　设总体 X 服从正态分布 $N(\mu, \sigma^2)$,其中 $X_1, X_2, \cdots, X_n$ 为容量为 n 的

样本,则 $\bar{X} = \frac{1}{n}\sum_{i=1}^{n}X_i \sim N(\mu,\frac{\sigma^2}{n})$.

证明 因为 $X_1,X_2,\cdots,X_n$ 为独立同分布的简单随机样本,所以

$$X_i \sim N(\mu,\sigma^2)$$

因此由定理(6.1)有

$$E(\bar{X}) = E(X) = \mu$$
$$D(\bar{X}) = \frac{1}{n}D(X) = \frac{\sigma^2}{n}$$

所以

$$\bar{X} \sim N\left(\mu,\frac{\sigma^2}{n}\right)$$

常见的抽样分布除了正态分布之外,还有 χ^2 分布、t 分布和 F 分布,在统计假设检验中应用很多,我们作为补充内容供读者选择学习.

第三节 Excel 的数据整理与统计功能

前面介绍了统计的一些基本知识,然而在统计研究中,其最基础的部分应该是数据. 统计学是用科学的方法收集、整理、分析数据,并在此基础上进行推断和决策的科学,其关键在于对数据的整理、分析及加工上,所以学习统计也需要掌握一定的统计软件知识,本节主要介绍如何运用 Excel 进行数据整理、分析以及简单的统计.

通过各种方法将统计数据收集好后,接着就需要对这些数据进行加工整理,使之符合统计分析的需要,并将处理之后的数据用图表表示,以便发现数据的基本特征,为后续工作指明基本方向. 因此数据整理是统计中的一个必然环节,下面介绍数据的一些预处理方法.

一、数据查询与筛选

在实际工作中常常需要对数据中的某项记录进行查询,或者需要筛选出满足一定条件的观测记录,即数据的查询和筛选. Excel 为实现快速查询和筛选提供了良好的基础. 下面给出例子,以便说明 Excel 进行数据查询的过程.

例 1(数据的查询) 图 6-1 是五个基金公司在 2007 年 12 月 17 日到 2008 年 1 月 15 日的基金净值,试找出其中 2008 年 1 月 7 日,南方高增的基金净值.

对于条件较简单的查询可以采用记录单中的条件功能进行查询,其操作步骤如下:

(1) 打开 Excel 表,选择数据清单所在区域.

(2) 单击"数据"/"记录单"按钮,出现记录单对话框,单击"条件"按钮,在日期中输入"2008 年 1 月 7 日",完成后按"回车键",出现如图 6-2 所示的结果.

	A	B	C	D	E	F
1			2007.12-2008.01基金净值			
2						
3	日期	华安国际	汇添富优势精选	海富通优势	南方高增	广发小盘成长
4	2007-12-17	1.0050	4.8957		2.6916	2.7817
5	2007-12-18	1.0050	4.8548		2.6838	2.7770
6	2007-12-19	1.0050	4.9201		2.7312	2.8000
7	2007-12-20	1.0050	5.0187		2.7842	2.8697
8	2007-12-21	1.0050	5.0665		2.8160	2.9151
9	2007-12-24	1.0050	5.1544		2.8640	2.9643
10	2007-12-25	1.0050	5.1526		2.8783	2.9741
11	2007-12-26	1.0050	5.1964		2.8991	2.9943
12	2007-12-27	1.0050	5.2834	1.9870	2.9442	3.0469
13	2007-12-28	1.0050	5.2772	1.9770	2.9354	3.0285
14	2008-1-2	1.0050	5.2665	2.0080	2.9497	3.0500
15	2008-1-3	1.0050	5.2280	2.0280	2.9508	3.0943
16	2008-1-4	1.0050	5.2845	2.0360	2.9941	3.1162
17	2008-1-7	1.0050	5.3391	2.0540	3.0559	3.1658
18	2008-1-8	1.0050	5.3666	2.0420	3.0439	3.1261
19	2008-1-9	1.0050	5.4346	2.0680	3.0837	3.1853
20	2008-1-10	1.0030	5.5130	2.0970	3.1055	3.2465
21	2008-1-11	1.0030	5.5377	2.1020	3.1090	3.2493
22	2008-1-14	1.0030	5.5785	2.1040	3.1199	3.2638
23	2008-1-15	1.0030	5.5465	2.1010	3.1059	3.2619

图6-1　基金表

图6-2　查询结果

从图6-2可以看到,用具体时间就可以查询到该时间内五个基金公司的具体基金净值.如果查询条件所得到的结果为多项,则可以单击对话框中的"上一条"和"下一条"按钮查看满足条件的其他记录.当然为了使查询结果更加具体,可以尽可能多的输入条件,采用多条件检索,以便更准确、快速地找到要查询的信息.

除了用记录单的方式查询外,还可以使用Excel数据筛选功能,筛选是查找和处理区域中数据子集的快捷方法.筛选区域仅显示满足条件的行,该条件由用户针对某列指定.一般当满足条件的记录较少时用记录单查询比较方便,而当满足条件的结果较多时,采用数据筛选功能显示结果更加清晰.

例2(数据的筛选)　在例1的Excel数据基础上,试筛选出华安国际基金净值为1.005的项.

Excel的筛选命令主要分为自动筛选和高级筛选.自动筛选包括按选定内容筛选,

适用于简单条件;而高级筛选则可以设置更复杂的条件,适用于复杂条件下的筛选.

自动筛选功能:

(1)新建工作表,选中"基金表"的数据,复制到新建工作表中,选择 $A3：F23$ 区域.

(2)单击"数据"/"筛选"/"自动筛选"命令,则每列表据单元格出现下拉按钮,单击"华安国际"的下拉按钮,在下拉列表中单击"1.005",Excel 即可筛选出如图 6－3 所示的结果.

	A	B	C	D	E	F
1						
2			2007.12-2008.01基金净值			
3	日期	华安国际	汇添富优势精选	海富通优势	南方高增	广发小盘成长
4	2007-12-17	1.0050	4.8957		2.691	2.781
5	2007-12-18	1.0050	4.8548		2.6838	2.7770
6	2007-12-19	1.0050	4.9201		2.7312	2.8000
7	2007-12-20	1.0050	5.0187		2.7842	2.8697
8	2007-12-21	1.0050	5.0665		2.8160	2.9151
9	2007-12-24	1.0050	5.1544		2.8640	2.9643
10	2007-12-25	1.0050	5.1526		2.8783	2.9741
11	2007-12-26	1.0050	5.1964		2.8991	2.9943
12	2007-12-27	1.0050	5.2834	1.9870	2.9442	3.0469
13	2007-12-28	1.0050	5.2772	1.9770	2.9354	3.0285
14	2008-1-2	1.0050	5.2665	2.0080	2.9497	3.0500
15	2008-1-3	1.0050	5.2280	2.0280	2.9508	3.0943
16	2008-1-4	1.0050	5.2845	2.0360	2.9941	3.1162
17	2008-1-7	1.0050	5.3391	2.0540	3.0559	3.1658
18	2008-1-8	1.0050	5.3666	2.0420	3.0439	3.1261
19	2008-1-9	1.0050	5.4346	2.0680	3.0837	3.1853

图 6－3　自动筛选结果

可以看到,筛选的结果要比查询的结果来得更加直观.

高级筛选功能:

例3　在例1的 Excel 数据基础上,试筛选出华安国际基金净值为1.005,同时南方高增的净值为2.899 11的项.

(1)在原"基金表"的数据基础上,选定空白区域填入条件,如在 B26 中填入华安国际,C26 中填入南方高增,B27 中填入 1.005,C27 中填入 2.899 11.

(2)选择数据表中 A3：F23 区域,再单击"数据"/"筛选"/"高级筛选"按钮,出现"高级筛选"对话框(如图 6－4 所示).

图 6－4　高级筛选对话框

（3）单击选中"将筛选结果复制到其他位置"单选按钮，单击"条件区域"后的折叠按钮，选择 B26：C27 区域，单击"复制到"后的折叠按钮，选择 A28：F31 区域，完成后单击"确定"按钮，生成如图 6-5 所示图象.

	A	B	C	D	E	F
1			2007.12-2008.01基金净值			
2						
3	日期	华安国际	汇添富优势精选	海富通优势	南方高增	广发小盘成长
4	2007-12-17	1.0050	4.8957		2.6916	2.7817
5	2007-12-18	1.0050	4.8548		2.6838	2.7770
6	2007-12-19	1.0050	4.9201		2.7312	2.8000
7	2007-12-20	1.0050	5.0187		2.7842	2.8697
8	2007-12-21	1.0050	5.0665		2.8160	2.9151
9	2007-12-24	1.0050	5.1544		2.8640	2.9643
10	2007-12-25	1.0050	5.1526		2.8783	2.9741
11	2007-12-26	1.0050	5.1964		2.8991	2.9943
12	2007-12-27	1.0050	5.2834	1.9870	2.9442	3.0469
13	2007-12-28	1.0050	5.2772	1.9770	2.9354	3.0285
14	2008-1-2	1.0050	5.2665	2.0080	2.9497	3.0500
15	2008-1-3	1.0050	5.2280	2.0280	2.9508	3.0943
16	2008-1-4	1.0050	5.2845	2.0360	2.9941	3.1162
17	2008-1-7	1.0050	5.3391	2.0540	3.0559	3.1658
18	2008-1-8	1.0050	5.3666	2.0420	3.0439	3.1261
19	2008-1-9	1.0050	5.4346	2.0680	3.0837	3.1853
20	2008-1-10	1.0030	5.5130	2.0970	3.1055	3.2465
21	2008-1-11	1.0030	5.5377	2.1020	3.1090	3.2493
22	2008-1-14	1.0030	5.5785	2.1040	3.1199	3.2638
23	2008-1-15	1.0030	5.5465	2.1010	3.1059	3.2619
24						
25						
26		华安国际	南方高增			
27		1.005	2.89911			
28	日期	华安国际	汇添富优势精选	海富通优势	南方高增	广发小盘成长
29	2007-12-26	1.0050	5.1964		2.8991	2.9943

图 6-5　高级筛选结果

利用查询和筛选功能，能从大量统计数据中筛选出符合给定条件的记录，并在此基础上进行进一步的统计分析.

二、数据的整理与图示

将收集得到的数据经过查询与筛选得到需要数据之后，我们就可以进一步对数据进行分类或分组处理. 但在对数据进行处理之前，需要了解待处理的是什么类型的数据，不同类型的数据其采取的处理方式不同.

1. 分类数据的整理

分类数据本身就是按事物的特征进行分类，因此除了列出所有类别外，还需要计算各类别所占分额，以便对数据特征有一定了解.

定义 6.3　处于某一特定类别中的数据个数，称为频数.

下面，通过例子说明如何用 Excel 来制作分类数据的分布表.

例 4　某冰箱售后服务部门为了解顾客对其服务质量的满意程度，将服务的等级分为：A（非常满意）、B（满意）、C（一般）、D（不满意）. 并随机对其中 100 位顾客进行了抽样调查，得到的原始记录如图 6-6 所示.

B	A	B	A	D
A	C	D	A	C
B	A	C	C	A
A	B	C	A	C
B	A	A	A	A
C	A	B	C	B
A	C	A	A	A
C	A	B	D	B
C	A	B	B	A
B	C	A	D	B
A	B	A	B	B
B	A	C	C	A
A	B	A	C	C
B	B	C	A	A
A	D	A	C	C
D	B	D	B	A
A	A	C	C	D
D	C	A	B	B
B	D	A	C	D
C	A	B	A	B

图 6-6　顾客满意程度记录表图

在建立频数分布表前,首先需要将不同的满意程度用数字表示出来,如:

A:4　B:3　C:2　D:1

然后将记录输入到 Excel 工作表中,假定将其输入到 A2:A101 区域中,下面将其对应数值表示出来,输入 B2:B101 区域中,并在区域 D3:D6 中输入分类数字. 下面用 Excel 按如下步骤产生频数分面表和直方图.

(1) 选择"工具"/"数据分析"选项,在"数据分析"对话框中选择"直方图",并单击"确定"按钮.

(2) 在"直方图"对话框中,单击"输入区域"后的重叠按钮选择 B2:B101 区域.

(3) 单击"接收区域"后的重叠按钮,选择 D3:D6 区域. 单击"输出区域"后的重叠按钮,任选输出区域如 C9.

(4) 选择"累积百分率","图标输出",最后单击"确定"按钮.

其输出结果如图6－7所示.

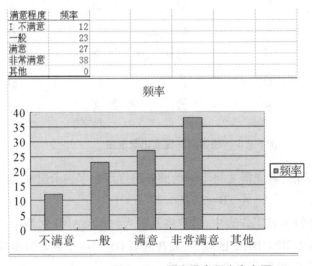

	A	B	C	D	E	F	G	H
1	满意程度	评分						
2	B	3		满意分布				
3	A	4		4				
4	B	3		3				
5	A	4		2				
6	B	3		1				
7	C	2						
8	A	4						
9	C	2	接收	频率				
10	C	2	1	12				
11	B	3	2	23				
12	A	4	3	27				
13	B	3	4	38				
14	A	4	其他	0				
15	B	3						
16	A	4						
17	D	1						
18	A	4						
19	D	1						
20	B	3						
21	C	2						
22	A	4						
23	C	2						
24	A	4						

图6－7 顾客满意度统计表

有时为了将频数表更形象,可以将对频数表进行改动,将表中"接收"改为满意程度,数字1,2,3,4分别改为其对应的满意度,如1改为不满意,其相应直方图也会随之而变为,如图6－8所示.

满意程度	频率
I 不满意	12
一般	23
满意	27
非常满意	38
其他	0

图6－8 顾客满意程度直方图

可以看到,在形成的频数表中有比例跟百分比两列,对于分类数据,我们可以使用比例、百分比、比率等描述其分类特性.

定义6.4 总体(或样本)中各类别的数据与全体数据之比,称为比例.

对于分类数据而言,比例能反应总体(或样本)的结构. 假设一容量为N的样本共分为k类,其中每一类的频数分别为$N_1,N_2,\cdots,N_k$,则第i类所占比例为N_i/N,并

有 $N_1 + N_2 + \cdots + N_k = N$. 而将比例乘以 100 所得到的数值,称为百分比或百分数,记号为 %. 它与比例相比更为标准,当总体数量比较大时,也常用千分数 ‰ 来表示,如人口的自然死亡率、出生率、存活率等都是用千分比来表示的.

定义 6.5　　总体(或样本)各种不同类型频数的比值,称为比率.

如在例 6 中,不满意的频数为 12,满意的为 27,则不满意的与满意的人数的比率为 4∶9. 由于比率不是样本中部分与整体的关系,所以其比值可能大于 1,因此可以将比率的基数修改为 1,如不满意的与满意的人数的比率可以改为 4/9∶1,或者以其他为基数如 100 等都是可以的.

2. 分类数据的图示

除了可以用频数表的形式表示各类型的频数分布外,更直观的方式就是用统计图. 统计图的类型很多,下面介绍部分统计图形的绘制方法.

例 5　　以例 4 的频数表为例,用 Excel 绘制其统计图形,步骤如下:

(1) 选择"插入"/"图表",得到图表类型的对话框,选择图表类型,在"标准类型"中选择"柱形图".

(2) 在"子图形类型"中选择你所需要的柱形图表,按"下一步"按钮.

(3) 单击"数据区域"后的折叠按钮,选择频数表中的"接收"与"频率"两列,单击"下一步"按钮,选择将要插入的工作表.

其输出结果为如图 6 - 9 所示的柱形统计图.

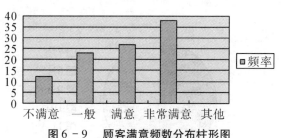

图 6 - 9　　顾客满意频数分布柱形图

按上述步骤,也可以得到其他类型的统计图(如图 6 - 10 所示).

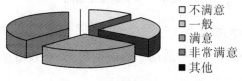

图 6 - 10　　顾客满意频数分布饼图

3. 顺序数据的整理

在讨论顺序数据的整理之前,首先需要知道什么是顺序数据. 对于数据,按照一定顺序将其排列整理之后所得到的就是顺序数据. 对于字母型数据,可以按字母顺序进行排序,常用的有升序和降序两种;对于汉字型数据,可以按照其首字的拼音排序,也可按笔画排序;对数值型数据,则可根据数值的大小排序,一般只有递增和递减两种. 常常将排序后所得的数据称之为顺序统计量.

而上面介绍的分类数据的整理方法都适用于顺序数据的整理,除此之外,还可计算顺序数据的累积频数和累积百分比.

定义 6.6　将各有序类别或组的频数逐级累加所得到的频数,称为累积频数.

顺序数据的一般排列方式有升序和降序两种,相应地频数的累积方法也有两种:一是从类别顺序的开始向结束方向顺序累加(数值型则是从小到大),称为向上累积;二是从类别顺序的结束向开始方向顺序累加(数值型则是从大到小),称为向下累积.

例 6　某电脑公司 2007 年下半年每月的销售业绩记录表已知,可将记录表整理得如下的统计表(如图 6 - 11 所示).

	A	B	C	D	E	F	G
1	销售时间	业绩	百分比%	向上累积		向下累积	
2				业绩	百分比%	业绩	百分比%
3	7月	34	18.37838	34	18.37838	33	17.83784
4	8月	25	13.51351	25	31.89189	42	40.54054
5	9月	20	10.81081	20	42.7027	31	57.2973
6	10月	31	16.75676	31	59.45946	20	68.10811
7	11月	42	22.7027	42	82.16216	25	81.62162
8	12月	33	17.83784	33	100	34	100
9	合计	185	100				

图 6 - 11　销售业绩

而根据累积频数分布表可以按分类数据相同的方法绘制不同的统计图形,如图 6 - 12 所示.

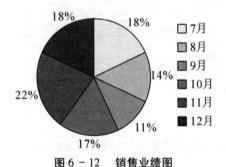

图 6 - 12　销售业绩图

4. 数值型数据的整理

上面所述的数据整理方法都适用于数值型数据. 对数值型数据,特别是大型的数据,一般需要再对其分组.

定义 6.7　根据统计需要,将原始数据按某种标准分为不同组别,称为数据分组,而分组后所成数据称为分组数据.

数据分组后就与分类数据相似,可以计算各组数据的频数,从而形成频数分布表. 数据分组有单变量分组和组距分组两种. 其中单变量分组适用于离散型变量且变量取值较少的情况,在此种情况下,可以将每个变量值作为一组;当变量为连续型变量或变量取值较多时,通常采用组距分组. 组距分组需要将全部变量取值依次分为若干区间,每一区间作为一组,其中最小的值称为该组的下限,最大的值称为该组的上限.

下面用具体的例子说明分组过程和频数表的制作.

例7 某高校对全体同学的身高进行普查,其中75人的调查结果如图6-13所示(单位:米).

	A	B	C	D	E
1	1.57	1.71	1.66	1.65	1.79
2	1.64	1.61	1.67	1.75	1.73
3	1.76	1.54	1.76	1.76	1.57
4	1.7	1.77	1.71	1.57	1.6
5	1.65	1.64	1.57	1.75	1.76
6	1.73	1.76	1.6	1.76	1.79
7	1.55	1.75	1.8	1.72	1.75
8	1.76	1.67	1.68	1.58	1.81
9	1.59	1.64	1.75	1.6	1.6
10	1.58	1.57	1.76	1.55	1.73
11	1.71	1.92	1.73	1.68	1.74
12	1.68	1.75	1.86	1.71	1.78
13	1.71	1.64	1.6	1.57	1.6
14	1.64	1.77	1.58	1.6	1.57
15	1.74	1.71	1.68	1.75	1.82

图6-13 学生身高抽样

对其分组和绘制频数分布表的具体步骤如下:

(1)首先需要确定组数.一般组数与数据的取值特点及数据容量有关,因此组数需适量才好,如果太多,数据分布分散不能体现数据的特征和规律;组数太少,则分布过于集中.实际分组时,可按照经验公式 $K = 1 + \log_2 n$ 来确定组数,其中 n 为数据容量,将其值四舍五入后就为组数 K.

因此上表可分为7组.不过在实际应用时,需要根据数据的容量和分析要求,参考这一标准灵活确定组数.

(2)确定好组数之后,接着就需要确定组距.一般说来,组距可以用全部数据中的最大值和最小值以及所得组数来确定,最简单的方法为:(最大值-最小值)÷组数.

(3)根据分组整理成频数分布表,只是与分类数据不同,在分组数据中"接收"区中数据为各组中最大值(如图6-14所示).

定义6.8 组距分组时,如果各组的组距相等,称为等距分组;如果各组组距不等,称为不等距分组.

如上例最小值为1.54米,最大值为1.92米,所得组数为7组,因此其组距可取为0.06米.

定义6.9 每组的上限和下限之间的中点值,称为组中值.即:组中值=(上限+下限)/2.

接收	频率	累积 %
1.56	3	4.00%
1.62	19	29.33%
1.68	14	48.00%
1.74	14	66.67%
1.8	21	94.67%
1.86	3	98.67%
1.92	1	100.00%
其他	0	100.00%

图 6 - 14　学生身高统计

注意:在进行分组时,特别是对连续性数据进行分组,需要注意数据的"重叠",如例7"接收"列中1.68为分组界限,既可放在上组也可放在下组,因此需要注意其所属;另外则是分组的完整型,保证所有的数据都能处于分组中.

三、简单统计量的计算

当对数据进行基本的整理与绘图之后,需要对数据的特征进行分析,而其中就涉及一些基本统计量的计算.

定义 6.10　一组数据中出现次数最多的变量值,称为众数,一般用 M_0 表示.

定义 6.11　一组顺序数据,处于其中间位置上的变量值,被称为中位数,一般用 M_e 表示.

注意:众数主要反映分类数据的集中趋势,因此众数的个数不一定;中位数是处于中间位置的数值,因此对未排序数据需要先排序再确定中间位置. 如果一组数据为 $x_1,x_2,\cdots,x_n$,是按从小到大顺序排列的,则当 n 为奇数时,中位数为 $M_e = x_{(\frac{n+1}{2})}$;如果 n 为偶数,则中位数为 $M_e = \frac{1}{2}x_{\frac{n}{2}} + x_{\frac{n+2}{2}})$.

例8　利用例7中所得学生高度记录表,用 Excel 将其中的常用统计量计算出来.

(1) 先整理工作表,将所有数据放到"身高"列下,选择"工具"/"数据分析"指令,单击"描述统计"按钮,再单击"确定"按钮.

(2) 在弹出的对话框中单击"输入区域"后的折叠按钮,选择数据区域 $A1:E15$,单击"确定"按钮.

出现如图 6 - 15 所示表格.

其中,平均就是所有学生高度数据的均值,另外均值与方差也可用 Excel 中的函数 AVERAGE(A1:E15) 和 VAR(A1:E15) 来求出.

列 1	
平均	1.6868
标准误差	0.009811
中位数	1.71
众数	1.76
标准差	0.084967
方差	0.007219
峰度	−0.66651
偏度	0.083544
区域	0.38
最小值	1.54
最大值	1.92
求和	126.51
观测数	75

图 6 - 15　基本统计量汇总

【补充知识】

一、几种常见的统计分布

1. 样本均值的分布

设总体 X 的期望与方差分别为 $E(X) = \mu$, $D(X) = \sigma^2$, $X_1, X_2, \cdots, X_n$ 是 X 的一个子样,则有

$$E(\bar{X}) = E\left(\frac{1}{n}\sum_{i=1}^{n} X_i\right) = \frac{1}{n}\sum_{i=1}^{n} E(X_i) = \frac{1}{n}n\mu = \mu$$

$$D(\bar{X}) = D\left(\frac{1}{n}\sum_{i=1}^{n} X_i\right) = \frac{1}{n^2}\sum_{i=1}^{n} D(X_i) = \frac{1}{n^2}n\sigma^2 = \frac{\sigma^2}{n}$$

可见, $\bar{X}$ 与总体的期望相同,但方差仅为总体方差的 $\frac{1}{n}$, 当 n 增大时, $\bar{X}$ 更向期望集中. 就正态总体和非正态总体两种情形,有以下结论.

定理 6.5　设总体 $X \sim N(\mu, \sigma^2)$, $X_1, X_2, \cdots, X_n$ 是 X 的一个样本,则

$$\bar{X} = \frac{1}{n}\sum_{i=1}^{n} X_i \sim N\left(\mu, \frac{\sigma^2}{n}\right)$$

证明略.

定理 6.6　设总体 X 具有分布 $F(x)$,且 $E(X) = \mu$,$D(X) = \sigma^2$,$X_1,X_2,\cdots,X_n$ 为总体 X 的一个样本,则当 n 充分大时,$\bar{X}$ 近似服从正态分布 $N(\mu,\dfrac{\sigma^2}{n})$.

证明略.

例1　设总体 $X \sim N(2,1)$,$X_1,X_2,\cdots,X_9$ 为总体 X 一个样本,求:

(1) 样本均值 $\bar{X}$ 的分布;

(2) 计算 $P\{1 \leqslant \bar{X} \leqslant 3\}$.

解　(1) 这里 $\mu = 2$,$\sigma^2 = 1$,$n = 9$,由定理 6.5,有

$$\bar{X} \sim N\left(2,\frac{1}{9}\right)$$

$(2) P\{1 \leqslant \bar{X} \leqslant 3\} = P\left\{\frac{1-2}{1/3} \leqslant \frac{\bar{X}-2}{1/3} \leqslant \frac{3-2}{1/3}\right\} = \Phi(3) - \Phi(-3)$

$$= 2\Phi(3) - 1 = 0.997\,3$$

为了对比,可以计算出

$$P\{1 \leqslant X \leqslant 3\} = P\left\{\frac{1-2}{1} \leqslant \frac{\bar{X}-2}{1} \leqslant \frac{3-2}{1}\right\} = 2\Phi(1) - 1 = 0.682\,6$$

由于 $\bar{X}$ 的方差 $D(\bar{X})$ 只有 $D(X)$ 的 $\dfrac{1}{9}$,故 $\bar{X}$ 取值比 X 更加集中在期望 2 附近,因此,$\bar{X}$ 在 $[1,3]$ 上取值的概率比 X 在 $[1,3]$ 上取值的概率大得多.

定义 6.12　设统计量 $U \sim N(0,1)$,对给定的常数 $\alpha(0 < \alpha < 1)$,有

(1) 若常数 z_α 满足

$$P\{U > z_\alpha\} = \alpha$$

则称 z_α 为标准正态分布的显著性水平为 α 的上侧分位数.

(2) 若常数 $z_{\alpha/2}$ 满足

$$P\{|U| > z_{\alpha/2}\} = \alpha$$

则称 $z_{\alpha/2}$ 为标准正态分布的显著性水平为 α 的双侧分位数. 如图 6-16 所示.

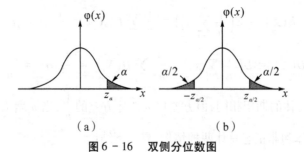

图 6-16　双侧分位数图

从图 6-16 可以得到

$$\Phi(z_\alpha) = 1 - \alpha, \Phi(z_{\alpha/2}) = 1 - \frac{\alpha}{2}$$

2. χ^2 分布

定义 6.13 设随机变量 $X_1, X_2, \cdots, X_n$ 相互独立,且服从标准正态分布 $N(0,1)$,则称随机变量

$$\chi^2 = X_1^2 + X_2^2 + \cdots + X_n^2$$

所服从的分布为自由度为 n 的 χ^2 分布,记为 $\chi^2 \sim \chi^2(n)$,其中自由度 n 为 $\chi^2 = X_1^2 + X_2^2 + \cdots + X_n^2$ 右端包含的独立变量的个数. $\chi^2(n)$ 的概率密度函数为

$$f(x) = \begin{cases} \dfrac{1}{2^{\frac{n}{2}} \Gamma\left(\dfrac{n}{2}\right)} x^{\frac{n}{2}} e^{-\frac{x}{2}}, & x > 0 \\ 0, & x \leqslant 0 \end{cases}$$

其中 Gamma 函数 $\Gamma(a) = \displaystyle\int_0^{+\infty} x^{a-1} e^{-x} \mathrm{d}x$.

χ^2 分布概率密度函数曲线如图 6 – 17 所示,它是非对称分布,当 n 很大时($n >$ 45),其图形与正态分布的概率密度曲线接近.

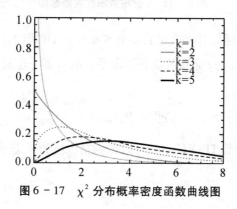

图 6 – 17　χ^2 分布概率密度函数曲线图

若 $\chi^2 \sim \chi^2(n)$,对于给定的 $\alpha(0 < \alpha < 1)$,若常数 λ 满足条件

$$P\{\chi^2 > \lambda\} = \int_\lambda^{+\infty} f(x) \mathrm{d}x = \alpha$$

则称 λ 为自由度为 n 显著性水平为 α 的 χ^2 分布的上侧分位数,记作 $\lambda = \chi_\alpha^2(n)$. 它既与 α 有关,也与自由度 n 有关. 式中 $f(x)$ 为 $\chi^2(n)$ 分布的概率密度函数.

由于 χ^2 分布的概率计算很困难,对于给定的 n 和 α,分位数值可通过查相关分位数表获取,或者借助 Excel 中的函数 $\mathrm{CHIINV}(\alpha, n)$ 得到自由度为 n,显著性水平为 α 的 χ^2 分布的上侧分位数.

3. t 分布

定义 6.14 设随机变量 $X \sim N(0,1)$,$Y \sim \chi^2(n)$,且 X 与 Y 相互独立,则随机变量

$$T = \frac{X}{\sqrt{Y/n}}$$

所服从的分布为自由度为 n 的 t 分布,记作 $T \sim t(n)$. t 分布又称为学生分布. t 分布的概率密度函数为

$$f(x) = \frac{\Gamma\left(\dfrac{n+1}{2}\right)}{\sqrt{n\pi}\,\Gamma\left(\dfrac{n}{2}\right)}\left(1 + \frac{x^2}{n}\right)^{-\frac{n+1}{2}}, \quad -\infty < x < +\infty$$

t 分布的概率密度函数如图 6 - 18 所示,它的图像关于 y 轴对称,且有

$$\lim_{n\to\infty} f(x) = \frac{1}{\sqrt{2\pi}} e^{-\frac{x^2}{2}} = \varphi(x)$$

故当 n 较大时,其图形与标准正态分布的概率密度曲线接近.

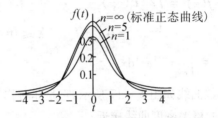

图 6 - 18   t 分布概率密度函数图

与标准正态分布类似,对于给定的 $\alpha(0 < \alpha < 1)$,由 $P(\,|t(n)\,| > \lambda) = \alpha$ 所确定的数 λ,称为自由度为 n 的 t 分布的显著性水平 α 的双侧分位数,记作 $t_{\alpha/2}(n)$. 由 t 分布的对称性,可知

$$P\{t(n) > t_{\alpha/2}(n)\} = P\{t(n) < -t_{\alpha/2}(n)\} = \frac{\alpha}{2}$$

借助 Excel 中的函数 $TINV(\alpha, n)$ 可以得到自由度为 n,显著性水平为 α 的 t 分布的双侧分位数.

4. F 分布

定义 6.15   设随机变量 $X \sim \chi^2(n_1)$,$Y \sim \chi^2(n_2)$,且 X 与 Y 相互独立,则随机变量

$$F = \frac{X/n_1}{Y/n_2}$$

所服从的分布为自由度为 (n_1, n_2) 的 F 分布,记作 $F \sim F(n_1, n_2)$,其中 n_1 为第一自由度,n_2 为第二自由度.

由定义可知

$$\frac{1}{F} = \frac{Y/n_2}{X/n_1} \sim F(n_2, n_1)$$

F 分布的概率密度函数为

$$f(x) = \begin{cases} \dfrac{\Gamma(\dfrac{n_1+n_2}{2})}{\Gamma(\dfrac{n_1}{2})\Gamma(\dfrac{n_2}{2})} \left(\dfrac{n_1}{n_2}\right)^{\frac{n_1}{2}} x^{\frac{n_1}{2}-1} \left(1+\dfrac{n_1}{n_2}x\right)^{-\frac{n_1+n_2}{2}}, & x > 0 \\ 0, & x \leqslant 0 \end{cases}$$

函数图形如图 6 - 19 所示.

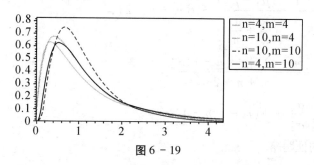

图 6 - 19

与 χ^2 分布类似,设 $F \sim F(n_1,n_2)$,对于给定的 $\alpha(0 < \alpha < 1)$,由 $P\{F > \lambda\} = \alpha$ 所确定的常数 λ 称为 F 分布的显著性水平 α 的上侧分位数,记作 $F_\alpha(n_1,n_2)$. 如图 6 - 20 所示.

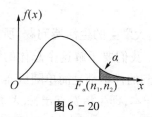

图 6 - 20

借助 Excel 中的函数 FINV(α,n) 可以得到自由度为 n,显著性水平为 α 的 F 分布的上侧分位数.

5. 正态总体样本均值与样本方差的分布的定理

定理6.7   设 $X_1,X_2,\cdots,X_n$ 是来自正态总体 $N(\mu,\sigma^2)$ 的一个样本,$\bar{X},S^2$ 分别为样本均值和样本方差,则有

(1) $\dfrac{\bar{X}-\mu}{\sigma/\sqrt{n}} \sim N(0,1)$;

(2) $\dfrac{(n-1)S^2}{\sigma^2} \sim \chi^2(n-1)$;

(3) $\bar{X},S^2$ 相互独立;

(4) $\dfrac{\bar{X}-\mu}{S/\sqrt{n}} \sim t(n-1)$;

(5) $\dfrac{1}{\sigma^2}\sum_{i=1}^{n}(X_i-\mu)^2 \sim \chi^2(n)$.

定理6.8   设 $X_1,X_2,\cdots,X_m$ 及 $Y_1,Y_2,\cdots,Y_n(m,n \geqslant 2)$ 分别来自两个正态总体

$N(\mu_1, \sigma_1^2)$ 及 $N(\mu_2, \sigma_2^2)$，且它们相互独立，$\bar{X}, \bar{Y}$ 和 S_1^2, S_2^2 分别是它们的样本均值和样本方差，则有

(1) $\dfrac{\bar{X} - \bar{Y} - (\mu_1 - \mu_2)}{\sqrt{\dfrac{\sigma_1^2}{m} + \dfrac{\sigma_2^2}{n}}} \sim N(0, 1)$；

(2) $T = \dfrac{\bar{X} - \bar{Y} - (\mu_1 - \mu_2)}{S_w \cdot \sqrt{\dfrac{1}{m} + \dfrac{1}{n}}} \sim t(m + n - 2)$，

其中 $S_w = \dfrac{(m-1)S_1^2 + (n-1)S_2^2}{m + n - 2}$；

(3) $F = \dfrac{S_1^2/\sigma_1^2}{S_2^2/\sigma_2^2} \sim F(m-1, n-1)$

以上定理的证明略.

二、解决问题

本章开始提出的两个问题，其解决方法很大一部分我们还没有学习过，这些方法涉及数理统计的后续课程，有兴趣的读者可以继续参看其他文献.

问题1

问题1中我们要研究的是大学生的生活费问题，所以总体就是大学生日常生活费支出，假定它服从正态分布. 我们要了解这个总体的情况，就要对总体进行抽样. 假设抽样是相互独立的，所抽到的样本都是简单随机样本.

设 X_i 表示抽到的第 i 个样本，即生活费支出额. $\bar{X}$ 表示样本均值，即所抽到的同学的日常生活费支出的平均值. S 表示样本标准差，即样本值与样本均值的偏离程度的度量. n 是样本容量，即共抽到的有效问卷.

运用抽样理论，2012 年 4 月，中国人民大学财政金融学院的 6 名学生，对在校本科生的月生活费支出问题进行了抽样调查. 本次问卷调查对在校男女本科生共发放问卷300 份，回收问卷291 份，其中有效问卷265 份. 调查数据经整理后，得到全部265 名学生和按性别划分的男女学生的生活费支出数据，如表6 - 3 所示.

表6 - 3　　　　　　　　　　学生支出情况

按支出分组／元	学生数	按支出分组／元	学生数
300 及以下	4	601 ~ 700	33
301 ~ 400	41	700 以上	51
401 ~ 500	74		
501 ~ 600	62	合计	265

根据抽样结果使用95% 的置信水平，置信区间为

$$\left(\bar{X} - t_{\alpha/2}(n-1) \frac{S}{\sqrt{n}}, \ \bar{X} + t_{\alpha/2}(n-1) \frac{S}{\sqrt{n}} \right)$$

经计算,得到的估计结论是:全校本科生的月生活费平均水平为 520.79 ~ 554.31 元;男生的月生活费平均水平为 505.39 ~ 552.19 元;女生的月生活费平均水平为 522.04 ~ 570.44 元.

调查还对生活费支出结构和生活费来源进行了分析. 结果表明,生活费的主要来源都集中在父母供给,其他来源依次是勤工俭学、助学贷款及其他. 生活费的主要支出集中在伙食费上,其他支出依次是衣着、娱乐休闲、学习用品、日化用品.

问题 2

吸烟对血压是否有影响?这个问题需要我们去对吸烟和不吸烟的人进行抽样调查,并且要监测一些数据,下面是我们的研究者进行的抽样调查.

首先,有些必要的假设.

假设 1 关注两类总体吸烟者和不吸烟者的血压,假设都服从正态分布,均值分别为 μ_1, μ_2,方差相同.

假设 2 抽样是随机的,相互独立的.

假设 3 小概率事件原理是正确的.

假设 4 所取的样本容量为 $n_A = 66, n_B = 62$,显著性水平为 0.05,$\bar{x}_A$ 表示吸烟者血压的样本均值,$\bar{x}_B$ 表示不吸烟者血压的样本均值,S_1, S_2 为两样本的样本标准差.

为了研究吸烟对血压的影响,对吸烟和不吸烟两组人群进行 24 小时动态监测,吸烟组 66 人,不吸烟组 62 人,分别测量 24 小时收缩压(24hSBP)和舒张压(24hDBP),白天(6:00 ~ 22:00)收缩压(dSBP)和舒张压(dDBP),夜间(22:00 ~ 次日 6:00)收缩压(nSBP)和舒张压(nDBP),然后分别计算每类的样本均值和标准差,如表 6 - 4 所示.

表 6 - 4　　　　　吸烟和不吸烟组血压的样本均值与标准差　　　　单位:mmHg

血压	吸烟组均值	吸烟组标准差	不吸烟组均值	不吸烟组标准差
24hSBP	119.35	10.77	114.79	8.28
24hDBP	76.83	8.45	72.87	6.2
dSBP	122.7	11.36	117.6	8.71
dDBP	79.52	8.75	75.44	6.8
nSBP	109.95	10.78	107.1	10.11
nDBP	69.35	8.6	65.84	7.03

吸烟对血压是否有影响?从这些数据中能得到什么样的推断?吸烟和不吸烟两组人群分别来自两个非常大的总体,这个问题需要从两个样本的参数(均值与标准差)推断总体参数的性质(这里是两个总体的均值是否相等). 分别对 6 项血压指标做假设检验,每组假设检验提出假设

$$H_0:\mu_1 = \mu_2, H_1:\mu_1 \neq \mu_2$$

其中 μ_1,μ_2 分别是吸烟和不吸烟群体(总体)的血压指标.

所取的样本容量为 $n_A = 66, n_B = 62$,检验统计量

$$t = \frac{\bar{x}_A - \bar{x}_B}{S_W\sqrt{1/n_A + 1/n_B}}$$

其中,显著性水平为 0.05, $S_W^2 = \dfrac{(n_A-1)S_1^2 + (n_B-1)S_2^2}{n_A + n_B - 2}$,经计算第五项没有拒绝原假设,其余五项都拒绝了原假设,于是综合起来可以认为,吸烟对血压的影响显著.

【相关背景】

一、发展历程

数理统计学是伴随着概率论的发展而发展起来的. 19 世纪中叶以前已出现了若干重要的工作,如高斯和勒让德关于观测数据误差分析和最小二乘法的研究. 到 19 世纪末期,经过包括 K. 皮尔森(Karl Pearson)在内的一些学者的努力,这门学科已开始形成. 但数理统计学发展成一门成熟的学科,则是 20 世纪上半叶,它在很大程度上要归功于 K. 皮尔森、R. A. 费希尔(Ronald Aylmer Fisher)等学者的工作. 特别是费希尔的贡献,对这门学科的建立起了决定性的作用. 1946 年,H. 克拉默(H. Cramér)发表的《统计学数学方法》是第一部严谨且比较系统的数理统计著作,可以把它作为数理统计学进入成熟阶段的标志.

数理统计学的发展大致可分三个时期.

第一时期为 20 世纪以前. 这个时期又可分成两段,大致上可以把高斯和勒让德关于最小二乘法用于观测数据的误差分析的工作作为分界线,前段属萌芽时期,基本上没有超出描述性统计学的范围. 后一阶段可算作是数理统计学的幼年阶段. 其强调了推断的地位,摆脱了单纯描述的性质. 由于高斯等的工作揭示了正态分布的重要性,学者们普遍认为,在实际问题中遇见的几乎所有的连续变量,都可以满意地用正态分布来刻画. 这种观点使关于正态分布的统计得到了深入的发展,但延缓了非参数统计的发展. 19 世纪末,K. 皮尔森给出了以他的名字命名的分布,并给出了估计参数的一种方法——矩法估计. 德国的 F. 赫尔梅特(F. Helmert)发现了统计上十分重要的 χ^2 分布.

第二时期为 20 世纪初到第二次世界大战结束. 这是数理统计学蓬勃发展达到成熟的时期. 许多重要的基本观点和方法以及数理统计学的主要分支学科,都是在这个时期建立和发展起来的. 这个时期的成就包含了至今仍在广泛使用的大多数统计方法. 在其发展中,以英国统计学家、生物学家费希尔为代表的英国学派起了主导

作用.

第三时期为第二次世界大战后时期. 这一时期中,数理统计学在应用和理论两方面继续获得很大的进展.

二、统计环节

用数理统计方法去解决一个实际问题时,一般有如下几个步骤:建立数学模型,收集整理数据,进行统计推断、预测和决策. 这些环节不能截然分开,也不一定按上述次序,有时是互相交错的.

(1) 模型的选择和建立. 在数理统计学中,模型是指关于所研究总体的某种假定,一般是给总体分布规定一定的类型. 建立模型要依据概率的知识、所研究问题的专业知识、以往的经验以及从总体中抽取的样本(数据).

(2) 数据的收集. 其有全面观测、抽样观测和安排特定实验三种方式. 全面观测又称普查,即对总体中每个个体都加以观测,测定所需要的指标. 抽样观测又称抽查,是指从总体中抽取一部分,测定其有关的指标值. 这方面的研究内容构成数理统计的一个分支学科,称为抽样调查. 安排特定实验以收集数据,这些特定的实验要有代表性,并使所得数据便于进行分析. 这里面所包含的数学问题,构成数理统计学的又一分支学科,即实验设计的内容.

(3) 数据整理. 其目的是把包含在数据中的有用信息提取出来 . 一种形式是制定适当的图表,如散点图,以反映隐含在数据中的粗略的规律性或一般趋势. 另一种形式是计算若干数字特征,以刻画样本某些方面的性质,如样本均值、样本方差等简单描述性统计量.

(4) 统计推断. 其是指根据总体模型以及由总体中抽出的样本,作出有关总体分布的某种论断 . 数据的收集和整理是进行统计推断的必要准备,统计推断是数理统计学的主要任务.

(5) 统计预测. 统计预测的对象,是随机变量在未来某个时刻所取的值,或设想在某种条件下对该变量进行观测时将取的值.

(6) 统计决策. 其是依据所做的统计推断或预测,并考虑到行动的后果(以经济损失的形式表示)而制定的一种行动方案. 目的是使损失尽可能小,或反过来说,使收益尽可能大.

三、数理统计学的应用

数理统计方法在工农业生产、自然科学、技术科学以及社会经济领域中都有广泛应用,然而按其性质来说,基本上是一个辅助性工具. 它的恰当应用依赖于所论问题的专门知识、经验以及良好的组织工作.

1. 在农业中的应用

(1) 对田间试验进行适当的设计和统计分析. 农业试验由于周期长且环境因素

变异性大,特别需要对试验方案作精心设计,并使用有效的统计分析方法.

(2) 数量遗传学的方法. 例如培育高产品种的研究中的数据分析使用了多种统计方法,如在遗传力的计算上,用了很复杂的回归和方差分析方法.

2. 在工业中的应用

(1) 在工业生产中,常有试制新产品和改进老产品、改革工艺流程、用新材料取代原材料和寻求适当的配方等问题. 影响产品质量的因素一般很多,在进行试验时要用到各种多因素设计方法及与之相应的统计分析方法,以判断哪些因素是重要的,哪些是次要的,并决定一组最优的生产条件. 正交设计、回归设计与回归分析、方差分析、多元分析等统计方法是处理这类问题的有力工具.

(2) 现代工业生产多有大批量和要求高的特点,为保证产品质量需要在连续的生产过程中进行工序的控制,制订成批产品的抽样验收方案,对大批生产的元件进行寿命试验,以估计元件的可靠性及包含大量各种元件的系统的可靠性,为解决这些问题发展了一些统计方法,如各种形式的质量控制图、抽样检验、可靠性分析等.它们构成统计质量管理的内容,这些方法是 20 世纪二三十年代开始发展起来的,近百年来的经验表明,它们起了相当大的作用.

3. 在医学中的应用

(1) 在防治一种疾病时,需要找出导致这种疾病的种种因素,统计方法在发现和验证这种因素上是一个重要工具. 例如长期以来人们怀疑肺癌的发生与吸烟有关,这一点得到了大量统计资料的证实.

(2) 通过临床试验,用统计分析确定一种药物对治疗某种疾病是否有用,用处多大,以及比较几种药物或治疗方法的效力. 此时,对比试验、列联表、回归分析等是这方面的常用工具. 统计方法在医学中应用之广,这可以由在关于医药的广告中也常引用统计数字这样一个现象看出.

4. 在自然科学与技术科学中的应用

(1) 在基础理论研究中,常常从一种观点出发,根据初步观察结果,而提出一种学说或假说. 它们是否正确,或在多大程度上正确,要诉诸大规模的实验验证,这里面就有实验的设计和数据的统计分析问题,有时通过统计分析发现某种规律性,然后在理论上去寻找解释. 一个著名的例子是门德尔的遗传定律,门德尔通过豌豆试验发现了这个定律,以后由很多人通过进一步的试验,并用数理统计学中的"拟合优度检验法"检验过,为这个定律寻求理论上的解释,是导致"基因学说"建立的一个重要原因.

(2) 在应用性的研究中,常常因为对所研究的现象的规律性认识不充分,而不得不主要依靠对实验的观察数据的分析去提出解决问题的方法. 例如,统计方法用于地震、气象、水文方面的预报都有一定的效果. 又如地质勘探中,人们在一个地区的若干个点(点的选择有统计上的考虑)进行观察,对其结果用种种统计方法,如趋势面分析、对应分析(见多元统计分析)等去进行处理,去建立某种经验性质的规律,用于指导找矿.

由于数理统计方法在上述各领域中的作用很大,出版了一些在这些领域中阐述统计方法应用的专著. 通过分析试验数据而建立经验公式,是技术科学中常用的一种方法.

数理统计方法对社会、经济领域也有重要意义,在某些数理统计学发达的国家,统计方法在这些领域的应用,比它在自然科学和技术科学中的应用更早且更广泛.

5. 在社会领域中的应用

(1)抽样调查. 在人力、物力、时间不允许进行全面调查时,使用抽样调查可以做到省时、省力、快速,并获得满意的结果. 有时,经过精心设计和组织的抽样调查,其效果甚至比全面调查更好. 因为全面调查由于工作量太大,常不免产生一些人为性的错误.

(2)定量化地研究社会现象. 在经济科学中,定量化趋势比其他社会科学部门更早且程度更深. 如早在 20 世纪二三十年代时间序列分析方法就曾用于市场预测,现已建立了一门边缘学科 —— 数量经济学,从简单的回归分析方法到艰深的随机过程统计方法都在其中找到了应用.

习题六

1. 设 $X_1, X_2, \cdots, X_n$ 为总体 X 中容量为 n 的样本,讨论下列函数是否为统计量,为什么?

(1) $\dfrac{1}{nD(X)} \sum_{i=1}^{n} (X_i - \bar{X})^2$ (2) $\dfrac{1}{n\sigma^2} \sum_{i=1}^{n} (X_i - \mu)^2$

(3) $\dfrac{1}{n\sigma^2} \sum_{i=1}^{n} (X_i - E(X))^2$ (4) $\dfrac{1}{n} \sum_{i=1}^{n} (X_i - \bar{X}^2)$

(5) $\dfrac{1}{n-1} \sum_{i=1}^{n} X_i^2$ (6) $\dfrac{1}{\sigma^2} \sum_{i=1}^{n} (X_i - \bar{X})^2$

2. 已知某地近 10 天来正午的气温为:25℃、23℃、24℃、24℃、27℃、26℃、28℃、25℃、25℃、27℃,计算其均值、方差、标准差和平均差.

3. 气压随海拔高度而变化,在海拔 2 千米以内,可近似认为每升高 12 米,大气压强降低 1mm 汞柱,现测得海拔 −400 米时,气压为 1 062.2mb,其中 mb 表示毫米汞柱,现有海拔高度表为 − 400 米, − 200 米, 0 米, 200 米, 400 米, 600 米, 800 米, 1 000 米, 1 200 米, 1 400 米,计算海拔高度的均值、方差和标准差,并利用求得结果计算气压的相应均值、方差和标准差.

4. 有两种不同的农作物,分别在 5 个田块上试种,其产量资料如表 1 所示.

表 1

甲品种		乙品种	
面积(亩)	产量(千克)	面积(亩)	产量(千克)
10	21 000	12	23 000
11	21 500	13	24 000
15	24 500	13	23 500
14	23 000	9	17 000
8	16 000	10	20 000

试分析哪种作物值得推广.

5. 为评价某酒店服务质量,随机抽取了 100 名消费者对其质量进行打分. 其服务等级分为: A(好)、B(较好)、C(一般)、D(差),其调查结果如图 1 所示.

	A	B	C	D	E	F	G	H	I	J
1	A	B	A	B	C	A	C	B	C	A
2	B	A	B	D	A	B	B	A	C	C
3	B	D	A	B	B	A	A	D	B	B
4	A	B	A	D	A	C	B	B	A	D
5	C	A	B	A	A	B	A	C	A	C
6	B	A	B	B	A	D	A	B	B	B
7	B	C	A	A	C	C	A	C	A	C
8	B	D	C	A	A	A	C	A	C	A
9	A	B	A	B	C	C	A	B	D	C
10	A	A	D	B	A	B	B	B	A	A

图 1　消费者评价

(1) 若 $A = 4, B = 3, C = 2, D = 1$,计算此样本的均值、方差和平均差.

(2) 用 Excel 制作一张频数分布表.

(3) 绘制一张条形图,反映评价等级的分布.

6. 某销售公司一个月(30 天) 的销售总额如表 2 所示.

表 2　　销售额　　单位:万元

35	42	51	56	46	41	38	37	41	49
45	37	47	43	51	42	36	49	33	38
38	48	34	37	35	46	39	48	40	58

(1) 根据表 2 的数据进行适当的分组,绘制频数分布表,并计算累积频数和累积频率;

(2) 根据频数分布表绘制直方图或饼图.

7. 某高校测试学生的身体素质,随机抽取了 50 名男生,测其 100 米速度并记录如表 3 所示.

表3　　　　　　　　　　　100 米速度表　　　　　　　　　单位:秒

13.15	13.23	13.48	12.55	12.41	13.21	13.10	13.41	13.21	13.25
13.15	12.42	13.47	13.22	13.21	13.11	12.38	12.41	13.13	13.15
13.19	13.56	12.49	13.32	13.52	12.44	13.45	13.42	13.42	12.41
13.42	13.34	13.28	13.19	12.50	13.13	13.44	13.52	12.38	13.23
13.50	13.42	13.45	13.32	13.44	13.47	13.12	13.27	13.10	13.40

（1）对上述数据进行排序；

（2）筛选速度快于 13 秒的记录；

（3）对数据进行等距分组,整理成频数表,并绘制直方图.

（4）用 Excel 计算其平均值、方差和标准差.

8. 表 4 为我国北方某城市 1 ～ 2 月各天气温的记录表.

表4　　　　　　　　　　　气温记录表　　　　　　　　　单位:℃

− 4	− 3	− 7	− 8	− 4	3	4	− 7	− 4	− 6
− 10	− 12	− 14	− 9	− 7	− 2	0	4	− 6	− 4
− 12	− 9	− 8	− 5	− 4	− 8	− 3	− 1	4	7
2	− 7	− 4	− 9	− 12	− 14	− 17	− 18	− 22	− 24
− 22	− 21	− 19	− 23	− 24	− 18	− 16	− 19	− 22	− 17
− 15	− 12	− 17	− 10	− 5	− 7	− 3	1	4	3

（1）指出表 4 为什么类型数据?

（2）对上述数据进行分组,绘制直方图.

（3）用 Excel 计算其平均值、方差和标准差.

习题答案与提示

习题一

A 组习题

1. 判断题

(1)√ (2)√ (3)√ (4)√ (5)×

(6)× (7)√ (8)√ (9)√ (10)√

(11)√ (12)× (13)× (14)× (15)×

2. 选择题

(1)B (2)A (3)C (4)A (5)D

(6)C (7)C (8)C (9)D

B 组习题

1. (1) $x_1 = 26, x_2 = 12, x_3 = 9$

(2) $x_1 = 2, x_2 = 8, x_3 = 21$

(3) 无解

(4) $x = 1, y = 2, z = 2$

2. (1) $x = \dfrac{59}{28}, y = -\dfrac{3}{7}, z = \dfrac{1}{8}$

(2) 无解

(3) 无解

(4) $\begin{cases} x_1 = x_3 - x_4 - 3 \\ x_2 = x_3 + x_4 - 4 \end{cases}$ x_3, x_4 是自由未知量

(5) $x_1 = 3x_2 - 2x_3 - 5x_4 - 1$ x_2, x_3, x_4 是自由未知量

(6) $x_1 = -\dfrac{15}{2}, x_2 = 3, x_3 = \dfrac{13}{2}, x_4 = \dfrac{1}{2}.$

3. (1) $a = 10$

$(2) a \neq -1$

4. (1) 是;无非零解

   (2) 不是

   (3) 不是

   (4) 是;有非零解

5. 全都有非零解(因为方程个数均小于未知量个数)

6. (1) $\begin{cases} x_1 = 3t \\ x_2 = t \\ x_3 = -t \end{cases}$

   (2) $\begin{cases} x_1 = \dfrac{1}{2}t \\ x_2 = \dfrac{5}{2} \\ x_3 = t \end{cases}$

   (3) $\begin{cases} x_1 = -t \\ x_2 = 0 \\ x_3 = t \\ x_4 = 0 \end{cases}$

   (4) $\begin{cases} x_1 = t_1 \\ x_2 = t_2 \\ x_3 = -t_1 \\ x_4 = -t_2 \end{cases}$

   其中 t, t_1, t_2 为任意常数.(验证略)

7. (1) $c = -\dfrac{15}{2}$

   (2) $c = \dfrac{2}{3}$

   (3) $c = \dfrac{1}{5}$

8. (1) $x = 2, 3$

   (2) $x = 3, y = 2, z$ 任意

   (3) $x = 1, y = 3$

   (4) $x = y = z = 1$

   (5) 无解

9. (1) $\begin{pmatrix} 3 & 4 & -6 & 4 \\ 1 & -1 & 4 & 1 \\ -1 & 2 & -7 & 0 \end{pmatrix}$, $\begin{cases} x_1 = 4 \\ x_2 = -5 \\ x_3 = -2 \end{cases}$

(2) $\begin{pmatrix} 1 & 1 & 1 & 1 & 1 \\ 3 & 2 & 1 & 1 & -3 \\ 0 & 1 & 3 & 2 & 5 \\ 5 & 4 & 3 & 3 & -1 \end{pmatrix}$, $\begin{cases} x_1 = -6 + x_4 \\ x_2 = 8 - 2x_4 \\ x_3 = -1 \end{cases}$ x_4 为自由未知量

(3) $\begin{pmatrix} 1 & 1 & 2 & 6 \\ 3 & 4 & -1 & 5 \\ 5 & 6 & 3 & 17 \end{pmatrix}$, $\begin{cases} x_1 = 19 - 9x_3 \\ x_2 = -13 + 7x_3 \end{cases}$ x_3 为自由未知量

(4) $\begin{pmatrix} 2 & -3 & 7 & 5 & 7 \\ 1 & -1 & 1 & -1 & 1 \\ 1 & 1 & -8 & 1 & 0 \\ 4 & -3 & 0 & 5 & 0 \end{pmatrix}$, 无解

10. $\begin{pmatrix} 1 & 0 & 0 & 0 \\ 0 & 1 & 0 & 0 \\ 0 & 0 & 0 & 0 \end{pmatrix}$

11. (1) E_3

(2) $\begin{pmatrix} E_2 & 0 \\ 0 & 0 \end{pmatrix}$

(3) $\begin{pmatrix} E_3 & 0 \\ 0 & 0 \end{pmatrix}$

12. $\begin{cases} x_{11} + x_{12} = 3 \\ x_{21} + x_{22} = 2 \\ x_{31} + x_{32} = 1 \\ x_{11} + x_{21} + x_{31} = 4 \\ x_{12} + x_{22} + x_{32} = 2 \\ x_{11} + x_{12} + x_{21} + x_{22} + x_{31} + x_{32} = 6 \end{cases}$

$\begin{cases} x_{11} = 1 + c_1 + c_2 \\ x_{12} = 2 - c_1 - c_2 \\ x_{21} = 2 - c_1 \\ x_{22} = c_1 \\ x_{31} = 1 - c_2 \\ x_{32} = c_2 \end{cases}$ c_1, c_2 为任意常数

13. (1) $p \neq 2$ 时,有唯一解

   (2) $p = 2$ 时,$\begin{cases} t \neq 1, \text{无解} \\ t = 1, \text{无穷多解} \end{cases}$

   一般解为 $\begin{cases} x_1 = -8 \\ x_2 = 3 - 2x_3 \\ x_4 = 2 \end{cases}$ x_3 为自由未知量

14. (1) 当 $a = 1$ 时,解为 $x_1 = -x_2 - x_3 x_2, x_3$ 为自由未知量

   当 $a = -2$ 时,解为 $x_1 = x_2 = x_3 = c, c$ 为任意常数

   (2) 当 $a = 3$ 时,解为 $x_1 = -x_2 = -x_3 = c, c$ 为任意常数

15. (1) $\begin{cases} x_1 + x_2 - x_3 - x_4 = 10 \\ -x_1 + x_2 - x_5 = -20 \\ -x_2 + x_6 = -10 \\ -2x_2 + x_3 + x_4 = 0 \\ x_2 + x_5 = 30 \\ x_6 = 10 \end{cases}$

   (2) $\begin{cases} x_1 = 30 \\ x_2 = 20 \\ x_3 = 40 - t \\ x_4 = t \\ x_5 = 10 \\ x_6 = 10 \end{cases}$ t 为任意

   (3) 由于 $x_3 = 40 - t \geq 0$,故 $t \leq 40$

习题二

A 组习题

1. 判断题

(1) √   (2) ×   (3) √   (4) √   (5) ×

(6) √   (7) √   (8) √   (9) √   (10) √

2. 选择题

(1) D   (2) C   (3) B   (4) B   (5) C

(6) D	(7) D	(8) D	(9) D	(10) B
(11) C	(12) C	(13) B	(14) B	(15) B
(16) A	(17) D	(18) B	(19) B	

B 组习题

1. (1) $\begin{pmatrix} -1 & 6 & 5 \\ -2 & -1 & 12 \end{pmatrix}$

(2) $\begin{pmatrix} -1 & 4 \\ 0 & -2 \end{pmatrix}$

(3) $\begin{pmatrix} 2 & 4 \\ 6 & 8 \end{pmatrix}$

2. (1) $\begin{pmatrix} 35 \\ 6 \\ 49 \end{pmatrix}$

(2) 10

(3) $\begin{pmatrix} -24 \\ -12 \\ -36 \end{pmatrix}$

(4) $\begin{pmatrix} 6 & -7 & 8 \\ 20 & -5 & 10 \end{pmatrix}$

(5) $a_{11}x_1^2 + a_{22}x_2^2 + a_{33}x_3^2 + a_{12}x_1x_2 + a_{21}x_1x_2 + a_{13}x_1x_3 + a_{31}x_1x_3$
$+ a_{23}x_2x_3 + a_{32}x_2x_3$

3. $3AB - 2A = \begin{pmatrix} -2 & 13 & 22 \\ -2 & -17 & 20 \\ 4 & 29 & -2 \end{pmatrix}$; $A^T B = \begin{pmatrix} 0 & 5 & 8 \\ 0 & -5 & 6 \\ 2 & 9 & 0 \end{pmatrix}$

4. (1) 原式 $= A$

(2) 原式 $= \begin{pmatrix} a_{31} & a_{32} & a_{33} & a_{34} \\ a_{21} & a_{22} & a_{23} & a_{24} \\ a_{11} & a_{12} & a_{13} & a_{14} \end{pmatrix}$

(3) 原式 $= A$

(4) 原式 $= \begin{pmatrix} a_{11} & a_{12} & a_{13} & a_{14} \\ a_{31} & a_{32} & a_{33} & a_{34} \\ a_{21} & a_{22} & a_{23} & a_{24} \end{pmatrix}$

(5) 原式 $= \begin{pmatrix} a_{11} & a_{12} & ka_{13} & a_{14} \\ a_{21} & a_{22} & ka_{23} & a_{24} \\ a_{31} & a_{32} & ka_{33} & a_{34} \end{pmatrix}$

(6) 原式 $= \begin{pmatrix} a_{11} & a_{12} & a_{13} & a_{14} \\ la_{11}+a_{21} & la_{12}+a_{22} & la_{13}+a_{23} & la_{14}+a_{24} \\ a_{31} & a_{32} & ka_{33} & a_{34} \end{pmatrix}$

5. $A = \begin{pmatrix} 50 & 30 & 25 & 10 & 5 \\ 30 & 60 & 25 & 20 & 10 \\ 50 & 60 & 0 & 25 & 5 \end{pmatrix}; B = \begin{pmatrix} 0.95 \\ 1.2 \\ 2.35 \\ 3 \\ 5.2 \end{pmatrix}$

$AB = \begin{pmatrix} 50 & 30 & 25 & 10 & 5 \\ 30 & 60 & 25 & 20 & 10 \\ 50 & 60 & 0 & 25 & 5 \end{pmatrix} \begin{pmatrix} 0.95 \\ 1.2 \\ 2.35 \\ 3 \\ 5.2 \end{pmatrix} = \begin{pmatrix} 198.25 \\ 271.25 \\ 220.50 \end{pmatrix}$

6. A:32 吨

   B:9 吨

   C:9 吨

7. 略

8. (1)3

   (2)4

9. (1) $A^{-1} = \begin{pmatrix} \dfrac{4}{5} & -\dfrac{1}{5} \\ -\dfrac{3}{5} & \dfrac{2}{5} \end{pmatrix}$

   (2) $A^{-1} = \begin{pmatrix} \dfrac{d}{ad-bc} & -\dfrac{b}{ad-bc} \\ -\dfrac{c}{ad-bc} & \dfrac{a}{ad-bc} \end{pmatrix}$

   (3) $A^{-1} = \begin{pmatrix} 1 & 0 & 0 \\ -\dfrac{1}{2} & \dfrac{1}{2} & 0 \\ 0 & -\dfrac{1}{3} & \dfrac{1}{3} \end{pmatrix}$

$$(4)A^{-1} = \begin{pmatrix} 1 & -4 & -3 \\ 1 & -5 & -3 \\ -1 & 6 & 4 \end{pmatrix}$$

$$(5)\begin{pmatrix} 1 & -2 & 1 & 0 \\ 0 & 1 & -2 & 1 \\ 0 & 0 & 1 & -2 \\ 0 & 0 & 0 & 1 \end{pmatrix}$$

10. BC

11. ABC

12. 均不成立

13. 略

14. $A^k = \begin{pmatrix} 1 & 0 \\ k\lambda & 1 \end{pmatrix}$

习题三

A 组习题

1. 判断题

(1) √   (2) √   (3) ×   (4) √   (5) ×

(6) √   (7) ×   (8) ×   (9) √   (10) √

(11) ×   (12) √   (13) √   (14) ×   (15) √

(16) √   (17) ×   (18) √   (19) √   (20) √

(21) √   (22) √   (23) ×   (24) √   (25) ×

(26) √   (27) ×   (28) ×   (29) √   (30) √

(31) ×   (32) √   (33) √   (34) √

2. 选择题

(1) C (2) C (3) C (4) C (5) B

(6) D (7) B (8) A (9) B (10) C

(11) B (12) B (13) B (14) D (15) A

(16) D (17) D (18) C (19) B (20) C

(21) C (22) C (23) C (24) D (25) B

(26) B

B 组习题

1. $(-1,23,-6)$

2. （1）线性无关
   （2）线性相关
   （3）线性相关

3. （1）当 $\alpha = -\dfrac{1}{2}$ 或 1 时
   （2）当 $\alpha \neq -\dfrac{1}{2}$ 且 $\alpha \neq 1$ 时

4. （1）秩为 3，极大无关组为 $\alpha_1,\alpha_2,\alpha_3$
   （2）秩为 4，极大无关组为 $\alpha_1,\alpha_2,\alpha_3,\alpha_4$
   （3）秩为 2，极大无关组为 α_1,α_4 或 α_2,α_4 或 α_3,α_4

5. （1）$r(A) = r(\bar{A}) = 3$，所以方程组有解
   （2）$r(A) = 2,r(\bar{A}) = 3$，所以方程组无解

6. （1）基础解系为 $\eta_0 = \begin{pmatrix} -16 \\ 3 \\ 4 \\ 0 \end{pmatrix}$，方程的通解为 $\eta = c\eta_0$（其中 c 为任意实数）

   （2）基础解系为 $\eta_0 = \begin{pmatrix} 1 \\ 14 \\ 3 \\ 7 \\ 2 \end{pmatrix}$，方程的通解为 $\eta = c\eta_0$（其中 c 为任意实数）

7. （1）$\eta = \begin{pmatrix} \dfrac{1}{2} \\ 0 \\ \dfrac{1}{2} \\ 0 \end{pmatrix} + c_1\begin{pmatrix} 1 \\ 1 \\ 0 \\ 0 \end{pmatrix} + c_2\begin{pmatrix} 0 \\ 0 \\ 1 \\ 1 \end{pmatrix}$，其中 c_1,c_2 为任意实数

   （2）$\eta = \begin{pmatrix} 2 \\ -1 \\ 0 \end{pmatrix} + c\begin{pmatrix} 2 \\ -1 \\ 1 \end{pmatrix}$，其中 c 为任意常数

8. （1）单特征值为 2，它所对应的特征向量为 $x = k\eta$，其中 $\eta = \begin{pmatrix} 0 \\ 0 \\ 1 \end{pmatrix}(k \neq 0)$；二重

特征值为 1,它所对应的特征向量为 $x = k_1\boldsymbol{\eta}_1$,其中 $\boldsymbol{\eta}_1 = \begin{pmatrix} 1 \\ 2 \\ -1 \end{pmatrix}(k_1 \neq 0)$

(2) 单特征值为 -1,它所对应的特征向量为 $x = k\boldsymbol{\eta}$,其中 $\boldsymbol{\eta}_1 = \begin{pmatrix} -1 \\ 1 \\ 1 \end{pmatrix}(k_1 \neq 0)$;

二重特征值为 2,它所对应的特征向量为 $x = k_1\boldsymbol{\eta}_1 + k_2\boldsymbol{\eta}_2$,其中 $\boldsymbol{\eta}_1 = \begin{pmatrix} -2 \\ 1 \\ 0 \end{pmatrix}$, $\boldsymbol{\eta}_2 = \begin{pmatrix} 0 \\ 0 \\ 1 \end{pmatrix}(k_1,k_2$ 不全为零$)$.

9. $x = 7$;对应于 3 的特征向量为 $x = k_1\boldsymbol{\eta}_1 + k_2\boldsymbol{\eta}_2$,其中,$\boldsymbol{\eta}_1 = \begin{pmatrix} 1 \\ -1 \\ 0 \end{pmatrix}$, $\boldsymbol{\eta}_2 = \begin{pmatrix} 1 \\ 0 \\ 4 \end{pmatrix}$,

其中$(k_1,k_2$ 不全为 $0)$;对应于 12 的特征向量为 $x = k\boldsymbol{\eta}$,其中 $\boldsymbol{\eta} = \begin{pmatrix} -1 \\ -1 \\ 1 \end{pmatrix}(k \neq 0)$.

10. $\alpha = (1,2,3,4)$

11. (1)(2)(3) 说法都不正确

12. 当 $a = 0, b = 2$ 时,线性方程组有解,且其一般解为:

$$\boldsymbol{\eta} = \begin{pmatrix} -2 \\ 3 \\ 0 \\ 0 \\ 0 \end{pmatrix} + c_1\begin{pmatrix} -1 \\ 1 \\ 1 \\ 0 \\ 0 \end{pmatrix} + c_2\begin{pmatrix} -1 \\ 1 \\ 0 \\ 1 \\ 0 \end{pmatrix} + c_3\begin{pmatrix} 3 \\ -3 \\ 0 \\ 0 \\ 1 \end{pmatrix}$$

13. (1) 不一定

(2) 主对角线上的元素值

14. (1) 0,0,25

(2) $1,1,-\dfrac{1}{5}$

(3) $3,3,\dfrac{9}{5}$

习题四

A 组习题

1. 选择题

(1)D　　　(2)D　　　(3)B　　　(4)C　　　(5)C

(6)C　　　(7)D　　　(8)C　　　(9)D　　　(10)D

(11)A

2. 填空题

(1)0.2　　(2)0.52　　(3)0.3　　(4)$\dfrac{1}{3}$　　(5)$\dfrac{1}{3}$

(6)$\dfrac{2}{5}$　　(7)$\dfrac{2}{5}$　　(8)$\dfrac{1}{2}, \dfrac{7}{15}$

B 组习题

1. (1)$\Omega = \{0,1,2,3,\cdots\}$

 (2)$\Omega = \{10,11,12,\cdots\}$

 (3)$\Omega = (-\infty, +\infty)$ 或者 $\Omega = [a,b]$, a,b 为常数,

 (4)若记 $\omega_i = $ "取得 i 等品", $i = 1,2,3$, $\omega_0 = $ "取得不合格,

　　$\Omega = \{\omega_0, \omega_1, \omega_2, \omega_3\}$

 (5)若记红球为 a_1, a_2, 白球为 b_1, b_2, b_3, 则

　　$\Omega = \{(a_1, a_2), (a_1, b_1), (a_1, b_2), (a_1, b_3),$

　　　　$(a_2, b_1), (a_2, b_2), (a_2, b_3),$

　　　　$(b_1, b_2), (b_1, b_3), (b_2, b_3)\}$

2. (1)该生是计算机系一年级的男生,而不是运动员;

 (2)计算机系运动员全是一年级男生的条件下, $ABC = C$ 成立;

 (3)计算机系运动员全是一年级学生时, $C \subseteq B$;

 (4)当计算机系一年级的学生全是女生,而其他年级学生全是男生的条件

下, $\bar{A} = B$.

3. (1)ABC

 (2)$\overline{ABC}$

(3) $\overline{A}\overline{B}C$

(4) $A\overline{B}\overline{C}$

(5) $A \cup B \cup C$

(6) $\overline{A}\overline{B}C \cup A\overline{B}\overline{C} \cup \overline{A}B\overline{C} \cup \overline{A}\overline{B}C$

(7) $\overline{A}\overline{B}$

(8) $\overline{A} \cup \overline{B}$

4. 略

5. (1)(2)(3) 正确,(4) 不正确

6. 略

7. q

8. (1) 0.3

   (2) 0.5

9. 0.7,0.5

10. $\dfrac{5}{8}$

11. 0.6

12. (1)0.6

    (2)0.8

    (3)0.2

    (4)0.9

13. (1) $\dfrac{1}{7^6}$

    (2) $\dfrac{6^6}{7^6}$

    (3) $1 - \dfrac{1}{7^6}$

14. (1)0.504

    (2) 0.496

15. (1) $\dfrac{1}{15}$

    (2) $\dfrac{8}{15}$

    (3) $\dfrac{3}{5}$

16. (1)0.027

    (2)0.189

    (3)0.216

17. $\dfrac{1}{3}$

18. (1) $\dfrac{3}{10}$

    (2) $\dfrac{2}{9}$

19. $\dfrac{44}{45}$

20. 每个人抽到电影票的机会是均等的.

21. (a) 错误 (b) 错误 (c) 正确 (d) 错误

22. 0.58 , 0.12

23. 0.096 9

24. 0.328

25. 0.735 8

26. (1) 0.15

    (2) 0.5

27. 0.057

28. 0.576 5

习题五

A 组习题

1. 选择题

(1)B   (2)C   (3)A   (4)A   (5)B

(6)A   (7)C   (8)D   (9)B   (10)B

(11)D

2. 填空题

(1)0.1   (2)2/3   (3)1/4   (4)$1-\alpha-\beta$ (5)0

B 组习题

1.

X	0	1	2
P	0.552 6	0.394 7	0.052 6

$\sum\limits_{m} p_m \neq 1$ 由于计算误差产生.

2.

X	0	1	2
P	0.562 5	0.375	0.062 5

3. $P\{X = m\} = 0.25 \times 0.75^{m-1}, m = 1, 2, \cdots$

4. (1)

X	1	2	3	4
P	0.75	0.204 5	0.040 9	0.004 5

(2)

X	0	1	2	3
P	0.75	0.204 5	0.040 9	0.004 5

5.

X	0	1	2	3
P	0.004 5	0.122 7	0.490 9	0.381 8

6. $a = \dfrac{1}{15}$

7. $a = 1$

8.

0	1	2	3	4
0.4	0.24	0.144	0.086 4	0.129 6

9. (1) 是;(2)、(3) 不是

10. 不是

11. $A = \dfrac{1}{\pi}, P\{-1 < X < 1\} = \dfrac{1}{2}$

12. $\dfrac{8}{27}$

13. $c = \dfrac{1}{\pi}, P\{|X| \leqslant \dfrac{1}{2}\} = \dfrac{1}{3}$

14. 不对

15. $A = 1, P\{0 \leqslant X \leqslant 0.25\} = 0.5, f(x) = \begin{cases} \dfrac{1}{2\sqrt{x}}, & 0 < x < 1 \\ 0, & 其他 \end{cases}$

16. 否

17. $F(x) = \begin{cases} 0, & x \leqslant 0 \\ 2x - x^2, & 0 < x < 1, \\ 1, & x \geqslant 1 \end{cases} P\{\dfrac{1}{3} \leqslant X < 2\} = \dfrac{4}{9}, P\{X \geqslant 4\} = 0$

18. $(1) f(x) = \begin{cases} e^{-x}, & x > 0 \\ 0, & x \leq 0 \end{cases}$

$(2) P\{X < 2\} = 1 - e^{-2}, P\{X > 3\} = e^{-3}$

19. 第 1 题的 $E(X) = 0.5$

第 2 题的 $E(X) = 0.5$

第 4 题的 $E(X) = 1.3, E(Y) = 0.3$

20. $c = \dfrac{60}{137}, E(X) = \dfrac{300}{137}$

21. $E(X) = \dfrac{1}{3}$

22. $E(X) = 0$

23. 否

24. $D(X) = 1.77$

25. 第 15 题: $E(X) = \dfrac{1}{3}, D(X) = \dfrac{4}{45}$

第 17 题: $E(X) = \dfrac{1}{3}, D(X) = \dfrac{5}{18}$

26. $E(X) = 0, D(X) = \dfrac{1}{6}$

27. $-0.2; 2.8; 13.4$

28. $(1) 2$

$(2) \dfrac{1}{2}$

29. $E(Y) = 0; D(Y) = 1$

30. $\dfrac{1}{6}$

31. 否

32.

Y_1	0	1
P	3/4	1/4

Y_2	0	1	2
P	9/16	3/8	1/16

Y_3	0	1	2	3	4
P	81/256	27/64	27/128	3/64	1/256

33. 0. 009 ;0. 998 4

34. 0. 998 3

35. 0, 1, 2, ···, 9, $P\{X \leqslant 8\} = 0.999\ 9$

36. 0. 090 2

37. e^{-1}

38. e^{-8}

39. (1)0. 001 412

   (2)9. 61 元

40. $E(2X) = 5, D(2X) = 0.33, D(2X)^2 = 33.42$

41. (1)$P\{1.4 < X < 2.4\} = 0.072\ 6$

   (2)$P\{X \leqslant -1\} = 0.158\ 7$

   (3)$P\{|X| < 1.3\} = 0.806\ 4$

42. (1)1. 28

   (2)1. 64

   (3)2

   (4)0. 13

43. (1)0. 532 8

   (2)0. 697 7

   (3)3

44. $\mu = 5.08, \sigma = 2, P(X > 6) = 0.322\ 8$

45. 0. 058 6

46. (1)0. 368

   (2)0. 233

习题六

1. (4)(5) 为统计量, 若 $D(X)$ 已知则(1)也为统计量, 若 $\mu, \sigma, E(X)$ 已知则全为统计量

2. $\bar{X} = 25.4, S^2 \approx 2.489, S \approx 1.577\ 6, A. D. = 1.28$

3. 海拔高度: $\bar{X} = 500, S^2 = 366\ 666.7, S = 605.5$

   气压: $\bar{X} = 987.2, S^2 \approx 2\ 546.2, S \approx 50.4$

4. 甲平均产量 < 乙平均产量

5. (1)$\bar{X} = 3.01, S^2 \approx 0.96, A. D. \approx 0.772$

6. 略

7. 略

8. 略

附录1 二项分布累积概率值表

n	x	p = 0.01	p = 0.02	p = 0.03	p = 0.04	P = 0.05
5	0	0.951 0	0.903 9	0.858 7	0.815 3	0.773 8
	1	0.998 0	0.996 2	0.994 5	0.985 2	0.977 4
	2			0.999 7	0.999 4	0.998 8
	3					
10	0	0.904 4	0.817 1	0.737 4	0.664 8	0.598 7
	1	0.995 7	0.983 8	0.965 5	0.941 8	0.913 9
	2	0.999 9	0.999 1	0.997 2	0.993 8	0.988 5
	3			0.999 9	0.999 6	0.999 0
15	0	0.860 1	0.738 6	0.633 3	0.542 1	0.463 3
	1	0.990 4	0.964 7	0.927 0	0.880 9	0.829 0
	2	0.999 6	0.997 0	0.990 6	0.979 7	0.963 8
	3		0.999 8	0.999 2	0.997 6	0.994 5
	4			0.999 9	0.999 8	0.999 4
	5					
20	0	0.817 9	0.667 6	0.543 8	0.442 0	0.358 5
	1	0.983 1	0.940 1	0.880 2	0.810 3	0.735 8
	2	0.999 0	0.992 9	0.979 0	0.956 1	0.924 5
	3		0.999 4	0.997 3	0.992 6	0.984 1
	4			0.999 7	0.999 0	0.997 4
	5				0.999 9	0.999 7
	6					
30	0	0.739 7	0.545 5	0.404 0	0.293 9	0.214 6
	1	0.963 9	0.879 4	0.773 1	0.661 2	0.553 5
	2	0.996 7	0.978 3	0.939 9	0.883 1	0.812 2
	3	0.999 8	0.997 1	0.988 1	0.969 4	0.939 2
	4	0.999 9	0.999 6	0.998 2	0.993 7	0.984 4
	5			0.999 7	0.998 9	0.996 7
	6				0.999 9	0.999 4
	7					0.999 9
40	0	0.669 0	0.445 7	0.295 7	0.195 4	0.128 5
	1	0.939 3	0.809 5	0.661 5	0.521 0	0.399 1
	2	0.992 5	0.954 3	0.882 2	0.785 5	0.676 7
	3	0.999 3	0.991 8	0.968 6	0.925 2	0.861 9
	4		0.998 8	0.993 3	0.979 0	0.952 0
	5		0.999 9	0.998 8	0.995 1	0.986 1
	6			0.999 8	0.999 0	0.996 6
	7				0.999 8	0.999 3
	8					0.999 9

续表

n	x	p = 0.06	p = 0.07	p = 0.08	p = 0.09
5	0	0.733 9	0.695 7	0.659 1	0.624 0
	1	0.968 1	0.957 5	0.946 6	0.932 6
	2	0.998 0	0.996 9	0.995 5	0.993 7
	3		0.999 9	0.999 8	0.999 7
10	0	0.538 6	0.484 0	0.434 4	0.389 4
	1	0.882 4	0.848 3	0.812 1	0.774 6
	2	0.981 2	0.971 7	0.959 9	0.946 0
	3	0.998 0	0.996 4	0.994 2	0.991 2
15	0	0.395 3	0.336 7	0.286 3	0.243 0
	1	0.773 8	0.716 8	0.659 7	0.603 5
	2	0.942 9	0.917 1	0.887 0	0.853 4
	3	0.989 6	0.982 5	0.972 7	0.960 1
	4	0.998 6	0.997 2	0.995 0	0.991 8
	5	0.999 9	0.999 7	0.999 3	0.998 7
20	0	0.290 1	0.234 2	0.188 7	0.151 6
	1	0.660 5	0.586 9	0.516 9	0.454 6
	2	0.885 0	0.839 0	0.787 9	0.733 4
	3	0.971 0	0.952 9	0.929 4	0.900 7
	4	0.994 4	0.989 3	0.981 7	0.971 0
	5	0.999 1	0.998 1	0.996 2	0.996 2
	6	0.999 9	0.999 7	0.999 4	0.998 7
30	0	0.156 3	0.113 4	0.082 0	0.059 1
	1	0.455 5	0.369 4	0.295 8	0.234 3
	2	0.732 4	0.648 8	0.565 4	0.485 5
	3	0.897 4	0.845 0	0.784 2	0.717 5
	4	0.968 5	0.944 7	0.912 6	0.872 3
	5	0.992 1	0.983 8	0.970 7	0.951 9
	6	0.998 3	0.996 0	0.991 8	0.984 8
	7	0.999 7	0.999 2	0.998 0	0.995 9
40	0	0.084 2	0.054 9	0.035 6	0.023 0
	1	0.299 0	0.220 1	0.159 4	0.114 0
	2	0.566 5	0.462 5	0.369 4	0.289 4
	3	0.782 7	0.383 7	0.600 7	0.509 2
	4	0.910 4	0. 0.854 6	0.786 8	0.710 3
	5	0.969 1	0.941 9	0.903 3	0.853 5
	6	0.990 9	0.980 1	0.962 4	0.936 1
	7	0.997 7	0.994 2	0.987 3	0.975 8
	8	0.999 5	0.998 5	0.996 3	0.992 0

续表

n	x	p = 0.10	p = 0.20	p = 0.30	p = 0.40
5	0		0.327 7	0.168 1	0.077 8
	1	0.590 5	0.737 3	0.528 2	0.337 0
	2	0.918 5	0.942 1	0.836 9	0.682 6
	3	0.991 4	0.993 3	0.969 2	0.913 0
	4	0.999 5	0.999 7	0.997 6	0.989 8
	5		1.000 0	1.000 0	1.000 0
10	0	0.348 7	0.107 4	0.028 2	0.006 0
	1	0.736 1	0.375 8	0.149 3	0.046 4
	2	0.929 8	0.677 8	0.382 8	0.167 3
	3	0.987 2	0.879 1	0.649 6	0.382 3
	4	0.998 4	0.967 2	0.849 7	0.633 1
	5	0.999 9	0.993 6	0.952 7	0.833 8
	6		0.999 1	0.989 4	0.945 2
	7		0.999 9	0.998 4	0.987 7
	8			0.999 9	0.998 3
15	0	0.205 9	0.035 2	0.004 7	0.000 5
	1	0.549 0	0.167 1	0.035 3	0.005 2
	2	0.815 9	0.398 0	0.126 8	0.027 1
	3	0.944 5	0.648 2	0.296 9	0.090 5
	4	0.987 3	0.835 8	0.515 5	0.217 3
	5	0.997 8	0.938 9	0.721 6	0.403 2
	6	0.999 7	0.981 9	0.868 9	0.609 8
	7		0.995 8	0.950 0	0.786 9
	8		0.999 2	0.984 8	0.905 0
	9		0.999 9	0.996 3	0.966 2
	10			0.999 3	0.990 7
20	0	0.121 6	0.011 5	0.000 8	—
	1	0.391 7	0.069 2	0.007 6	0.000 5
	2	0.676 9	0.206 1	0.035 5	0.003 6
	3	0.867 0	0.411 4	0.107 1	0.016 0
	4	0.956 8	0.629 6	0.237 5	0.051 0
	5	0.988 7	0.804 2	0.416 4	0.125 6
	6	0.997 6	0.913 3	0.608 0	0.250 0
	7	0.999 6	0.967 9	0.772 3	0.415 9
	8	0.999 9	0.990 0	0.886 7	0.595 6
	9		0.997 4	0.952 0	0.755 3
	10		0.999 4	0.982 9	0.872 5
	11		0.999 9	0.994 9	0.943 5
	12			0.998 7	0.979 0
	13			0.999 7	0.993 5

n	x	p = 0.10	p = 0.20	p = 0.30	p = 0.40
30	0	0.042 4	0.001 2	0.000 0	–
	1	0.183 7	0.040 5	0.000 3	–
	2	0.411 4	0.044 2	0.002 1	0.000 0
	3	0.647 4	0.122 7	0.009 3	0.000 3
	4	0.824 5	0.255 2	0.030 2	0.001 5
	5	0.926 8	0.427 5	0.076 6	0.005 7
	6	0.974 2	0.607 0	0.159 5	0.017 2
	7	0.992 2	0.760 8	0.281 4	0.043 5
	8	0.998 0	0.871 3	0.431 5	0.094 0
	9	0.999 5	0.938 9	0.598 8	0.176 3
	10	0.999 9	0.974 4	0.730 4	0.291 5
	11		0.990 5	0.840 7	0.431 1
	12		0.996 9	0.915 5	0.578 5
	13		0.999 1	0.959 9	0.714 5
	14		0.999 8	0.983 1	0.824 6
	15			0.993 6	0.902 9
	16			0.997 9	0.951 9
	17			0.999 4	0.979 8
	18			0.999 8	0.991 7
40	0			–	–
	1			–	–
	2	0.014 8	0.000 1	0.000 1	–
	3	0.080 5	0.001 5	0.000 6	–
	4	0.222 8	0.007 9	0.002 6	–
	5	0.423 1	0.028 5	0.008 6	0.000 1
	6	0.629 0	0.075 9	0.023 8	0.000 6
	7	0.793 7	0.161 3	0.055 3	0.002 1
	8	0.900 5	0.285 9	0.110 0	0.006 1
	9	0.958 1	0.437 1	0.195 9	0.015 6
	10	0.984 5	0.593 1	0.308 7	0.035 2
	11	0.994 9	0.731 8	0.440 6	0.070 9
	12	0.998 5	0.839 2	0.577 2	0.128 5
	13	0.999 6	0.912 5	0.703 2	0.211 2
	14	0.999 9	0.956 8	0.807 4	0.317 4
	15		0.980 6	0.884 9	0.440 2
	16		0.992 1	0.936 7	0.568 1
	17		0.997 1	0.968 0	0.688 5
	18		0.999 0	0.985 2	0.791 1
	19		0.999 7	0.993 7	0.870 2
	20		0.999 9	0.997 6	0.925 6
	21			0.999 1	0.960 8
	22			0.999 7	0.981 1
	23			0.999 9	0.991 7

附录2 泊松分布概率值表

λ\m	0.1	0.2	0.3	0.4	0.5	0.6	0.7	0.8
0	0.904 837	0.818 731	0.740 818	0.676 320	0.606 531	0.548 812	0.496 585	0.449 329
1	0.090 484	0.163 746	0.222 245	0.268 128	0.303 265	0.329 287	0.347 610	0.359 463
2	0.004 524	0.016 375	0.033 337	0.053 626	0.075 816	0.098 786	0.121 663	0.143 785
3	0.000 151	0.001 092	0.003 334	0.007 150	0.012 636	0.019 757	0.028 388	0.038 343
4	0.000 004	0.000 055	0.000 250	0.000 715	0.001 580	0.002 964	0.004 968	0.007 669
5		0.000 002	0.000 015	0.000 057	0.000 158	0.000 356	0.000 696	0.001 227
6			0.000 001	0.000 004	0.000 013	0.000 036	0.000 081	0.000 164
7					0.000 001	0.000 003	0.000 008	0.000 019
8							0.000 001	0.000 002
9								
10								
11								
12								
13								
14								
15								
16								
17								

0.9	1.0	1.5	2.0	2.5	3.0	3.5	4.0
0.406 570	0.367 879	0.223 130	0.135 335	0.082 085	0.049 787	0.030 197	0.018 316
0.365 913	0.367 879	0.334 695	0.270 671	0.205 212	0.149 361	0.105 691	0.073 263
0.164 661	0.183 940	0.251 021	0.270 671	0.256 516	0.224 042	0.184 959	0.146 525
0.049 398	0.061 313	0.125 510	0.180 447	0.213 763	0.224 042	0.215 785	0.195 367
0.011 115	0.015 328	0.047 067	0.090 224	0.133 602	0.168 031	0.188 812	0.195 367
0.060 001	0.003 066	0.014 120	0.036 089	0.066 801	0.100 819	0.132 169	0.156 293
0.000 300	0.000 511	0.003 530	0.012 030	0.027 834	0.050 409	0.077 098	0.104 196
0.000 039	0.000 073	0.000 756	0.003 437	0.009 941	0.021 604	0.038 549	0.059 540
0.000 004	0.000 009	0.000 142	0.000 859	0.003 106	0.008 102	0.016 865	0.029 770
	0.000 001	0.000 024	0.000 191	0.000 863	0.002 701	0.006 559	0.013 231
		0.000 004	0.000 038	0.000 216	0.000 810	0.002 296	0.005 292
			0.000 007	0.000 049	0.000 221	0.000 730	0.001 925
			0.000 001	0.000 010	0.000 055	0.000 213	0.000 642
				0.000 002	0.000 013	0.000 057	0.000 197
					0.000 002	0.000 014	0.000 056
					0.000 001	0.000 003	0.000 015
						0.000 001	0.000 004
							0.000 001

续表

λ m	4.5	5.0	5.5	6.0	6.5	7.0	7.5	8.0
0	0.011 109	0.006 738	0.004 087	0.002 479	0.001 503	0.000 912	0.000 553	0.000 335
1	0.049 990	0.033 690	0.022 477	0.014 873	0.009 773	0.006 383	0.004 148	0.002 684
2	0.112 479	0.084 224	0.061 812	0.044 618	0.031 760	0.022 341	0.015 556	0.010 735
3	0.168 718	0.140 374	0.113 323	0.089 235	0.068 814	0.052 129	0.038 888	0.028 626
4	0.189 808	0.175 467	0.155 819	0.133 853	0.111 822	0.091 226	0.072 917	0.057 252
5	0.170 827	0.175 467	0.171 001	0.160 623	0.145 369	0.127 717	0.109 374	0.091 604
6	0.128 120	0.146 223	0.157 117	0.160 623	0.157 483	0.149 003	0.136 719	0.122 138
7	0.082 363	0.104 445	0.123 449	0.137 677	0.146 234	0.149 003	0.146 484	0.139 587
8	0.046 329	0.065 278	0.084 872	0.103 258	0.118 815	0.130 377	0.137 328	0.139 587
9	0.023 165	0.036 266	0.051 866	0.068 838	0.085 811	0.101 405	0.114 441	0.124 077
10	0.010 4 240	0.018 133	0.028 526	0.041 303	0.055 777	0.070 983	0.085 830	0.099 262
11	0.004 264	0.008 242	0.014 263	0.022 529	0.032 959	0.045 171	0.058 521	0.072 190
12	0.001 599	0.003 434	0.006 537	0.011 264	0.017 853	0.026 350	0.036 575	0.048 127
13	0.000 554	0.001 321	0.002 766	0.005 199	0.008 927	0.014 188	0.021 101	0.029 616
14	0.000 178	0.000 472	0.001 086	0.002 228	0.004 144	0.007 094	0.011 305	0.016 924
15	0.000 053	0.000 157	0.000 399	0.000 891	0.001 796	0.003 311	0.005 652	0.009 026
16	0.000 015	0.000 049	0.000 137	0.000 334	0.000 730	0.001 448	0.002 649	0.004 513
17	0.000 004	0.000 014	0.000 044	0.000 118	0.000 279	0.000 596	0.001 169	0.002 124
18	0.000 001	0.000 004	0.000 014	0.000 039	0.000 100	0.000 232	0.000 487	0.000 944
19		0.000 001	0.000 004	0.000 012	0.000 035	0.000 085	0.000 192	0.000 397
20			0.000 001	0.000 004	0.000 011	0.000 030	0.000 072	0.000 159
21				0.000 001	0.000 004	0.000 010	0.000 026	0.000 061
22					0.000 001	0.000 003	0.000 009	0.000 022
23						0.000 001	0.000 003	0.000 008
24							0.000 001	0.000 003
25								0.000 001
26								
27								
28								
29								

续表

8.5	9.0	9.5	10.5	λ / m	20	λ / m	30
0.000 203	0.000 123	0.000 075	0.000 045	5	0.000 1	12	0.000 1
0.001 730	0.001 111	0.000 711	0.000 454	6	0.000 2	13	0.000 2
0.007 350	0.004 998	0.003 378	0.002 270	7	0.000 5	14	0.000 5
0.020 826	0.014 994	0.010 696	0.007 567	8	0.001 3	15	0.001 0
0.044 255	0.033 737	0.025 403	0.018 917	9	0.002 9	16	0.001 9
0.075 233	0.060 727	0.048 265	0.037 833	10	0.005 8	17	0.003 4
0.106 581	0.091 090	0.076 421	0.063 055	11	0.010 6	18	0.005 7
0.129 419	0.117 116	0.103 714	0.090 079	12	0.017 6	19	0.008 9
0.137 508	0.131 756	0.123 160	0.112 599	13	0.027 1	20	0.013 4
0.129 869	0.131 756	0.130 003	0.125 110	14	0.038 2	21	0.019 2
0.110 303	0.118 580	0.122 502	0.125 110	15	0.051 7	22	0.026 1
0.085 300	0.097 020	0.106 662	0.113 736	16	0.064 6	23	0.034 1
0.060 421	0.072 765	0.084 440	0.094 780	17	0.076 0	24	0.042 6
0.039 506	0.050 376	0.061 706	0.072 908	18	0.081 4	25	0.057 1
0.023 986	0.032 384	0.041 872	0.052 077	19	0.088 8	26	0.059 0
0.013 592	0.019 431	0.026 519	0.034 718	20	0.088 8	27	0.065 5
0.007 220	0.010 930	0.015 746	0.021 699	21	0.084 6	28	0.070 2
0.003 611	0.005 786	0.008 799	0.012 764	22	0.076 7	29	0.072 6
0.001 705	0.002 893	0.004 644	0.007 091	23	0.066 9	30	0.072 6
0.000 762	0.001 370	0.002 322	0.003 732	24	0.055 7	31	0.070 3
0.000 324	0.000 617	0.001 103	0.001 866	25	0.044 6	32	0.065 9
0.000 132	0.000 264	0.000 433	0.000 889	26	0.034 3	33	0.059 9
0.000 050	0.000 108	0.000 216	0.000 404	27	0.025 4	34	0.052 9
0.000 019	0.000 042	0.000 089	0.000 176	28	0.018 2	35	0.045 3
0.000 007	0.000 016	0.000 025	0.000 073	29	0.012 5	36	0.037 8
0.000 002	0.000 006	0.000 014	0.000 029	30	0.008 3	37	0.030 6
0.000 001	0.000 002	0.000 004	0.000 011	31	0.005 4	38	0.024 2
	0.000 001	0.000 002	0.000 004	32	0.003 4	39	0.018 6
		0.000 001	0.000 001	33	0.002 0	40	0.013 9
			0.000 001	34	0.001 2	41	0.010 2
						42	0.007 3
						43	0.005 1
				35	0.000 7	44	0.003 5
				36	0.000 4	45	0.002 3
				37	0.000 2	46	0.001 5
				38	0.000 1	47	0.001 0
				39	0.000 1	48	0.000 6

附录 3　正态分布表

x	0.00	0.01	0.02	0.03	0.04	0.05	0.06	0.07	0.08	0.09	x
0.0	0.500 0	0.504 0	0.508 0	0.512 0	0.516 0	0.519 9	0.523 9	0.527 9	0.531 9	0.535 9	0.0
0.1	0.539 8	0.543 8	0.547 8	0.551 7	0.555 7	0.559 6	0.563 6	0.567 5	0.571 4	0.575 3	0.1
0.2	0.579 3	0.583 2	0.587 1	0.591 0	0.594 8	0.598 7	0.602 6	0.606 4	0.610 3	0.614 1	0.2
0.3	0.617 9	0.621 7	0.625 5	0.629 3	0.633 1	0.636 8	0.640 6	0.644 3	0.648 0	0.651 7	0.3
0.4	0.655 4	0.659 1	0.662 8	0.666 4	0.670 0	0.673 6	0.677 2	0.680 8	0.684 4	0.687 9	0.4
0.5	0.691 5	0.695 0	0.698 5	0.701 9	0.705 4	0.708 8	0.712 3	0.715 7	0.719 0	0.722 4	0.5
0.6	0.725 7	0.729 1	0.732 4	0.735 7	0.738 9	0.742 2	0.745 4	0.748 6	0.751 7	0.754 9	0.6
0.7	0.758 0	0.761 1	0.764 2	0.767 3	0.770 3	0.773 4	0.776 4	0.779 4	0.782 3	0.785 2	0.7
0.8	0.788 1	0.791 0	0.793 9	0.796 7	0.799 5	0.802 3	0.805 1	0.807 8	0.810 6	0.813 3	0.8
0.9	0.815 9	0.818 6	0.821 2	0.823 8	0.826 4	0.828 9	0.831 5	0.834 0	0.836 5	0.838 9	0.9
1.0	0.841 3	0.843 8	0.846 1	0.848 5	0.850 8	0.853 1	0.855 4	0.857 7	0.859 9	0.862 1	1.0
1.1	0.864 3	0.866 5	0.868 6	0.870 8	0.872 9	0.874 9	0.877 0	0.879 0	0.881 0	0.883 0	1.1
1.2	0.884 9	0.886 9	0.888 8	0.890 7	0.892 5	0.894 4	0.896 2	0.898 0	0.899 7	0.901 47	1.2
1.3	0.903 20	0.904 90	0.906 58	0.908 24	0.909 88	0.911 40	0.913 9	0.914 66	0.916 21	0.917 74	1.3
1.4	0.919 24	0.920 73	0.922 20	0.923 64	0.925 07	0.926 47	0.927 85	0.929 22	0.930 56	0.931 89	1.4
1.5	0.933 19	0.934 48	0.935 74	0.936 99	0.938 22	0.939 43	0.940 62	0.941 79	0.942 95	0.944 08	1.5
1.6	0.945 20	0.946 30	0.947 38	0.948 45	0.949 50	0.950 53	0.951 54	0.952 54	0.953 52	0.954 49	1.6
1.7	0.955 43	0.956 37	0.957 28	0.958 18	0.959 07	0.959 94	0.960 80	0.961 64	0.962 46	0.963 27	1.7
1.8	0.964 07	0.964 85	0.965 62	0.966 38	0.967 12	0.967 84	0.968 56	0.969 26	0.969 95	0.970 62	1.8
1.9	0.971 28	0.971 93	0.972 57	0.973 20	0.973 81	0.974 41	0.975 00	0.975 58	0.976 15	0.976 70	1.9
2.0	0.977 25	0.977 78	0.978 31	0.978 82	0.979 32	0.979 82	0.980 30	0.980 77	0.981 24	0.981 69	2.0
2.1	0.982 14	0.982 57	0.983 00	0.983 41	0.983 82	0.984 22	0.984 61	0.985 00	0.985 37	0.985 74	2.1
2.2	0.986 10	0.986 45	0.986 79	0.987 13	0.987 45	0.987 78	0.988 09	0.988 40	0.988 70	0.988 99	2.2
2.3	0.989 28	0.989 56	0.989 83	0.990 10	0.990 36	0.990 61	0.990 86	0.991 11	0.991 34	0.991 58	2.3
2.4	0.991 80	0.992 02	0.992 24	0.992 45	0.992 66	0.992 86	0.993 05	0.993 24	0.993 43	0.993 61	2.4
2.5	0.993 79	0.993 96	0.994 13	0.994 30	0.994 46	0.994 61	0.994 77	0.994 92	0.995 06	0.995 20	2.5
2.6	0.995 34	0.995 47	0.995 60	0.995 73	0.995 86	0.995 98	0.996 09	0.996 21	0.996 32	0.996 43	2.6
2.7	0.996 53	0.996 64	0.996 74	0.996 83	0.996 93	0.997 02	0.997 11	0.997 20	0.997 28	0.997 37	2.7
2.8	0.997 45	0.997 52	0.997 60	0.997 67	0.997 74	0.997 81	0.997 88	0.997 95	0.998 01	0.998 07	2.8
2.9	0.998 13	0.998 19	0.998 25	0.998 31	0.998 36	0.998 41	0.998 46	0.998 51	0.998 56	0.998 61	2.9
3.0	0.998 65	0.998 69	0.998 74	0.998 78	0.998 82	0.998 86	0.998 89	0.998 93	0.998 97	0.999 00	3.0
3.1	0.999 03	0.999 06	0.999 10	0.999 13	0.999 16	0.999 18	0.999 21	0.999 24	0.999 26	0.999 29	3.1
3.2	0.999 31	0.999 34	0.999 36	0.999 38	0.999 40	0.999 42	0.999 44	0.999 46	0.999 48	0.999 50	3.2
3.3	0.999 52	0.999 53	0.999 55	0.999 57	0.999 58	0.999 60	0.999 61	0.999 62	0.999 64	0.999 65	3.3
3.4	0.999 66	0.999 68	0.999 69	0.999 70	0.999 71	0.999 72	0.999 73	0.999 74	0.999 75	0.999 76	3.4
3.5	0.999 77	0.999 78	0.999 78	0.999 79	0.999 80	0.999 81	0.999 81	0.999 82	0.999 83	0.999 83	3.5
3.6	0.999 84	0.999 85	0.999 85	0.999 86	0.999 86	0.999 87	0.999 87	0.999 88	0.999 88	0.999 89	3.6
3.7	0.999 89	0.999 90	0.999 90	0.999 90	0.999 91	0.999 91	0.999 92	0.999 92	0.999 92	0.999 92	3.7
3.8	0.999 93	0.999 93	0.999 93	0.999 94	0.999 94	0.999 94	0.999 94	0.999 95	0.999 95	0.999 95	3.8
3.9	0.999 95	0.999 95	0.999 96	0.999 96	0.999 96	0.999 96	0.999 96	0.999 96	0.999 97	0.999 97	3.9
4.0	0.999 97	0.999 97	0.999 97	0.999 97	0.999 97	0.999 97	0.999 98	0.999 98	0.999 98	0.999 98	4.0
4.1	0.999 98	0.999 98	0.999 98	0.999 98	0.999 98	0.999 98	0.999 98	0.999 98	0.999 98	0.999 99	4.1
4.2	0.999 99	0.999 99	0.999 99	0.999 99	0.999 99	0.999 99	0.999 99	0.999 99	0.999 99	0.999 99	4.2
4.3	0.999 99	0.999 99	0.999 99	0.999 99	0.999 99	0.999 99	0.999 99	0.999 99	0.999 99	0.999 99	4.3
4.4	0.999 99	0.999 99	1.000 00	1.000 00	1.000 00	1.000 00	1.000 00	1.000 00	1.000 00	1.000 00	4.4

参考文献

[1]北京大学数学系几何与代数教研室代数小组.高等代数[M].2版.北京:高等教育出版社,1988.

[2]王萼芳.线性代数[M].北京:清华大学出版社,2007.

[3]陈殿友,术洪亮.经济管理数学基础[M].北京:清华大学出版社,2006.

[4]陈卫星,崔书英.线性代数[M].3版.北京:清华大学出版社,2007.

[5]杜之韩,刘丽,吴曦.线性代数[M].成都:西南财经大学出版社,2003.

[6]杰恩,冈纳瓦德那.线性代数(英文版)[M].北京:机械工业出版社,2003.

[7]季夜眉,吴大贤,等.概率论与数理统计[M].北京:电子工业出版社,2006.

[8]耿素云,张立昂.概率统计[M].北京:北京大学出版社,2005.

[9]叶中行,杜之韩,柳金甫,等.概率论与数理统计[M].北京:科学出版社,2002.

[10]贾俊平.统计学基础[M].3版.北京:中国人民大学出版社,2004.

[11]龚德恩,范培华,胡显佑,等.经济数学基础(第三分册)[M].成都:四川人民出版社,2006.

[12]喻秉钧,周厚隆,李琼,等.线性代数[M].北京:高等教育出版社,2011.

[13]王国政,李秋敏,王婷,等.概率论与数理统计[M].北京:高等教育出版社,2010.

[14]张现强,王国政.高等数学Ⅱ[M].成都:西南财经大学出版社,2015.